FESTUNGSSTADT

# MAINZ

von den Römern bis heute

morisel

Elisabethen Schanz
Kockhaus
Caserne
Gau Thor
Paraden Platz auf der Eisgrube
Caserne
Drehbrunne
Belvedere
Fürstenberger Weingarten
Jacobsberger Wein
berge
Caserne
Holzhof
Dom
Leichhof

Kestrich
Münster Thor
Anatomie
Thiermarkt Strase
Thiermarkt
Laboratorium
Hintere Bleich
Mittlere Bleich
Große Bleich
Schiessgarten

## RÖMISCHES MAINZ
(13 v. Chr. bis 500)



## MAINZ IM MITTELALTER
(500 bis 1631)



## MAINZ IM BAROCK
(1631 bis 1792)

## MAINZ IN DER FRANZOSENZEIT UND IM DEUTSCHEN BUND (1792 bis 1871)



## MAINZ IM DEUTSCHEN REICH (1871 bis 1918)



## DAS ENDE DER FESTUNG MAINZ (1919 bis heute)

**Die Belagerung von Mainz von 1793** auf einem Gemälde von Georg Schneider. Der brennende Dom gilt bis heute als Symbol für den Untergang des Goldenen Mainz und der kurfürstlichen Residenzstadt.

# VORWORT

Mainz ist die Goldene Stadt am Rhein. Sie war eine römische Metropole und kurfürstliche Residenz. Fast zweitausend Jahre schützten eine Stadtmauer, gewaltige Bastionen, tiefe Gräben und Forts die Stadt. Eine vergleichbar lang andauernde Festungsgeschichte weisen nur ganz wenige andere Städte in Deutschland und Europa auf. Trotzdem ist die Erinnerung an die Festung Mainz heute verblasst und wird auch nicht lebendig gehalten. Das hat zum einen mit den Problemen im Zusammenhang mit den fehlenden Entwicklungsmöglichkeiten der Stadt durch den engen Festungsring im ausgehenden 19. Jahrhundert und mit den Kriegserfahrungen des 20. Jahrhunderts zu tun. Zum anderen wird die Festung mit der glanzlosen Provinzhauptstadt verbunden, die anders als die kurfürstliche Residenzstadt kein positiv besetzter Erinnerungsort ist.

Dieser Blick wird der Bedeutung, die die Festung Mainz über viele Jahrhunderte hatte, nicht gerecht. Die Befestigungsanlagen der Stadt schützten seit jeher alle diejenigen, die sich innerhalb ihrer Grenzen aufhielten. Daneben erfüllte sie auch andere Zwecke. Für die Römer war das Legionslager das weithin sichtbare Zeichen ihres Herrschaftsanspruchs und für die freien Bürger im Mittelalter war die Stadtmauer eine entscheidende Voraussetzung für den wirtschaftlichen Aufschwung. Die Mainzer Kurfürsten sahen in der strategisch bedeutsamen Festung ein wichtiges Instrument für ihre Ambitionen in der Reichspolitik und zur Durchsetzung ihres Machtanspruchs. Auch konnten sie die Stadt innerhalb der Bastionen zu einem barocken Schmuckstück ausbauen. Für die Franzosen war Mainz ein *»boulevard de la france«* und ein erster Waffenplatz des französischen Kaiserreichs. Napoleon sah darüber hinaus Mainz als zweites Paris, mit einer repräsentativen Anlage vor dem Deutschhaus wie vor dem Tuilerienpalast. Ein prächtiges Mainz und starke Festungsmauern bildeten über Jahrhunderte keine Gegensätze. Es waren immer zwei Seiten der gleichen Medaille. Ohne das eine wäre das andere nicht möglich gewesen.

Vor diesem Hintergrund verwundert, dass in Mainz das Festungserbe so nachhaltig verborgen bleibt. Was sind die Gründe hierfür? Weshalb sind nur einzelne Epochen immer wieder Gegenstand von Betrachtungen? Warum bleiben dabei die Festungsanlagen und deren Bedeutung für die Stadtentwicklung regelmäßig unbeachtet? Wie haben die Festungsanlagen die Stadt geprägt und die Entwicklung beeinflusst? Wo befanden sie sich im heutigen Stadtbild? Das sind einige der Fragen, die Gegenstand dieses Buches sind. Sie werden dabei im Zusammenhang mit historischen, politischen und technischen Entwicklungen über einen Zeitraum von zweitausend Jahren von den Römern bis heute behandelt.

Heute ist von der Festung Mainz nicht mehr viel zu sehen. Ihre Reste liegen fast alle tief vergraben unter der Erde. Geblieben sind lediglich wenige Festungsbauten wie insbesondere die Zitadelle, das Proviantmagazin, drei Kavaliere des Rheingauwalls oder viele Kilometer Minen- und Kommunikationsgänge unter den alten Forts. Diese Reste vermitteln nur sehr unzureichend ein Bild der Festung in früherer Zeit. Deshalb wurde Mainz mit seiner Festung in diesem Buch mit vielen Bildern wieder sichtbar gemacht und damit ein Bezug zum heutigen Stadtbild hergestellt. 45 Ölgemälde, Aquarelle und Zeichnungen, davon 36 exklusiv für dieses Buch, rekonstruieren historische Bau- und Festungswerke. Die Entwicklung der Stadtbefestigung ist auf 15 neu gestalteten Karten leicht verständlich dargestellt. 28 aktuelle Luftbilder zeigen einen vergleichenden Blick auf damals und heute. All dies ermöglicht einen neuen Blick auf ein Mainz, dessen Stadtbild von mächtigen Festungswerken geprägt war. Dieser Blick auf die Festung macht so die wechselvolle Mainzer Geschichte wieder lebendig und ist gleichzeitig ein Schlüssel zum Verständnis der heutigen Stadt. Damit liefert das Buch eine wichtige Ergänzung zur Geschichte der Stadt Mainz.

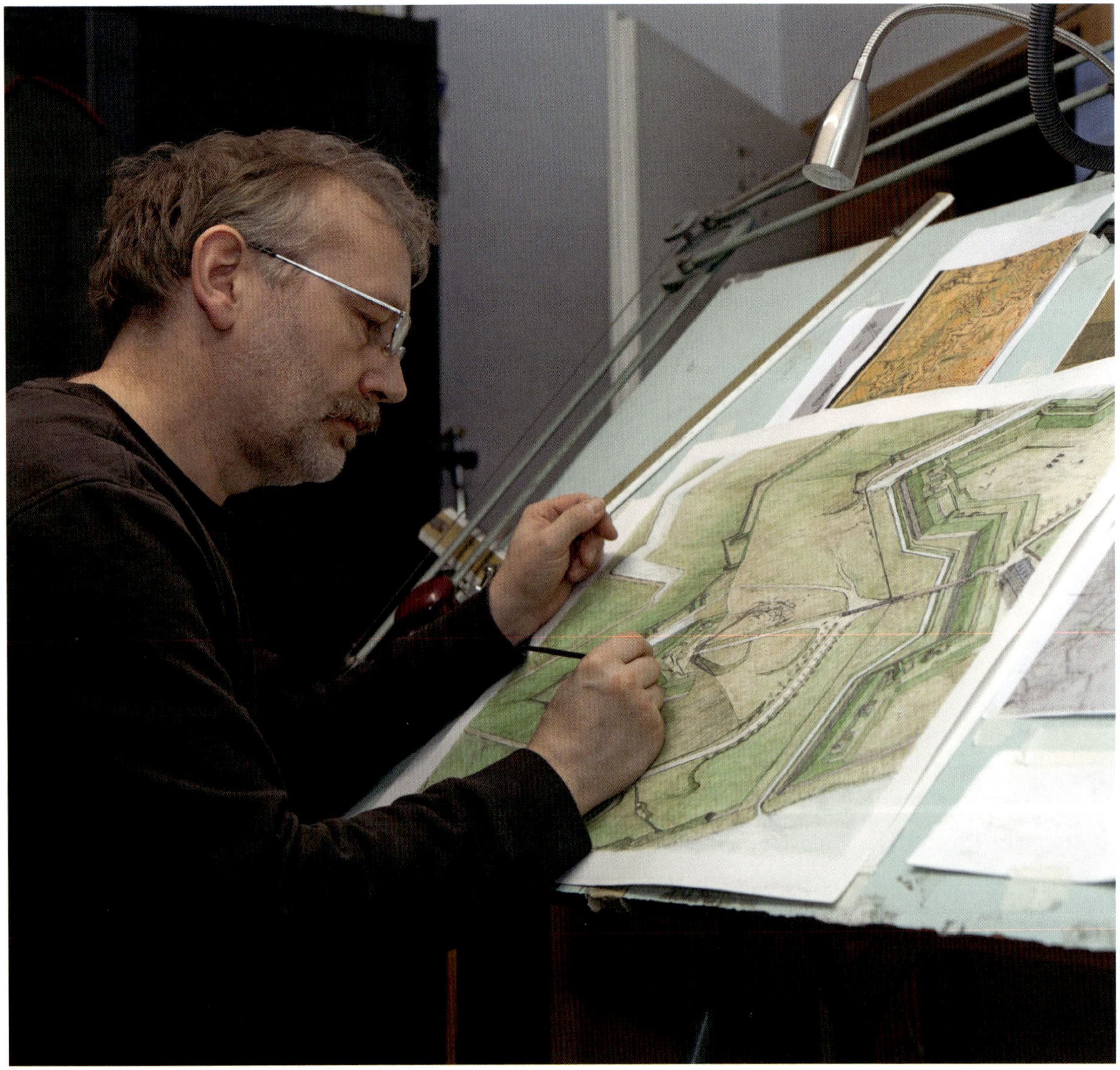

Rampe
Eck

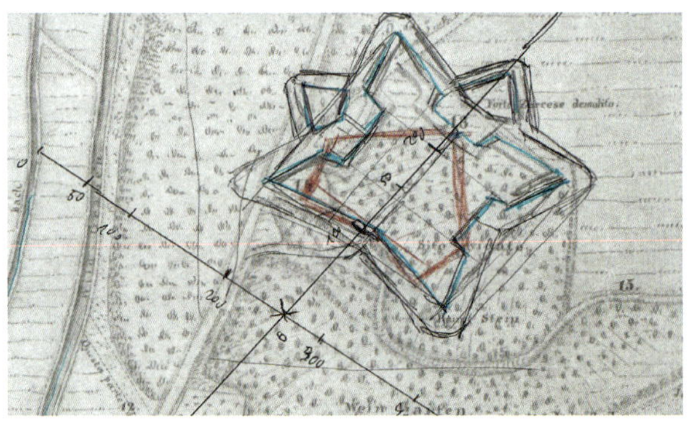

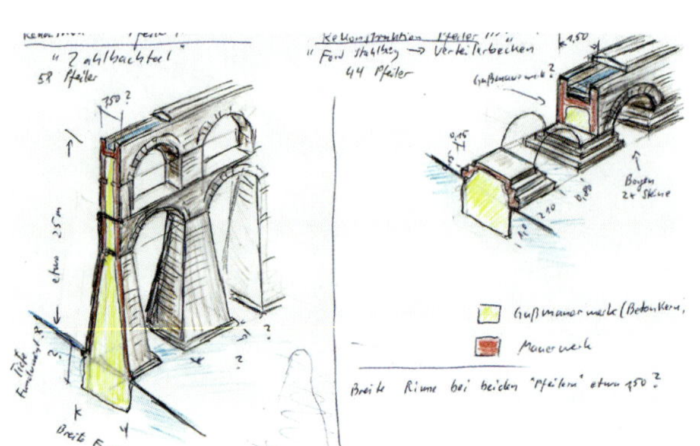

# DETAILGETREU: WIE DIE FESTUNG MAINZ WIEDER SICHTBAR WURDE

2000 Jahre Festungsgeschichte in Mainz – nur wenige Reste dieser Werke sind heute noch erhalten. Einen Eindruck von Größe und Beschaffenheit der Festungsanlagen können sie alle nicht vermitteln. Was hierüber Auskunft gibt sind die historischen Baupläne. Die Informationen dieser Pläne umzusetzen in Bilder ist die Kompetenz des Malers André Brauch. Neben seinen künstlerischen Fähigkeiten besitzt er das nötige militärgeschichtliche und bautechnische Wissen, die historischen Pläne zu lesen und zu interpretieren. Arbeiten von André Brauch finden sich zum Beispiel in den Festungsstädten Köln, Straßburg, Mutzig, Verdun und Thionville.

Das Besondere an seiner Arbeit ist der Anspruch, detailgenaue Rekonstruktionen von Bauwerken aus der jeweiligen Zeit zu schaffen. Ortsbesichtigungen und umfangreiche Recherchen in Archiven stehen am Beginn jedes Bildes. So auch bei diesem Buch. Für die Festung Mainz gibt es einen sehr umfangreichen Planbestand insbesondere im Stadtarchiv Mainz, den die Autoren intensiv ausgewertet haben. Wenn die entsprechenden Pläne vorhanden und gefunden waren, musste ermittelt werden, welche von diesen für die Bauarbeiten in den jeweiligen Epochen tatsächlich umgesetzt worden waren. Ferner war zu klären, ob sich durch spätere Umbauarbeiten das Aussehen der Bauten verändert hatte. Da es im Festungsbau sehr oft gewisse Gemeinsamkeiten und Standardisierungen gibt, konnten mit der Erfahrung aus 30 Jahren Festungsforschung sehr viele Probleme gelöst werden. Soweit Besonderheiten für die Festung Mainz zu berücksichtigen waren, konnten viele Erkenntnisse aus der Arbeit für das 2013 erschiene Buch *»Bollwerk Mainz«* in die Lösungen einfließen.

Wenn nach Abschluss der Recherche geklärt war, wie das jeweilige Bauwerk ausgesehen hatte oder wie die Höhenlinien des Geländes verliefen, konnte die Arbeit auf der Leinwand beginnen. Für die Ölbilder wurden maßstabsgetreue Arbeitsmodelle hergestellt, die dann als Grundlage für die Proportionen der Motive dienten.

Besonders schwierig waren die Aquarelle mit Motiven aus der römischen Zeit. Hierfür gab es keine Originalpläne und nur ganz wenige Informationen. Die Zusammenarbeit mit den Archäologen Daniel Burger und Daniel Geissler ermöglichte es schließlich, auch für das Römische Mainz mehrere Bauwerke so detailliert darzustellen, wie sie dem derzeitigen Forschungsstand entsprechen.

Insgesamt fertigte André Brauch 45 Ölgemälde, Aquarelle und Zeichnungen mit historischen Gebäuden aus Mainz. Alle Bilder zeigen Bau- und Festungswerke in einer bestimmten historischen Epoche, häufig sogar in einem konkreten Jahr. Nicht viele Maler vor ihm haben vergleichbare Bilder geschaffen, die einen Zeitraum von 2000 Jahren umfassen.

Ergänzt und eingeordnet werden diese Bilder von Karten, auf denen die Entwicklung der Befestigungen von Mainz über alle Epochen dargestellt ist. Erstmals ermöglichen es die Autoren mit diesem Buch, mit 15 neuen Karten die sich über die Jahrhunderte immer wieder veränderten Festungslinien und deren Auswirkungen auf die Stadtentwicklung nachzuvollziehen.

Nachdem es so gelungen war, bedeutende Bau- und Festungswerke sowie die Befestigungslinien in ihrer Gesamtheit zu rekonstruieren, mussten die Ergebnisse auf das heutige Stadtbild übertragen werden. Da die Festung große Flächen in Anspruch genommen hat, war ein vergleichender Blick zwischen damals und heute oft nur mit Luftbildern möglich. Diese stammen fast alle von Alfons Rath, der extra für dieses Projekt neue Luftaufnahmen erstellt hat, die mit dem Blickwinkel der Gemälde übereinstimmen. Auf die Luftbilder sind schließlich die Linien der Bauwerke und der Festung erneut mit der richtigen Perspektive eingezeichnet worden. Damit ist es jetzt möglich, mit einem Blick auf das heutige Mainz die historische Festung wieder neu wahrzunehmen und ihre Bedeutung als historisches Erbe der Stadt zu erkennen.

1

# RÖMISCHES MAINZ
(13 v. Chr. bis 500)

**Bild auf der linken Seite:**
**Kämpfende Legionäre mit Schwert und Schild**
Darstellung auf dem Sockel einer Säule des Mainzer Legionslagers

# DAS RÖMISCHE LEGIONSLAGER IN DER BLÜTEZEIT (13 v. Chr. bis 233)

*»Varus, Varus, gib mir meine Legionen zurück!«*, soll der römische Kaiser Augustus im Jahr 9 nach Christus gerufen haben, als er erfuhr, dass drei römische Legionen mit fast 18.000 römischen Soldaten unter ihrem Feldherrn Varus in der Schlacht im Teutoburger Wald eine vernichtende Niederlage gegen ein germanisches Heer unter Führung des Arminius (*»Hermann«*), eines Fürsten der Cherusker und gleichzeitig Offizier in römischen Diensten, erlitten hatten. Ihr Ausgang war der Anfang vom Ende der römischen Pläne, das römische Reich über den Rhein hinaus bis zur Elbe auszudehnen. Nachdem noch einige Jahre unter dem Feldherrn Germanicus Vergeltungsfeldzüge geführt wurden, stellte Kaiser Tiberius 17 n. Chr. schließlich die Eroberungspläne ein. Der Sieg von Arminius war damit ein bedeutender Grundstein für den

**Das Hermannsdenkmal** erinnert an den Cheruskerfürsten Arminius und an die Schlacht im Teutoburger Wald, in der germanische Stämme unter seiner Führung drei römische Legionen besiegten. Die Niederlage war der Anfang vom Ende der römischen Expansionspolitik in Richtung Elbe und machte Mainz dauerhaft zu einer bedeutenden Metropole der Römer am Rhein.

Aufstieg von Mainz als eine der bedeutendsten Städte des römischen und des späteren deutschen Reichs. Doch der Reihe nach.

Die Geschichte beginnt um das Jahr 13 vor Chr. auf dem Kästrich, einem Plateau 40 m über dem Rhein, errichteten die Römer unter ihrem Feldherren Drusus ein Winterlager. Sie nannten es Mogontiacum. Es war die Geburtsstunde der Festungsstadt Mainz.

Von hier aus führte Drusus Feldzüge gegen Germanien durch. Er starb im Jahre 9 vor Chr. im rechtsrheinischen Germanien und die Römer errichteten für ihn ein Ehrengrab, das mit 30 Metern Höhe und in seiner prachtvollen Ausstattung weithin sichtbar war und dessen Ruine heute noch auf der Zitadelle zu sehen ist. Der Mainzer Geschichtsforscher Karl Anton Schaab beschrieb Drusus 1835 mit aus heutiger Sicht pathetischen Worten als einen der *»größten Männer, die je auf dem Schauplatz der Welt groß aufgetreten sind«* und Mainz werde ihn deshalb *»immer als seinen Gründer ehren«*. Er konnte damals nicht ahnen, dass Mainz die Gründung der Stadt fünfundzwanzig Jahr nach hinten verlegen und 1962 bei der 2000-Jahr-Feier den Feldherren Marcus Vipsanius Agrippa ehren sollte.

Als Drusus 13 vor Chr. den Grundstein für die Festungsstadt Mainz legte, trafen im Raum zwischen Mittelgebirge und Niederrhein drei große Kulturen und Völker aufeinander: Kelten, Römer und Germanen. Während Caesar in seinen ethnographischen Exkursen zu seinen Berichten des gallischen Krieges den Rhein noch als Grenze zu den Germanen bezeichnete, ist heute dank archäologischer Forschungen bekannt, dass Vertreter der keltischen und germanischen Kultur unmittelbar am Rhein auf beiden Seiten des Flusses anzutreffen waren. Östlich und nördlich der Mitttelgebirgszone dominierten jedoch

**Abb rechts**
Mainz um das Jahr 35

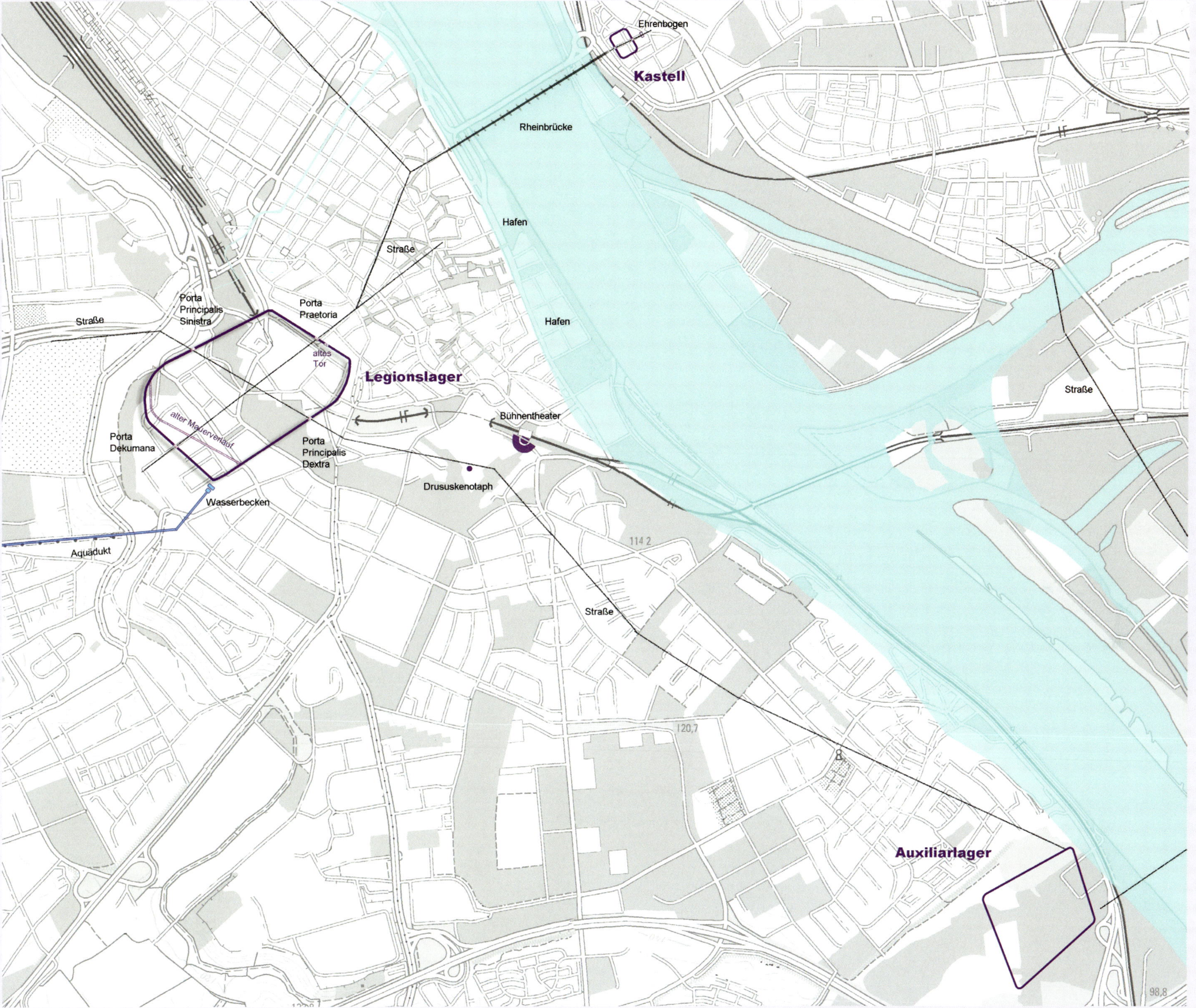
Ehrenbogen
Kastell
Rheinbrücke
Hafen
Straße
Hafen
Porta
Principalis
Sinistra
Porta
Praetoria
Straße
altes
Tor
Legionslager
Straße
alter Mauerverlauf
Bühnentheater
Porta
Dekumana
Porta
Principalis
Dextra
Drususkenotaph
Wasserbecken
Aquädukt
114,2
Straße
120,7
Auxiliarlager
98,8

germanische Stämme. Um die Germanen dauerhaft unter römische Herrschaft zu bringen, legte Drusus am Rhein für die im rechtsrheinischen Germanien operierenden Militäreinheiten große Legionslager und zu deren Flankierung rund 50 kleinere Kastelle und militärische Außenposten an. Schnell erkannten die Römer die strategisch günstige Lage des Gebiets gegenüber der Mündung des Mains in den Rhein. Von hier aus konnte die gesamte Rhein-Main-Niederung kontrolliert werden und der Main als einer der Haupteinfallswege in das freie Germanien gesichert werden. Der Blick reichte bis zu den Kämmen des Taunus und des Odenwalds. An der Mündung des Mains öffnete sich der Weg in die Wetterau und ins Innere Germaniens.

Dieses strategisch gut gelegene Gelände sicherten die Römer auf beiden Rheinseiten an mehreren Stellen:

• Die wichtigste Befestigung des römischen Mainz war das strategisch klug angelegte Legionslager auf dem Kästrich, das immer wieder modernisiert und repariert wurde. Es erhob sich auf einem 40 m hohen Plateau über den Rhein zwischen der heutigen Kupferbergterrasse und dem Zahlbachtal. Dadurch war das Lager auf drei Seiten durch Steilabhänge gesichert. Zwei Legionen mit etwa 12.000 Soldaten fanden hier Platz. Das Legionslager hatte eine polygonale Form und war anfangs von einer Holz-Erde-Mauer umgeben, die außen von einem Wehrgraben umzogen war. Innen kreuzten sich zwei Mittelstraßen, die durch vier Tore nach außen führten. Das Legionslager maß in seinem Endausbau 780 m in der Länge und 560 m in der Breite. Die Entwicklung des Legionslagers hat der Archäologe Daniel Burger 2017 in einer Dissertation detailliert beschrieben und dabei viele neue Erkenntnisse aufgezeigt.

• Ein weiteres Militärlager befand sich 3,5 km rheinaufwärts auf einem Plateau in Weisenau etwa in Höhe des ehemaligen Steinbruchs der Heidelberger Zement-Werke. Dort waren Auxiliartruppen (Hilfstruppen) und zeitweise auch Legionäre stationiert. Das Militärlager kontrollierte den Rheinübergang in Richtung Südhessen. Durch die Steinbrucharbeiten ist von der römischen Anlage heute nichts mehr erhalten.

• Gegenüber von Mainz bauten die Römer um das Jahr 11 vor Chr. das Castellum Mattiacorum (Mainz-Kastel) als Brückenkopf aus. Das nur 0,6 ha kleine Kastell befand sich im Umfeld der heutigen katholischen Kirche St. Georg in Mainz-Kastel. Es diente nicht der Vorfeldabsiche-

**Der Drususstein** erinnert an den Gründer des Mainzer Legionslagers und der Festungsstadt Mainz. Kupferstich von Matth. Merian, 1646.

rung der großen Mainzer Legionslagers, sondern stand in einem Sicherungsverbund mit den Kastellen in Wiesbaden und Hofheim. Damit sicherte das Kastell die Vorfeldabsicherung nach Osten in Richtung Taunus und Wetterau.

• Verbunden waren das rechtsrheinische Kastel und das linksrheinische Legionslager mit einer um das Jahr 27 gebauten Schiffsbrücke über den Rhein, die um das Jahr 71 durch eine Steinbrücke ersetzt wurde. Unmittelbar vor dem Tor des rechtsrheinischen Lagers begann die Rampe der römischen Brücke. Das Legionslager in Kastel bildete damit einen Brückenkopf, der den Römern den Rheinübergang deckte und sicherte.

Mit den gut ausgebauten Befestigungen war Mainz neben Xanten, Neuss, Bonn und Straßburg die wichtigste und größte militärische Operationsbasis der Römer am Rhein. Bis zum Ende des 1. Jahrhunderts sind insgesamt sieben Legionsverbände nachgewiesen, die zu unterschiedlichen Zeiten und Konzentration in Mainz stationiert waren. Weiterhin gab es wahrscheinlich drei weitere kurzfristig stationierte Legionseinheiten und Auxiliartruppen.

Die Truppen hatten anfangs nur einen Auftrag: Die Germanen zu besiegen und die römische Grenze in Richtung Osten bis an die Elbe zu verschieben. Zu diesem Zweck errichteten die Römer mehrere, teilweise sehr große rechtsrheinische Militärlager, wie zum Beispiel in Bergkamen und im westfälischen Haltern an der Lippe. Der Krieg sollte fast dreißig Jahre dauern und für Rom nicht siegreich enden. Die Schlacht im Teutoburger Wald leitete im Jahr 9 nicht nur das Ende der römischen Bemühungen ein, eine römische Provinz Germania zwischen Rhein und Elbe zu errichten. Sie zeigte den bis dahin siegreichen Legionen auch die Grenzen ihrer Militärtaktik in dichten Wäldern und bei einem Feind auf, der nicht in Schlachtformationen aufgestellt war, sondern auseinandergezogene Marschkolonnen überraschend an den Flanken angriff. Die Niederlage im Teutoburger Wald leitete den zweiten und letzten Abschnitt des Krieges ein. Die Römer unter ihrem Feldherrn Germanicus versuchten, die Schande der Varusschlacht vergessen zu machen und die Germanenstämme in den sogenannten Rachefeldzügen zu besiegen. Anhand der historischen Überlieferung wissen wir, dass sich zu dieser Zeit vier Legionsverbände in Mainz aufhielten, die 14 n. Chr. von Germanicus auf den neuen Kaiser Tiberius vereidigt wurden, nachdem Kaiser Augustus im hohen Alter von 77 Jahren

**Dolch** eines römischen Legionärs aus der ersten Hälfte des ersten Jahrhunderts. Die Waffe gehörte bereits unter Julius Cäsar zum Bestandteil der römischen Bewaffnung.

verstorben war. Somit drängelten sich fast 24.000 Mann im Mainzer Raum. Hinzu kamen eine große Zahl von Hilfssoldaten und ein umfangreicher Tross. Größer sollte die Garnison zu keinem späteren Zeitpunkt mehr werden.

Alle diese Bemühungen blieben im Ergebnis erfolglos. 17 n. Chr. gaben die Römer ihre Expansionspolitik auf. Ein erster 30-jähriger Krieg auf deutschem Boden war zu Ende. Die Germanen konnten nicht besiegt werden. Der Rhein und nicht die Elbe bildete für die nächsten rund 80 Jahre die Grenze des römischen Reiches. Und einer der wichtigsten Orte war für die Römer nach der Auflassung der rechtsrheinischen Militärlager jetzt Mainz.

Flüsse waren die Autobahnen der Antike. Für die Sicherung und die Überwachung der Rheingrenze, den Truppentransport sowie die Versorgung der Heereseinheiten mit Lebensmitteln und Baumaterial sorgte eine Rheinflotte. Bei militärischen Einsätzen konnte diese andere Wasserfahrzeuge angreifen oder Soldaten als schnelle Eingreiftruppe für überraschende Landungsunternehmen am Flussufer absetzen. Die Flotte verfügte über mehrere Molen entlang des Mainzer Ufers und eine Werft in Höhe der heutigen Neutor- und Dagobertstraße. Hafengebiete befanden sich in der Nähe des heutigen Rathauses und mitten im Rhein auf der Ingelheimer Au.

Mainz war eine Grenzstadt. Und die Grenze zum rechtsrheinischen Germanien blieb unruhig. Deshalb rüsteten die Römer nach dem Ende der Expansionspolitik ihre Grenzstadt auf. Zwei Legionen waren jetzt in Mainz fest stationiert. Hierfür wurde das das Legionslager in westlicher Richtung vergrößert. In diesem Zusammenhang wurde wahrscheinlich das Haupttor mit der Lagerhauptstraße verlegt, womit möglicherweise auch eine Veränderung der Innenbebauung verbunden war. Zur Versorgung des Legionslagers ersetzte in den 70er Jahren des 1.Jahrhunderts ein steinernes, mit weißen Quadersteinen ummanteltes Aquädukt (Reste heute: Römersteine im Zahlbacher Tal) die bisherige hölzerne Wasserleitung. Das neue Aquädukt führte über neun Kilometer Frischwasser von Finthen zum Legionslager. Es endete vor der südlichen Ecke des Lagers in einem großen Sprudelbecken, von wo das gereinigte Wasser in ein Verteilerbecken und von dort mittels Tonleitungen in das Legionslager sowie möglicherweise auch in die Lagervorstadt geführt wurde. Auf dem rechten Rheinufer blieb das Kasteler Lager ein wichtiger Vorposten, der die um das Jahr 27 gebaute Brücke sicherte. Diese erste feste Brücke über den Rhein besaß eine 12 Meter breite, mehrspurige Fahrbahn. Sie ermöglichte es, Soldaten von einem Rheinufer zum anderen zu verlegen und hatten für die Römer bereits während der Germanenkriege eine herausragende militärische Bedeutung erlangt.

Das Legionslager auf dem Kästrich und die beiden Kastelle waren jeweils durch ein System von Verteidigungsgräben gesichert, die immer wieder neu ausgehoben und verändert wurden. Die Gräben waren nicht mit Wasser gefüllt. Unterbrochen war die Mauer durch mehrere Tore. An allen Seiten der Mauer waren vermutlich in Abständen von einem Pfeilschuss Eck- und Zwischentürme angebracht, um von ihrer Höhe die Angreifer durch Wurfspieße, Pfeile und Steine bekämpfen zu können. Nachweisbar von den vielen Türmen ist heute nur noch der Torturm der rückwärtigen westlichen Lagerfront. Trotz der Umwehrungsanlagen hatten römische Lager und Kastelle keine defensive Ausrichtung. Vielmehr ermöglichten die vier Tore den schnellen Ausfall der Truppen, um den Gegnern im offenen Feld gegenüberzustehen und dabei die Stärke der römischen Armee auszuspielen.

So aufgerüstet, war Mainz immer wieder Ausgangspunkt für römische Feldzüge ins rechtsrheinische Germanien. Bedeutsam wurden die Chattenkriege, die 83 begannen und nach deren Abschluss die Entwicklung von Mainz in eine ganz neue Richtung verlaufen sollte. Die Chatten, von denen sich der heutige Name »*Hessen*« ableitet, lebten im Taunus und im Gießener Becken. Sie hatte bereits an der Schlacht im Teutoburger Wald teilgenommen und sich später der anti-römischen Koalition unter Führung der Cherusker angeschlossen. Zwei Jahre nach Beginn des Krieges gelang es den Römern, die Chatten entscheidend zu besiegen. Auf der rechten Rheinseite wurde der Südabhang des Taunus und die fruchtbare und strategisch wichtige Wetterau Teil des römischen Reichs. Weitere Eroberungen rechtsrheinischer Gebiete folgten. Gegen Ende des 1. Jahrhunderts war der Fluss am Mittel- und Oberrhein anders als am Niederrhein nicht mehr die Grenze zwischen den Römern und den Germanen. Im heutigen Rheinbrohl löste sich der Obergermanisch-Raetische Limes von der Flussgrenze des Rheines nach Osten. Die Grenze verlief nunmehr im Landesinnern bis zur Donau nach Regensburg. *»Germania capta«* oder *»Germanien ist erobert«*: Mit diesen Worten verkündete Kaiser Domitian die neue rechtsrheinische Grenzlinie und ließ sich als großen Germanenbezwinger feiern.

Mainz war nun nicht länger unmittelbare Grenzfestung, sondern ein römischer Stützpunkt in der Nähe der Grenze. Das hatte zur Folge, dass die neue Grenze gesichert werden musste und die Funktion von Mainz neu ausgestaltet werden musste.

Für die dauerhafte Sicherung der Grenze griffen die Römer auf Erfahrungen zurück, die sie bei der Schlacht im Teutoburger Wald und den Chattenkriegen gewonnen hatten. Um Überfälle aus den Tiefen der Wälder wie bei der Varusschlacht zu vermeiden, hatten die römischen Truppen in den Chattenkriegen Schneisen in die dichten Wälder des Taunuskamms geschlagen. Und diese neue Taktik war erfolgreich. Nach ihrem Sieg in den Chattenkriegen begannen die Römer, die Wegschneisen entlang der ganzen Grenze zu verbinden sowie mit hölzernen (später steinernen) Türmen, Palisaden, Gräben und Wällen zu sichern. Es entstand der 380 km lange obergermanische Limes, der den Abschnitt zwischen Rheinbrohl und Lorch umfasste und in der Provinz Raetien weiter bis nach Regensburg verlief und eine Gesamtlänge von 550 km erreichte. Dieser Grenzwall zwischen Rom und den germanischen Völkern war in erster Linie eine Zoll- und Rechtsgrenze, der den täglichen Waren- und Personenverkehr kanalisierte. Zugleich war der Limes aber auch eine typisch römische Befestigungsanlage, ohne allerdings eine richtige Wehrfunktion zu haben. Was auf den ersten Blick wie ein Widerspruch klingt, lässt sich mit der militärischen Ausrichtung erklären. Die römische Armee war offensiv ausgelegt und versuchte immer, einer Belagerung mit einem Ausfall zuvor zu kommen.

**Die Grenze des Römischen Reichs** nach dem Rückzug der Römer auf die Rheinlinie und vor der Eroberung des rechtsrheinischen Gebietes in der Wetterau. Entlang der Rheingrenze befanden sich die beiden römischen Provinzen Germania inferior (Niedergermanien) und Germania superior (Obergermanien) mit der Hauptstadt Mainz.

Deshalb kommt einem der Limes ebenso wie die Spitzgräben vor dem Legionslager oder dem rechtsrheinischen Kastell nicht so wehrfähig vor wie wir Befestigungsanlagen im Mittelalter oder im Barock kennen. Das ändert allerdings nichts an deren militärischen Funktionen. In seinem Endausbau war der Limes das zweitlängste Bauwerk nach der chinesischen Mauer und ist heute das größte archäologische Kulturdenkmal Europas. Mit diesem und den linksrheinischen Truppenlagern verfügte Rom Ende des 1. und Anfang des 2. Jahrhunderts am Mittelrhein über ein zweifach lineares Befestigungssystem. Hinter der Rheinlinie befanden sich im Provinzinneren keinerlei Lager oder Truppenverbände. Mit dieser taktischen Ausrichtung, die sich für rund 150 Jahre bewähren sollte, hatte sich die Funktion von Mainz von einer militärischen Grenzstadt zu einer Provinzhauptstadt im Grenzhinterland grundlegend geändert.

Mainz wurde das politische Machtzentrum am Mittelrhein und Hauptsitz der römischen Zivilverwaltung. Kaiser Domitian hatte kurz nach dem Bau des Limes die zwei germanischen Heeresbezirke in Provinzen umgewandelt: Germania superior (Obergermanien) mit der Hauptstadt Mainz und Germania Inferior (Niedergermanien) mit der Hauptstadt Köln. Die Grenze zwischen den beiden Provinzen bildete der Vinxtbach, der südlich von Sinzig in den Rhein mündet. Als Provinzhauptstadt bekam Mainz immer mehr zivile als militärische Aufgaben.

Militärisch blieb Mainz die große rückwärtige Befehlszentrale und das Zentrum für die Versorgung der Truppen. Von Mainz aus mussten die

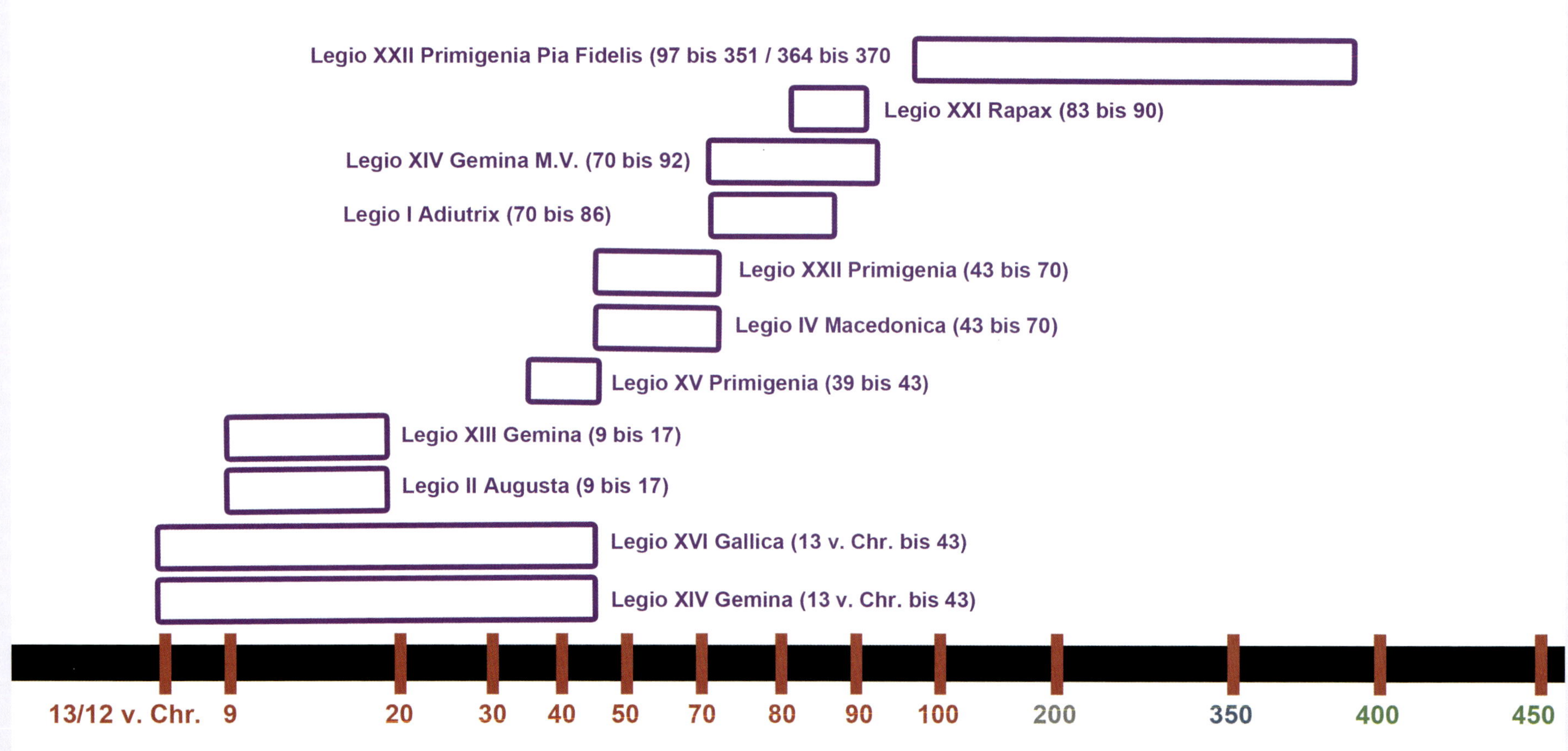

Truppen bei ihren Feldzügen sowie in den vorgeschobenen Stellungen am Limes mit Lebensmitteln, Waffen, Werkzeug, Sätteln, Töpfereiwaren, Holz und anderen Baustoffen versorgt werden. In Mainz selbst wurde die Garnison von zwei Truppen auf eine reduziert. Diese Maßnahme wurde auch in anderen Lagern am Rhein durchgeführt, nachdem sich der Mainzer Statthalter Saturninus 89 n. Chr. gegen Kaiser Domitian erhoben hatte. Als Hauslegion verblieb in Mainz ab 97 für die nächsten 250 Jahre alleine die 22. Legion. Auf der freigewordenen Fläche des Legionslagers errichteten die Römer die Lagerthermen. Ob hier oder am Rhein ein Palast für den Statthalter und weitere administrative Gebäude entstanden, ist noch nicht geklärt.

Außen um das Legionslager wurde spätestens bis zum Jahr 86 die Holz-Erde-Mauer eingeebnet und entlang der inneren Pfostenreihe eine Steinmauer hochgezogen. Ein Spitzgraben umfasste die neue Mauer, der in der zweiten Hälfte des 2. Jahrhunderts von einem neuen, 14 m breiten und 4 m tiefen Graben abgelöst werden sollte. Das Lager in Kastel erhielt ebenfalls eine steinerne Mauer und auch dort wurden viele Holzbauten durch steinerne Gebäude ersetzt.

Geschützt vom Limes, dem Rheinfluss, einem Legionslager sowie dem rechtsrheinischen Brückenkopf entwickelte sich Mainz als Hauptstadt der Provinz Obergermanien zu einer bedeutenden Verwaltungs- und Wirtschaftsmetropole im Römischen Reich. Es entstand langsam ein städtisch-ziviles Leben neben der Garnison. Im Süden und Südwesten des Legionslagers siedelten sich in den Lagervorstädten viele Händler, Handwerker sowie die Familien der Legionäre an. Ostwärts zum Rhein zogen sich verschiedene zivil geprägte Siedlungen hin.

Übersicht über **die in Mainz stationierten Legionen**. Zwischen der Varus-Niederlage und dem Ende der römischen Expansionspläne drängelten sich zeitweise vier Legionen in der damaligen Front- und Aufmarschstadt. Bis zum Ende des 1. Jahrhunderts belegten regelmäßig zwei Legionen das für diese Größe ausgelegte Lager. Am nachhaltigsten verbunden mit Mainz ist die 22. Legion, die über 250 Jahre lang bis in das 4. Jahrhundert die einzige in Mainz stationierte Legion war.

Das römische Mainz erblühte im 1. und 2. Jahrhundert. Mit allem, was die römische Zivilisation damals zu bieten hatte. Einem Theater mit 10.000 Plätzen für große Veranstaltungen (Reste heute: Bühnentheater unterhalb der Zitadelle), Thermen für Wellness (Reste heute: Hypokaustum in der Nähe des Schillerplatzes) und Tempel für kultische Handlungen (Reste heute: Isis- und Mater Magna-Heiligtum in der Römerpassage). Weiterhin gab es Wohnhäuser einfacher Art und Stadtvillen für die wohlhabenden Bürger. Außerhalb der Siedlungen wurden Gräberstraßen angelegt (Reste heute: römisches Gräberfeld in Mainz-Weisenau). Mainz war eine Metropole mit Strahlkraft weit in die Region, links und rechts des Rheins. Und wie in allen Städten des römischen Reichs war das Forum das Zentrum der Stadt. Dieses war Markplatz für die Bauern der Umgebung und für Händler mit Waren aus aller Welt. Möglicherweise lag das Mainzer Forum zwischen Schillerplatz und Theaterplatz, nachgewiesen ist es aber nicht.

Als strahlendes Schaufenster für die römische Kultur übte Mainz eine starke Anziehungskraft auch für die Germanen aus. Einige germanische Stämme waren schon bald in die römische Welt integriert. Aber andere hatten den Kampf noch nicht aufgegeben oder sahen das blühende Mainz als Ziel für ihre Raub- und Wanderzüge. Diese schienen von Mainz allerdings weit weg zu sein. Es gab ja den Limes, viele Kilometer vor den gefährlichen Strömungen des Rheins und gut bewacht. Doch dann kam das Jahr 233. Es sollte ein Wendepunkt für die Entwicklung von Mainz werden.

## Das Legionslagers auf dem Kästrich

Um 13 v. Chr. bauten die Römer ein fast 36 ha großes Lager für zwei Legionen, in dem 12.000 Legionäre untergebracht werden konnten. Das Legionslager war hoch über dem Rhein das weithin sichtbare Zeichen römischen Machtanspruchs und ein wichtiger Militärstandort zur Eroberung von Germanien. Durch die strategisch günstige Lage war das Lager an drei Seiten durch Steilabhänge gesichert und die Römer konnten von dort die gesamte Rhein-Main-Niederung kontrollieren. Das Mainzer Legionslager war nach dem gleichen Schema angelegt wie alle römischen Lager. Es war von einer Mauer mit Türmen und vorgesetzten Gräben umgeben. Nach allen vier Himmelsrichtungen öffnete sich je ein Tor, durch das die vier Hauptstraßen rechtwinkelig hindurchführten und am Mittelpunkt des Lagers zusammenliefen. Bis zum Ende des 1. Jahrhunderts waren im Legionslager zu unterschiedlichen Zeiten insgesamt zehn Legionsverbände stationiert. Nach dem Bau des Limes reduzierten die Römer in Mainz die Truppenverbände auf eine Legion und führten die frei gewordenen Flächen des Legionslagers einer neuen, bisher nicht bekannten Nutzung zu. Die 22. Legion Primigenia wurde zur Mainzer Hauslegion und war hier über 250 Jahre stationiert.

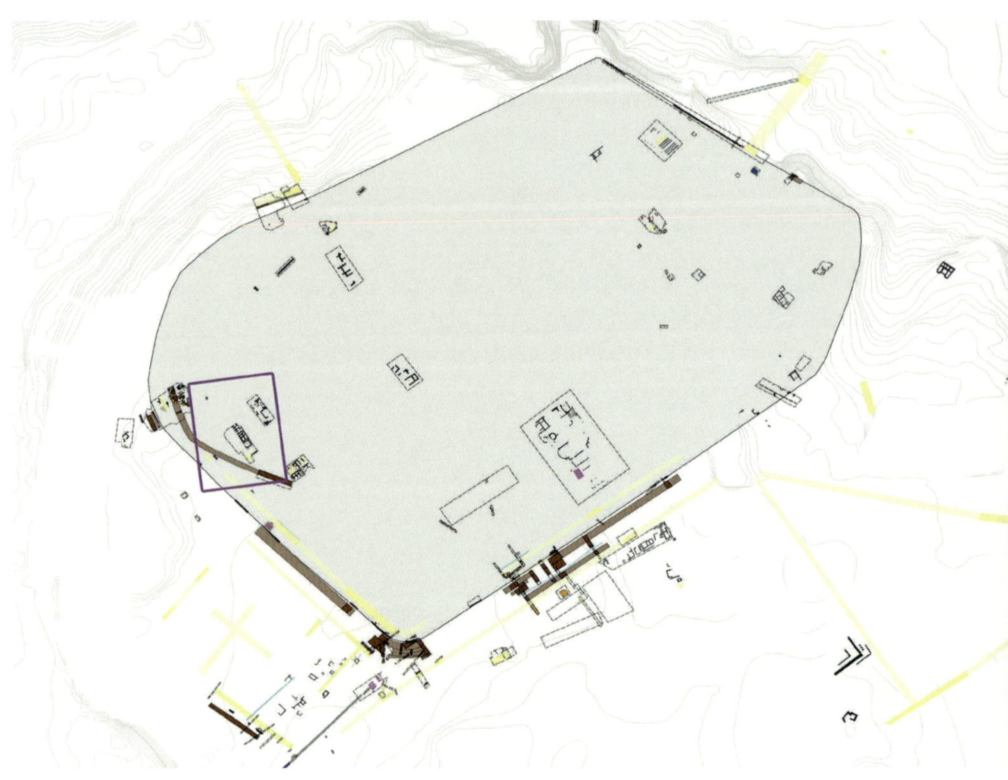

**Abb. oben**
**Die Lage des Legionslagers** auf dem Kästrich und dem Gelände der Mainzer Universitätsmedizin im heutigen Stadtbild.

**Abb. unten**
**Digitalisierter Gesamtplan** der bisher erfassten Baustrukturen des Mainzer Legionslagers, Burger 2017. Die Befunde der Infanteriekasernen (Rekonstruktion rechts) sind gekennzeichnet.

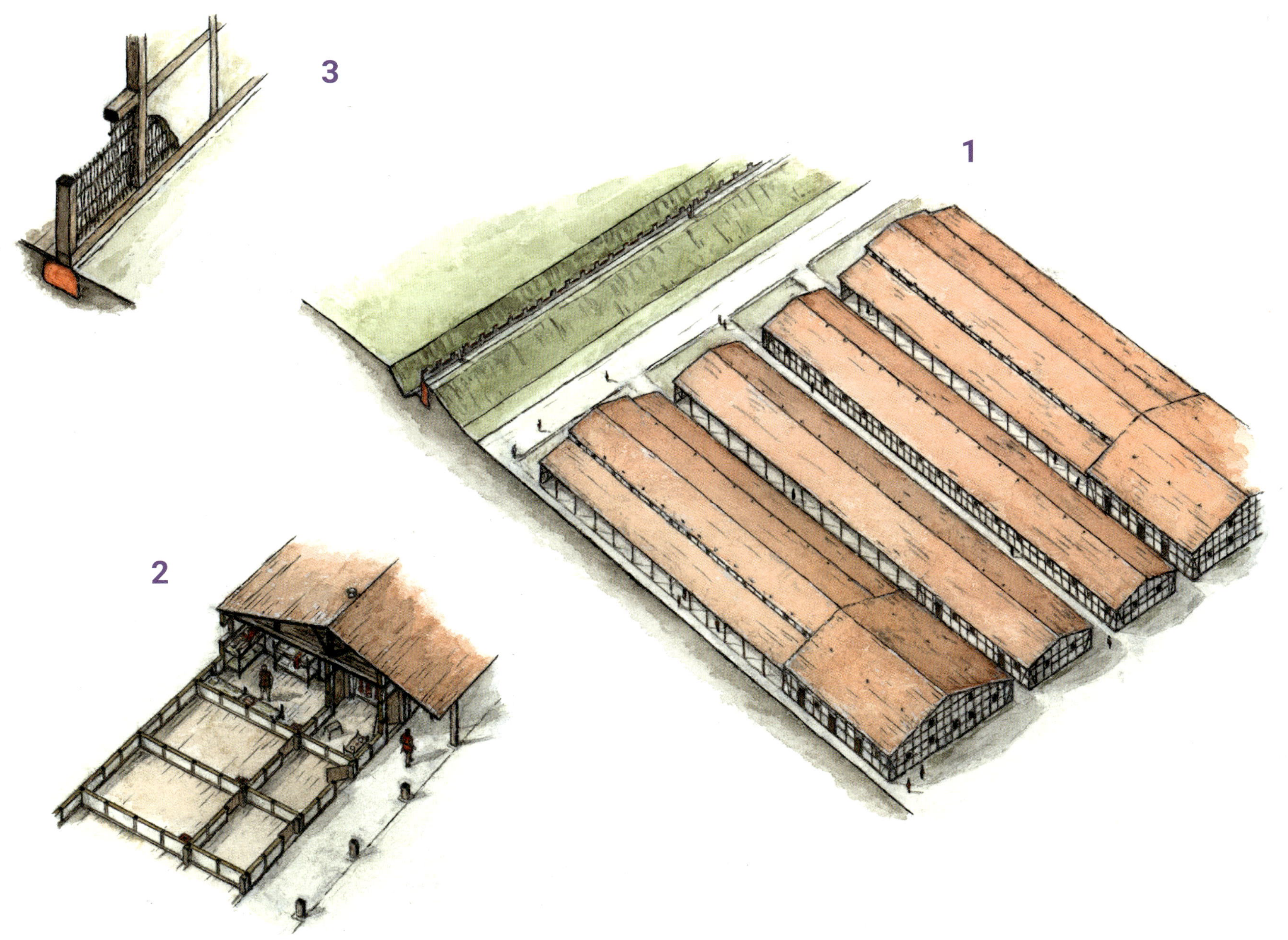


**Abb. oben**
**Nordwestabschnitt des Legionslagers** um das Jahr 100, mit doppelten und einzelnen Infanteriekasernen sowie der steinernen Lagermauer mit vorgelagertem Spitzgraben. Zwischen den Kasernen und der Lagermauer befand sich die Lagerringstraße. Die Kasernen für jeweils 80 oder 160 Legionäre waren in Mannschaftsunterkünfte und in Centurien-Kommandanturen, die sich am Kopfende befanden, unterteilt **(1)**. Eine einzelne Mannschaftsunterkunft für acht Legionäre bestand aus einem Schlafraum sowie einem Waffen- und Abstellraum. Vorgelagert war noch eine Kolonnade **(2)**. Die Wände der Kasernen bestanden aus einem Fachwerkrahmen, der auf einem Fundament aus lose verlegten Steinen ruhte. Innerhalb dieser Holzkonstruktion befand sich Flechtwerk, das mit Stroh und Lehm verputz war **(3)**.

## Die Entwicklung des Legionslagers

Das Legionslager beherbergte fast 400 Jahre lang die römischen Truppen in Mainz. Es wurde während dieser Zeit immer wieder repariert, modernisiert oder umgebaut. Das lässt sich an den unterschiedlichen Ausführungen der Mauer erkennen **(Bild rechts)**. Die früheste Lagerumwehrung bestand aus einer Holz-Erde-Mauer um 13 v. Chr. **(1)**. Bei dieser standen die 18-20 cm starken Holzpfosten in einem Pfostengräbchen. Der Erdaushub des Spitzgrabens wurde zum Auffüllen der Holzkonstruktion benutzt, so dass eine 3 m breite und mit Brustwehr 4 m hohe Mauer entstand **(4)**. Die Brustwehr mit Zinnen bestand in Mainz vermutlich aus Lehmziegeln, die verputzt waren. Diese Mauer musste im Laufe der Zeit immer wieder repariert werden **(2)**. Etwa ab dem Jahr 70 ersetzten die Römer die Holz-Erde-Mauer durch eine mit Zinnen ca. 4,80 m hohe Steinmauer **(3)**, wobei die neue Lagermauer entlang des hinteren Pfostengräbchens der Holz-Erde-Mauer verlief. Anschließend gab es für lange Zeit, abgesehen von notwendigen Reparaturen, keine größeren Veränderungen mehr. Erst im ersten Drittel des 4. Jahrhundert begann der letzte Umbau des Legionslagers. Die bestehende Lagermauer wurde durch eine vor ihr gebaute neue Steinmauer verblendet. Gleichzeit entstand vor der Mauer ein etwa 14 m breiter Spitzgraben **(5)**. Gut zu erkennen sind die Zinnen mit den halbwalzenförmigen Abdecksteinen **(Detail 6)**. Diese hatten einen Abstand von ca. 2,30 m und standen damit etwas weiter auseinander als die Zinnen der mittelalterlichen Stadtmauer von Mainz. Als das Legionslager um 368 abgerissen wurde, verwendeten die Römer viele Steine des Legionslagers für den Bau der neuen Stadtmauer.

**Abb. oben**
**Römische Holz-Erde-Mauer mit Spitzgräben,** rekonstruiert in Haltern am See an der Lippe. Das Legionslager in Haltern wurde fast zeitgleich wie das Mainzer Lager gebaut und ist deshalb in seiner Bauweise mit diesem vergleichbar.

**Abb. rechts**
**Rekonstruktion der Holz-Erde-Mauer** des um 11 v. Chr. gebauten, etwa 56 ha großen Römerlagers Oberaden in Bergkamen. Ebenso wie in Mainz war der Zwischenraum der Mauer mit der Erde aus den Spitzgräben verfüllt und die Zinnen bestanden aus einer verputzten Lehmschicht.

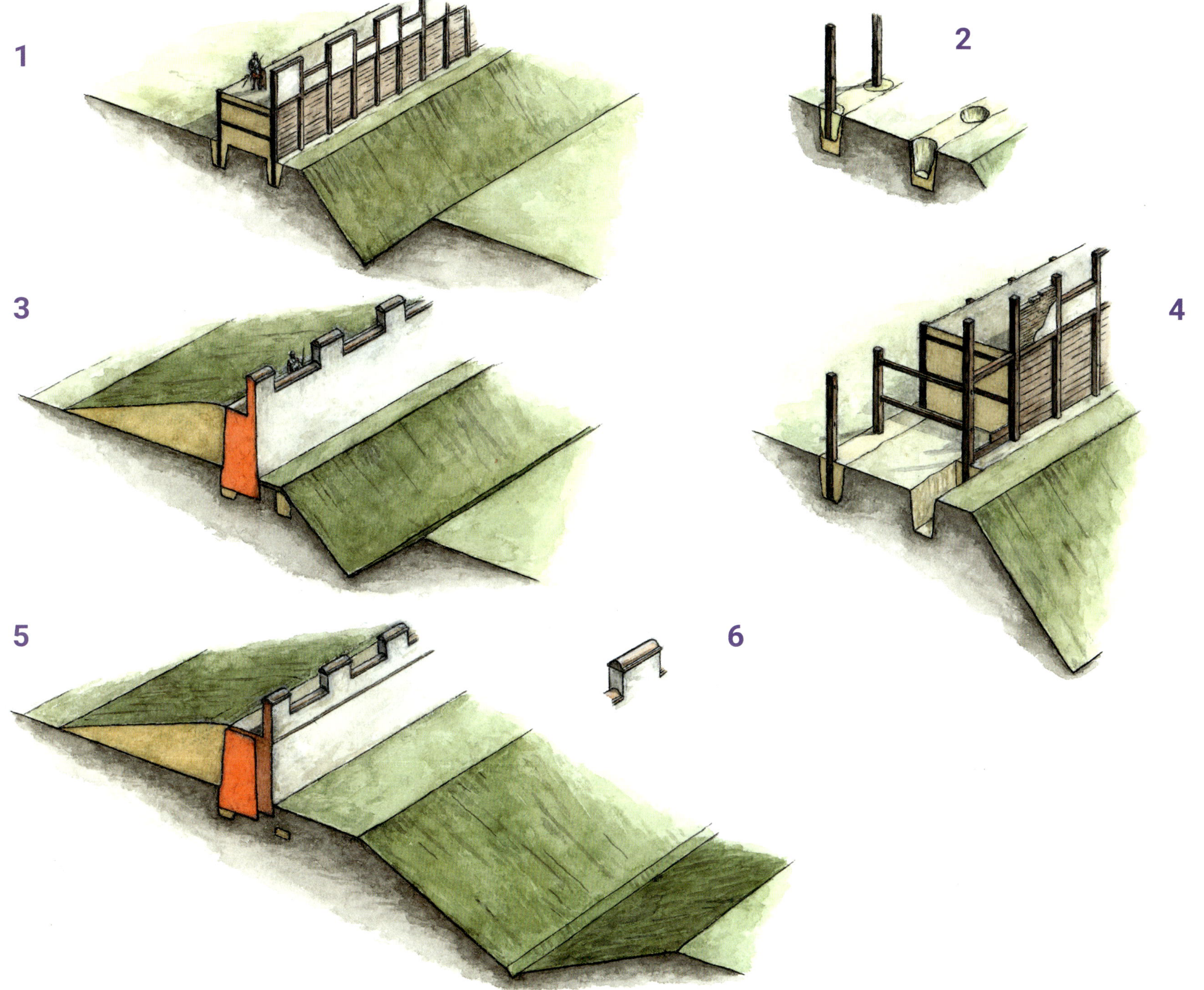


**Abb. oben**
Legionslager Mainz mit der Entwicklung der Holz-Erde-Mauer zur steinernen Mauer.

**Abb. links**
**Lage des römischen Kastells** mit Ehrenbogen der Brücke und dem damaligen Straßenverlauf im heutigen Stadtbild. Die alte Uferlinie des Rheins ist blau gekennzeichnet.

**Abb. unten**
**Theodor-Heuss-Brücke** mit Blick auf Mainz. Im Vordergrund zeichnen die roten Pflastersteine die Lage und die Breite der römischen Brücke nach.

## Der Brückenkopf in Kastel

Im Zusammenhang mit den römischen Feldzügen in das rechtsrheinische Germanien bestand die Notwendigkeit für einen dauerhaften Rheinübergang. Die erste, um das Jahr 27 gebaute feste Holzbrücke wurde um 71 durch eine 600 m lange Steinbrücke ersetzt. Zur Sicherung des Rheinübergangs bauten die Römer im heutigen Kastel ein Lager, das sowohl als Brückenkopf als auch mit den Kastellen Wiesbaden und Hofheim der Vorfeldabsicherung in Richtung Taunus und Wetterau diente. Vom rechtsrheinischen Kastell führte eine gerade laufende Verbindung über die Brücke und eine Straße zum Legionslager auf dem Kästrich. Das Kastell hatte eine Ausdehnung von 94 x 67 m und bedeckte eine Fläche von 0,62 ha. Die Mauer war mit ungefähr 2,20 m stärker als die in den Kastellen von Wiesbaden und Hofheim. Anders als dort verfügte das Lager in Kastel nur über zwei Tore an den Langseiten. Das war für ein römisches Kastell ungewöhnlich, war aber wohl den topographischen Gegebenheiten geschuldet. Vor dem Kastell stand in Richtung nach Germanien ein dreitoriger, heute teilweise noch erhaltener Ehrenbogen, der an Germanicus und an dessen Germanenkriege erinnern sollte. Durch das Tor führte eine Straße, die während der Zeit des Limes die wichtigste römische Verbindung von Mainz nach Nordosten in die Wetterau war.

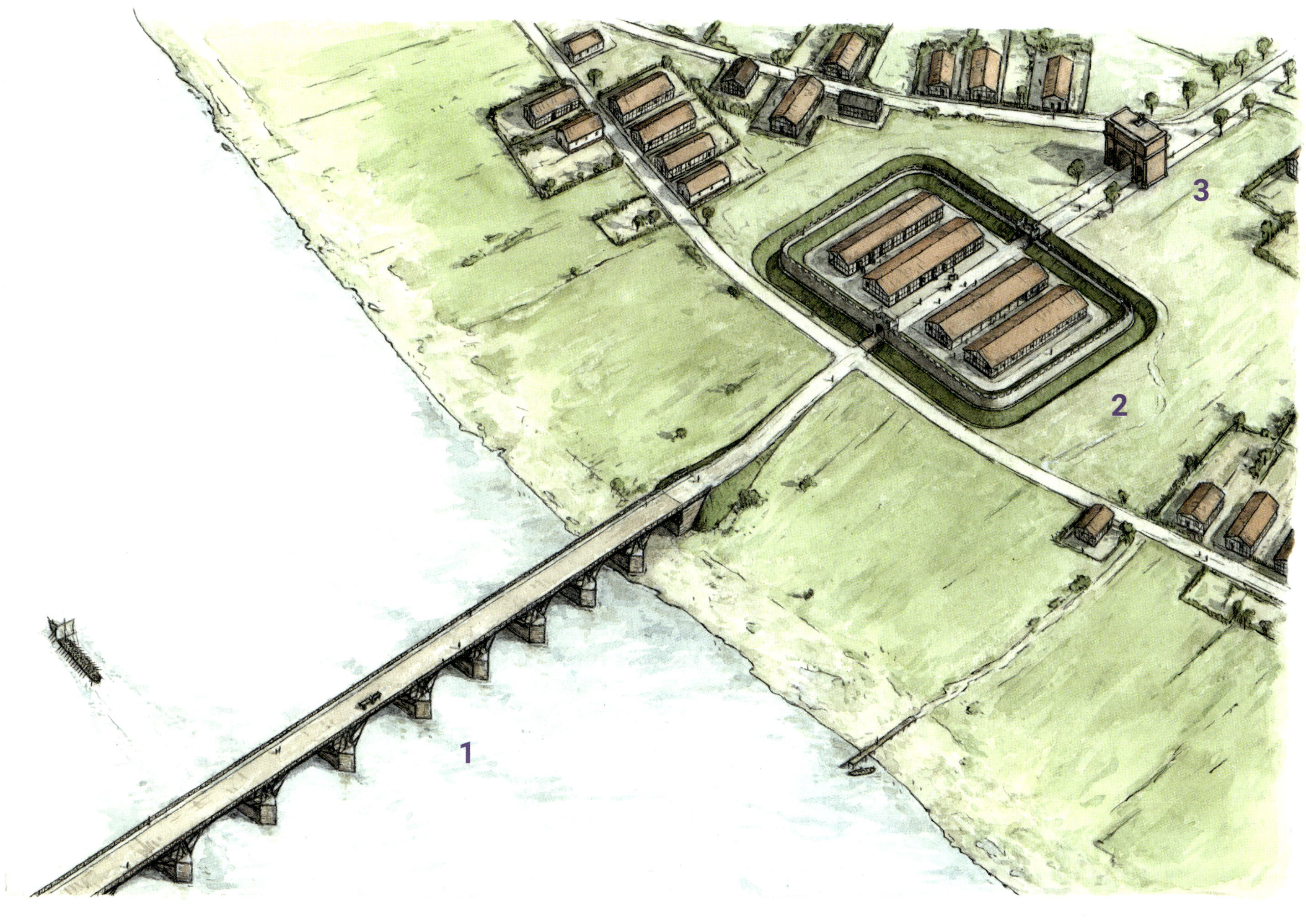


**Abb. oben**
Brückenkopf in Kastel um das Jahr 100 mit der Römerbrücke **(1)** und dem römischen Kastell mit der Steinmauer **(2)**, die um 85 eine Mauer aus Holz abgelöst hatte. Im Inneren des Lagers befanden sich Baracken für eine gemischte Einheit mit Infanterie und Kavallerie. Die Straße in Richtung Taunus führte durch einen Ehrenbogen **(3)**.

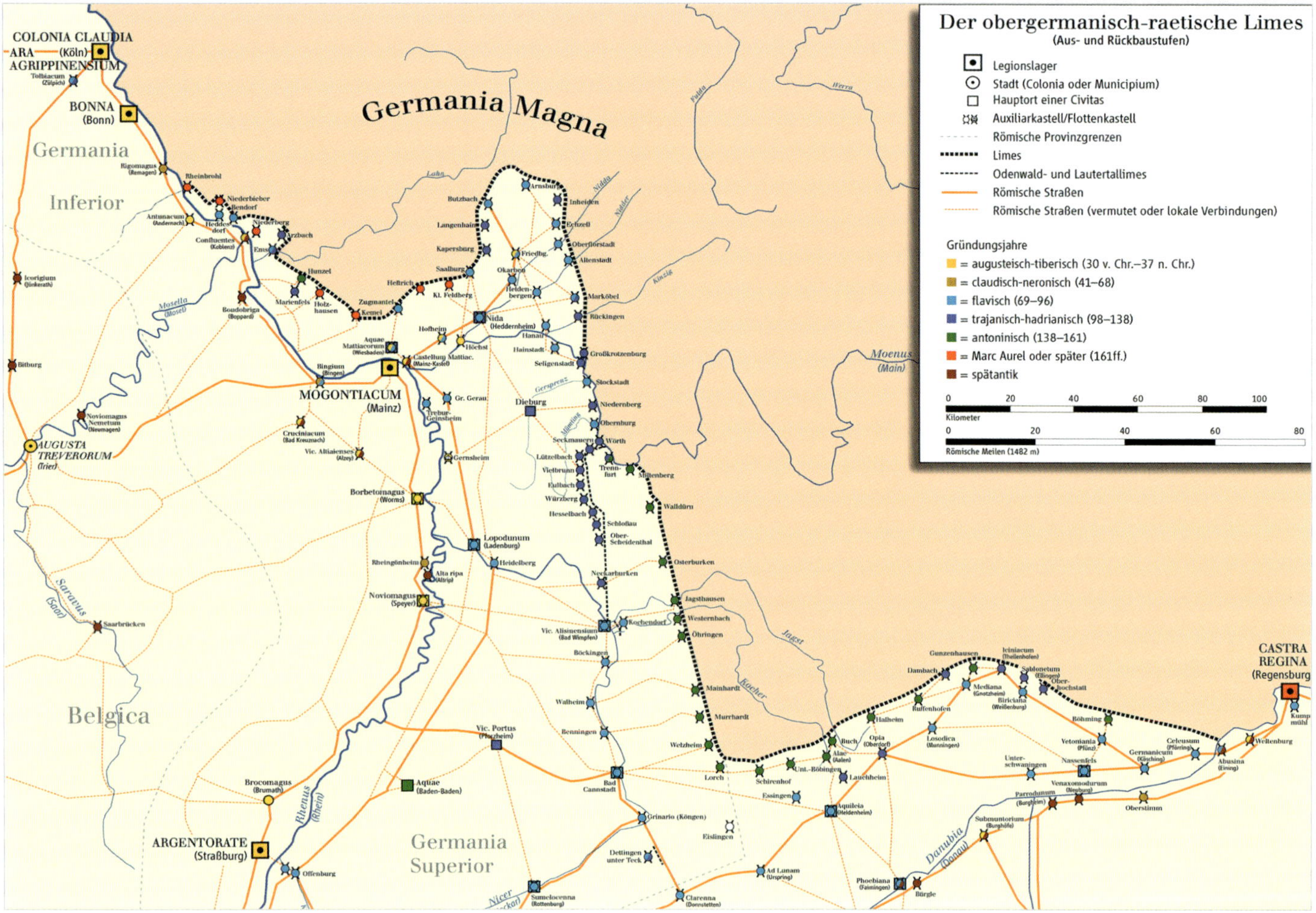

**Abb. links**
**Karte des Obergermanisch-Raetischen Limes** mit den verschiedenen Ausbaustufen. Hinter dem römischen Grenzwall erlebte Mainz einen wirtschaftlichen Aufschwung, der die Grundlage für die Blütezeit des 1. und 2. Jahrhunderts bildete.

**Abb. unten**
**Nachbau eines steinernen Limes-Wachtturms** zwischen Idstein und Niedernhausen. Der Turm stand in der Römerzeit in Sichtweite zu den beiden nächsten Turmstellen, so dass Signale mit Hörnern, Flaggen oder Fackeln von Turm zu Turm bis zu den nächsten Kastellen weitergegeben werden konnten.

## Der Limes als vorgeschobene Grenzbefestigung

Um 85 n. Chr. gelang den Römern die Eroberung des Südabhangs des Taunus sowie des fruchtbaren und strategisch wichtigen Gebietes der Wetterau. Während der Feldzüge hatten die römischen Truppen breite Schneisen in die dichten germanischen Wälder geschlagen, um Überfälle auf ihre Kolonnen (wie etwa bei der Schlacht im Teutoburger Wald) zu vermeiden. Nach Ende des Krieges dienten die Schneisen zunächst als Nachschub- und Kontrollwege. Später entstand hieraus der 550 km lange Obergermanisch-Raetische Limes, der sowohl eine Militärgrenze als auch eine Wirtschaftsgrenze zwischen dem Römischen Reich und Germanien bildete. Mainz war jetzt keine Front- und Grenzstadt mehr und entwickelte sich im Grenzhinterland zum Hauptsitz der römischen Zivilverwaltung, dessen Machtbereich sich zeitweise vom Neuwieder Becken bis zum Genfer See erstreckte. Als Provinzhauptstadt war Mainz nicht nur einer der größten und wichtigsten Militärstandorte am Rhein, sondern auch eine bedeutende römische Zivilsiedlung.

**Abb. oben**
**Rekonstruktion eines steinernen Wachtturms** mit Wall, Spitzgraben und Palisaden in der Nähe des Kastells Zugmantel im Taunus. Hier befand sich in römischer Zeit ein wichtiger Grenzübergang ins freie Germanien, der von Kastell und Turm überwacht wurde.

# DIE RÖMISCHE STADTMAUER NACH DEM LIMESFALL (233 bis 350)

Die römischen Kaiser. Sie herrschten über ein Reich, das sich zeitweise über drei Kontinente von Gallien und großen Teilen Britanniens bis zu den Gebieten rund um das Schwarze Meer erstreckte. Ihren Herrschern brachten die Römer Opfer dar, verehrten ihre Bildnisse und sahen sie als gottgleich an. In den Provinzen galt der Kaiserkult als Ausdruck der Loyalität gegenüber Rom. So auch in Mainz. Trotzdem passierte in der Hauptstadt der römischen Provinz Obergermanien im März 235 etwas bis dahin Unvorstellbares. Der seit fast dreizehn Jahre herrschende römische Kaiser Severus Alexander wurde im heutigen Mainz-Bretzenheim von seinen Soldaten ermordet.

Die Ermordung des römischen Kaisers war mit einer der Auslöser der sogenannten *»Reichskrise des 3. Jahrhunderts«*. Zwischen 235 und 285 wechselten sich sechsundzwanzig Kaiser ab, die von Soldaten gewählt und wieder abgesetzt wurden oder gewaltsame Tode starben. Das römische Reich stand an einem Wendepunkt seiner Geschichte und wäre nach Meinung vieler Historiker fast vernichtet worden.

Einer der Gründe für die Krise hing mit den raschen Herrscherwechseln zusammen, die eine kontinuierliche Reichspolitik verhinderten. Neben dieser fehlenden Stabilität der Kaiserherrschaft stand Rom in den Krisenjahren vor einer weiteren, seine Existenz gefährdenden Herausforderung. An der Donau bedrohten die Goten und im Osten das neupersische Reich die römischen Grenzen. Und an der Rheingrenze sorgten die Alamannen für Unruhe.

Auseinandersetzungen zwischen Römern und germanischen Stämmen hatte es am Rhein schon immer gegeben. Im Grunde war die Situation also nicht neu, aber die Intensität der Angriffe auf die Grenze nahm für die Römer spürbar zu. Dies war die Folgeeiner Veränderung der germanischen Gesellschaft. Aus zahlreichen unterschiedlichen Stämmen mit verschiedenen lose miteinander verbundenen Sippen hatten sich größere Verbände gebildet. Die traditionellen Stammesnamen der Germanen verschwanden und neue Bezeichnungen wie

**Büste von Kaiser Severus Alexander.** Seine Ermordung in Mainz trug zu einer Krise des Römischen Reiches bei, in dessen Verlauf das rechtsrheinische Gebiet mit dem Limes aufgegeben werden musste und Mainz wieder Grenzstadt wurde.

**Abb rechts**
Mainz um das Jahr 270.

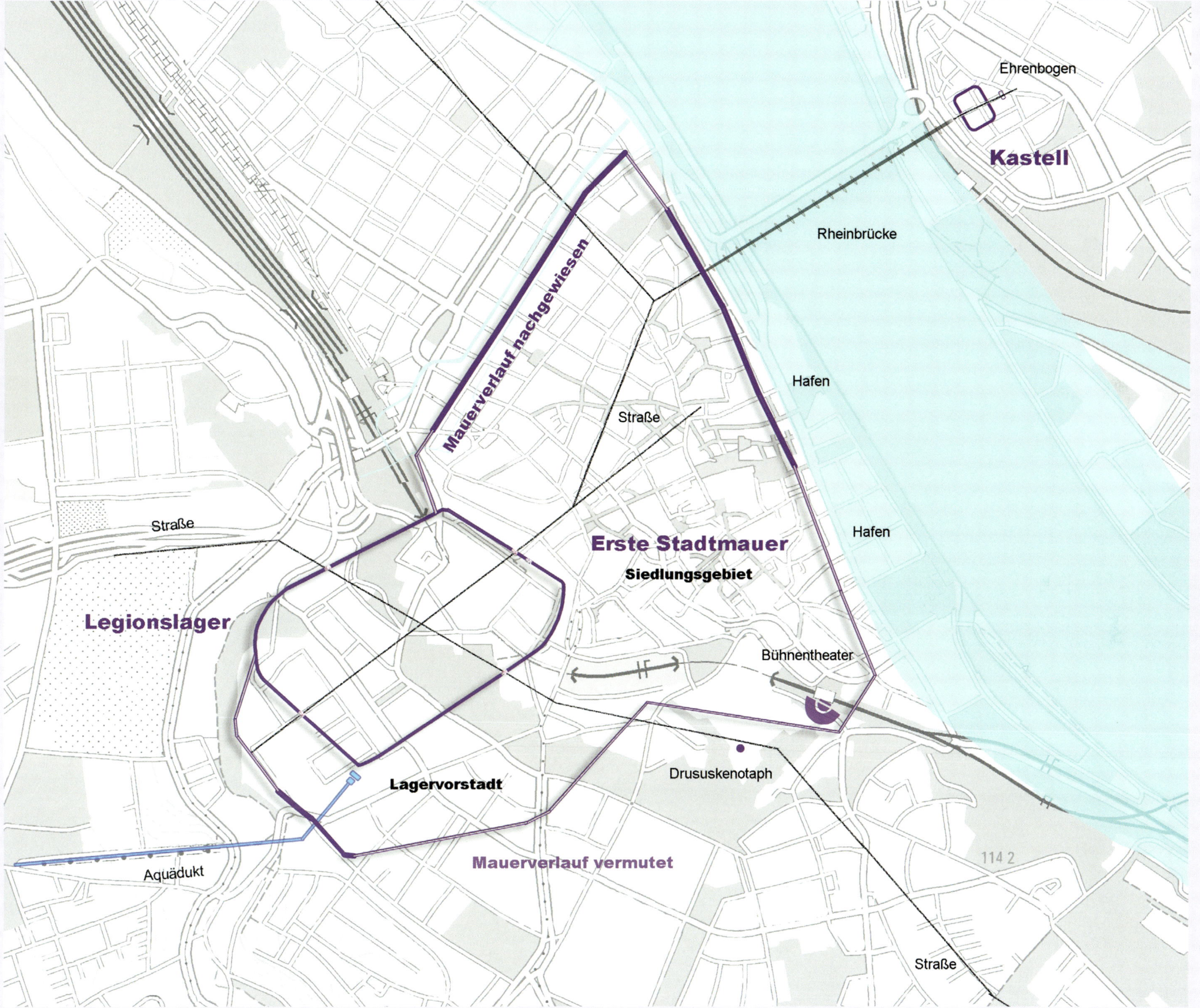
Ehrenbogen
Kastell
Rheinbrücke
Mauerverlauf nachgewiesen
Hafen
Hafen
Straße
Straße
Erste Stadtmauer
Siedlungsgebiet
Legionslager
Bühnentheater
Drususkenotaph
Lagervorstadt
Aquädukt
Mauerverlauf vermutet
114 2
Straße

*»Alamannen«* – alle Männer – oder *»Franken«* – die Freien – charakterisierten selbstbewusst die neu geschaffenen Stammesbünde. Diese bildeten jetzt mit neuer Schlagkraft und einer bisher nicht gekannten Mobilität die neuen Gegner von Rom.

Auch in Mainz war diese Entwicklung lange Zeit unterschätzt worden. Die römische Provinzhauptstadt am Rhein fühlte sich hinter dem Limes und unter dem Schutz der Legionäre sicher. Mainz war wirtschaftlich und kulturell erblüht. Nicht nur viele Veteranen der Militärtruppen hatten sich hier niedergelassen, sondern auch viele Germanen hatten hier eine Heimat in einem rechtsrheinisch nicht vorstellbaren Wohlstand gefunden. Diese friedliche Entwicklung fand 233 ihr Ende. Ohne Vorwarnung durchbrachen die Alamannen den Limes und verheerten die rechtsrheinischen Gebiete. Eindringlich schilderte der römische Geschichtsschreiber Herodian in einem Bericht die damaligen Ereignisse. Danach hatten *»die Germanen den Rhein und die Donau überquert, das römische Gebiet verwüstet und mit einer großen Streitmacht die an den Flussufern liegenden Kastelle, Städte und Dörfer angegriffen«*. Diese seien zum großen Teil zerstört worden und die Angehörigen der Soldaten durch die Germanen getötet worden.

Obwohl Mainz von diesen Ereignissen unmittelbar verschont geblieben war, veränderte sich auch hier die Sicherheitslage grundlegend. Erstmalig hatte sich das Potential gezeigt, das die jenseits des Limes operierenden Germanenverbände zu entwickeln imstande waren. Als dann zwei Jahre später der römische Kaiser Severus Alexander in Mainz ermordet wurde, verloren viele Menschen in der Rheinprovinz das Vertrauen, dass ihnen Rom dauerhaften Schutz bieten konnte. Viele Provinzbewohner vergruben ihr Geld und ihre Kostbarkeiten unter dem Boden. Da sie nie mehr dazu kamen, ihre Schätze wieder zu heben, haben viele Forscher solche Münzhorte als Beleg für die damalige unruhige Zeit gesehen.

Das Katastrophenjahr 233 veränderte die Beziehungen der Provinzbewohner zu ihren Nachbarn jenseits der Grenze. War der Limes bisher als vorgeschobene Befestigungslinie eine kontrollierte, aber grundsätzlich von beiden Seiten aus durchlässige

Die **Germanen** überschritten den Limes, um auf römischem Gebiet zu rauben und zu plündern. Aus Angst vor den eindringenden Germanen floh die Bevölkerung und ließ häufig Geld und Wertgegenstände in Verstecken zurück. Auf dem Bild sind einige Stücke eines Schatzes zu sehen, der von den Germanen geraubt worden und bei der Überquerung des Rheins verloren gegangen war.

Grenze gewesen, so stand er jetzt zwischen zwei feindlichen Mächten. Es liegt auf der Hand, dass er eine Aufgabe als starkes militärisches Bollwerk nicht erfüllen konnte. In zahlreichen Kastellen lagen nur noch Rumpfbesatzungen und die besten Verbände, vor allem die mobilen Reitereinheiten, wurden immer öfter für die innenpolitischen Kämpfe der Soldatenkaiser aus den Grenzregionen abgezogen. Rom war nicht länger stark genug oder auch nur daran interessiert, die Limeslinie zu halten. Die Kastelle verfielen und wurden von den verbliebenen Einheiten verlassen. Ihre Soldaten schlossen sich einer der beiden Seiten an. Das römische Reich machte keine Anstalten mehr, die Gebiete zwischen Rhein und Donau wieder in Besitz zu nehmen und den Limes wiederaufzubauen. Im Jahr 260 war es dann soweit. Die Römer räumten das rechtsrheinische Gebiet und zogen sich an das militärisch wesentlich leichter zu sichernde Rheinufer zurück. Mainz wurde jetzt wieder Frontstadt wie schon zu Beginn der Römerherrschaft.

Für Mainz hatte diese mehrere Jahre während Entwicklung weitreichende Folgen. Bereits lange vor der endgültigen Aufgabe des Limes hatte sich die Brüchigkeit der römischen Verteidigung gezeigt. Weder der langsam verfallende Grenzwall noch die Präsenz der römischen Truppen, die immer wieder auch von Mainz aus größere Verbände für Feldzüge in weit entfernte Gebiete abstellen mussten, reichten aus, um die Stadt zu schützen. Deshalb mussten die Befestigungen in Mainz verstärkt werden. Was folgte, war der Bau eines neuen Festungsrings, der das größte staatliche Neubauprojekt seiner Zeit war. Es handelte sich dabei um den Bau einer Stadtmauer entlang der Grenzen des Siedlungsgebiets.

Der Bau von Stadtbefestigungen war in den römischen Provinzen nichts Ungewöhnliches. In Zeiten wirtschaftlicher Blüte und allgemeinen Friedens waren bis Anfang des 3. Jahrhunderts fast alle größeren, rechtsrheinischen Siedlungen wie zum Beispiel Köln, Trier oder Xanten mit Stadtmauern umgeben worden. Die repräsentativen Befestigungen drückten hoheitliche Gewalt und Würde aus. Sie repräsentierten Wohlstand und unterstrichen den Status der jeweiligen Städte. Repräsentative Torbauten wie die Porta Nigra in Trier belegen die frühen Motive für den römischen Mauerbau. Der Bau der Mainzer Stadtmauer verfolgte demgegenüber eine andere Zielsetzung und markierte einen Wendepunkt des römischen Mauerbaus. Mit der neuen Gefährdung der Rheinprovinz durch die Germanen sollte die Stadtmauer von Mainz nicht mehr in erster Linie als Statussymbol dienen, sondern die Stadt

**Kopie vom Lyoner Bleimedaillion**, mutmaßlich um 297. Es ist die älteste bildliche Darstellung von Mainz. Das Medaillon zeigt in der unteren Hälfte die Umwehrung von CASTEL(lum) mit fünf Türmen und zwei Tordurchfahrten. Die Brücke, wie in Trier ohne Rundbögen, führt über den FL(umen) RHENUS – den Fluss Rhein – nach MOGONTIACUM. Dort ist links die erste Mainzer Stadtmauer mit Türmen und Toren dargestellt, die nach dem Fall des Limes in aller Eile gebaut worden war.

vor konkret erwarteten feindlichen Angriffen schützen. Und dieser Schutz musste möglichst schnell hergestellt werden. Deshalb wurde alles Material verarbeitet, was sich zum Bau der Mauer eignete. Hierzu gehörten Weihesteine, Altäre, Grabsteine oder Teile größerer Grabdenkmäler. Hinzu kamen Mauerteile von Gebäuden, die abgerissen werden mussten, um vor der Stadtmauer ein freies Schussfeld zu schaffen. Solche sogenannten Spolien und wiederverwendete Bausteine finden sich bis zu einem Anteil von neunzig Prozent in den Fundamenten der römischen Stadtmauer.

Der Bau der Stadtmauer begann im Frühjahr 253, also zu einem Zeitpunkt zwischen dem Alamanneneinfall und dem endgültigen Ende des Limes. Initiiert wurde die Befestigungsmaßnahme durch den römischen Kaiser Valerian. Dieser hatte Truppen vom Rhein für einen Feldzug gegen die Sassaniden im Osten abgezogen und wollte auch deshalb das ansonsten ungeschützte Mainz mit einer Stadtmauer sichern. Planung, Vermessung und die Durchführung der Bauarbeiten erfolgten durch Soldaten der 22. Legion und ihrer Hilfstruppen. Die Bauzeit der Mauer hätte im günstigsten Fall bei einem Einsatz von 1.500 bis 3.500 Arbeitern einschließlich des Abbruchs von Gebäuden oder Denkmälern sowie des Transports von Steinen und Holz zwischen einem halben und einem ganzen Jahr betragen. Wahrscheinlich waren die Arbeiten aber erst um 255 abgeschlossen. Das wäre dann ein Jahr nach der gezielten Auflassung des Rätischen Limes und ungefähr fünf Jahre vor dem Fall des Obergermanischen Limes gewesen. Alle diese Ereignisse stehen so in einem inneren Zusammenhang und unterstreichen die wachsende Bedrohung der Rheinprovinzen.

Der Verlauf der Stadtmauer lässt sich bis heute nicht genau rekonstruieren und ist seit mehr als einhundert Jahren Gegenstand von wissenschaftlichen Diskussionen. Lange Zeit war allgemein anerkannt, dass die Stadtmauer ungefähr vom Alexanderturm über die Hintere Bleiche zum Rhein, dann die Rheinfront entlang zum Holzturm und von dort zum Gautor verlief. Die Kästrichfront war nach dem damaligen Forschungsstand durch zwei Mauerabschnitte gesichert, die sich in gerader Linie vom Alexanderturm auf der einen und vom Gautor auf der anderen Seite direkt an das Legionslager anschlossen und dieses damit zangenförmig umschlossen.

Heute herrscht die Ansicht vor, dass die erste Mainzer Stadtmauereinen anderen Verlauf gehabt haben musste. Den aktuellen Forschungsstand

**Büste von Kaiser Diokletian** im Schloss Vaux-le-Vicomte. Der ehemalige Kommandant der kaiserlichen Leibgarde führte tiefgreifende Strukturreformen durch und beendete die römische Reichskrise des dritten Jahrhunderts. Während der Herrschaft von Kaiser Diokletian wurde Mainz im Jahre 297 zum ersten Mal als Stadt im vollen spätrömischen Rechtssinne bezeichnet.

hat der Archäologe Alexander Heising in seinem 2008 erschienenen Buch *»Die römische Stadtmauer von Mogontiacum – Mainz«* zusammengefasst und die nachgewiesenen Reste der Stadtmauer neu bewertet. Danach verlief die Mitte des 3. Jahrhunderts gebaute römische Stadtmauer entlang folgender Abschnitte:

- Entlang der Hinteren Bleiche zog sich im Nordwesten die Stadtmauer über 900 Meter in einem geraden Verlauf entlang des Zahlbaches.
- An der Rheinfront verlief die Stadtmauer entlang der damaligen Uferkante des Flusses.
- Im Südosten bezog die Stadtmauer das römische Bühnentheater mit ein.
- Vom Bühnentheater verlief die Mauer hangaufwärts in einem weiten Bogen um das Legionslager und umfasste damit die zivile Siedlung (Lagercanabae) auf der Hochebene.

Anders als diese gut zu rekonstruierenden Abschnitte kann der weitere Verlauf der Stadtmauer nur vermutet werden. Hierzu gehören

- der Abschnitt der Rheinmauer im äußersten Norden und Süden,
- die Übergänge des rheinseitigen Mauerzuges in Richtung Bühnentheater und zum Bleichenzug sowie
- die konkrete Strecke der Mauer ab dem Bühnentheater und die Anbindung an das Legionslager.

Die Stadtmauer war 2 m breit und 6 m hoch. Das Fundament bestand aus einem hölzernen Pfahlrost sowie einer 2,2 m bis 2,8 m breiten und ungefähr 1,2 m hohen Steinpackung. Darüber befand sich eine Schicht aus großen Spolien-Blöcken. Darüber erhob sich dann die eigentliche Mauer.

Die Mainzer Stadtmauer dürfte eine Länge von über 5,6 km gehabt und zunächst die Siedlungen in der Rheinniederung sowie auf der Hochfläche umfasst haben. Damit verfügte Mainz mit ungefähr 120 ha über eine der größten Stadtbefestigungen nördlich der Alpen. Zum Vergleich: Die im 1. Jahrhundert errichtete Stadtmauer von Köln hatte eine Länge von 4 km.

Als die Mauer fertig war, siedelten sich im geschützten Bereich viele Bewohner von Weisenau und aus der römischen Nordwestsiedlung *»Dimesser Ort«* (heute: Höhe des Zoll- und Binnenhafens) an. Die Siedlungen innerhalb des Mauerrings wuchsen zusammen und spätestens jetzt begann sich ein zusammenhängend besiedelter Bereich herauszubilden.

Unter Kaiser Diokletian (284 bis 305) erhielt Mainz das offizielle römische Stadtrecht als *»civitas«*. Wenige Jahre später ordnete Rom die römischen Provinzen neu und trennte die zivile von der militärischen Verwaltung. Die Provinz Germania superior (Obergermanien) ging in der verkleinerten neuen Provinz Germania prima auf. Hauptstadt auch dieser neuen Provinz blieb Mainz.

Das römische Mainz hatte sich innerhalb von dreihundert Jahren von einem zentralen Truppenstandort zu einer der zentralen städtischen Metropolen am Rhein entwickelt. Mit ihren hohen Stadtmauern und dem Legionslager bildete die Stadt zu Beginn des 4. Jahrhunderts für die Germanen ein uneinnehmbares Bollwerk. In Mainz kehrte wieder Friede und Sicherheit ein. Doch fünfzig Jahre später setzten die germanischen Alamannen über den Rhein und leiteten den Anfang vom Ende des römischen Mainz ein.

## Die Wasserversorgung des römischen Mainz

Für die militärische Wasserversorgung bauten die Römer Leitungen, die das Wasser aus einem Quellgebiet in Finthen zum Legionslager führten. Hierfür waren durchschnittlich 30.000 Liter am Tag erforderlich. Die Wasserleitungen verliefen unterirdisch und auf dem letzten Abschnitt über die nördlich der Alpen höchste Aquäduktbrücke. Von den Quellen in Finthen (205 m) bis zu den Becken (125 m) auf dem Kästrich hatte die Wasserleitung über 9 km ein Gefälle von 0,9 Prozent. Der Aquädukt endete auf dem Gelände der heutigen Universitätsmedizin, wo das Wasser in einem Strudel- und des Verteilerbecken gesammelt wurde. Die Wasserrinne des Aquädukts war mit Steinplatten abgedeckt und innen mit Mörtel abgedichtet. Die Pfeilerkerne bestanden aus Gußmauerwerk, einem Vorläufer des heutigen Betons. Außen war das Aquädukt mit glatt zugeschlagenen Kalksteinen verkleidet. Auf der östlichen Seite des Zahlbachtals floss das Wasser vor dem Legionslager in ein Sprudelbecken, wo sich alle Verunreinigungen absetzen konnten. Anschließend gelangte das Wasser mittels eines Überlaufs in ein großes Becken und wurde von dort durch unterirdische Tonleitungen in das Legionslager und die angeschlossenen Verbrauchsstellen geführt.

**Abb. oben**
**Römersteine** im Mainzer Stadtteil Bretzenheim-Zahlbach. Die Reste der Pfeiler haben eine Höhe von sieben Metern.

**Abb. oben**
Einzig erhaltene Steine der **Mauerummantelung** eines Aquäduktsteinpfeilers.

**Abb. links**
**Der Verlauf des römischen Aquädukts** über das Zahlbachtal (blau) im heutigen Stadtbild. Hinter dem Verteilerbecken die Ecke des Legionslagers (lila).

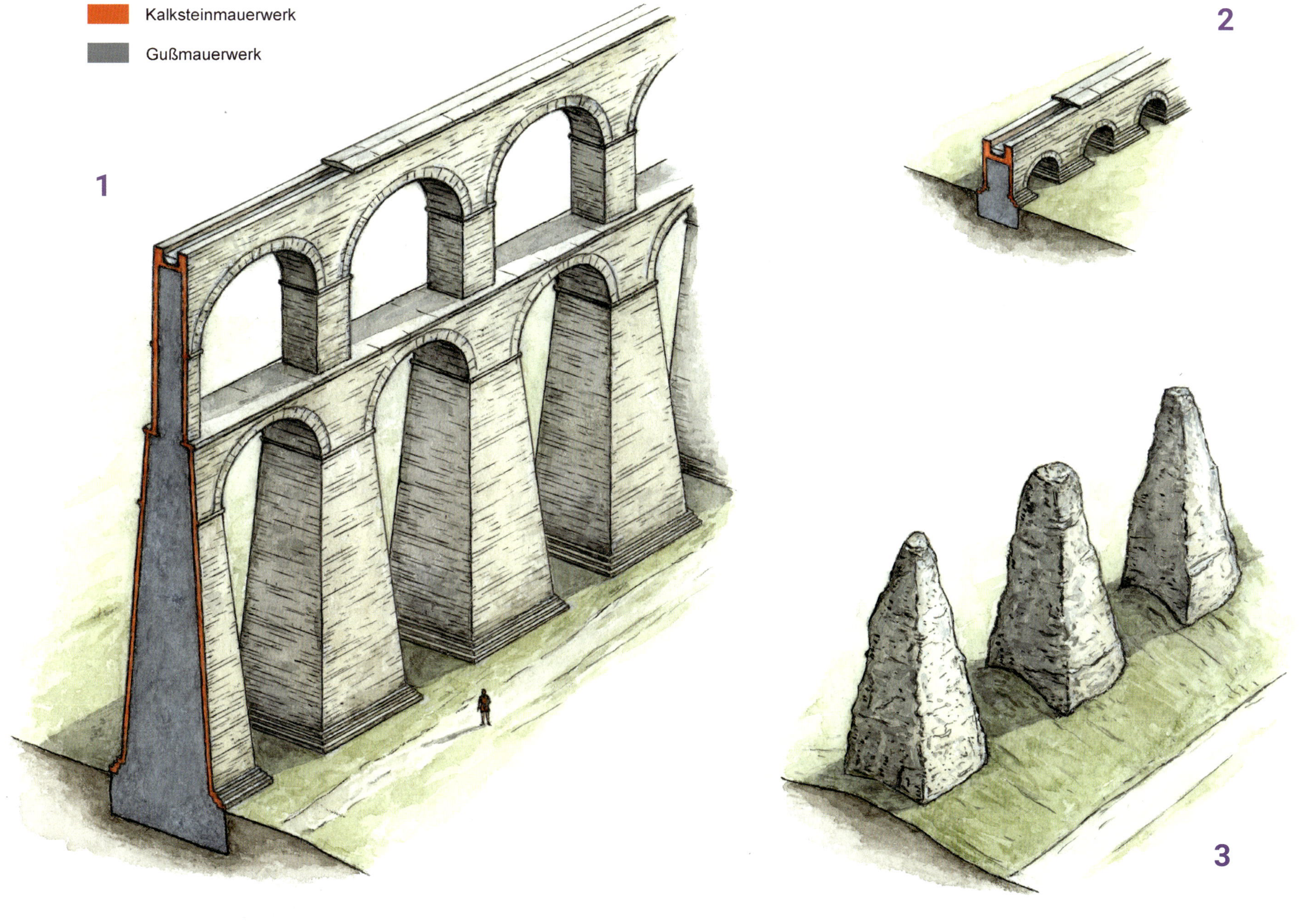


**Abb. oben**
Aquäduktbrücke im Zahlbachtal. Die Pfeiler über das Tal waren bis zu 30 m hoch **(1)**, während die Pfeiler kurz vor dem Strudel – und dem Verteilerbecken **(2)** deutlich niedriger waren. Die heute noch erhaltenen Römersteine sind die Reste der Pfeiler des damaligen Aquädukts **(3)**.

# **DIE RÖMISCHE STADTMAUER IN DER SPÄTANTIKE** (350 bis 500)

Große Teile von Mainz standen lichterloh in Flammen. Die Alamannen zogen plündernd durch die Stadt und die römischen Truppen konnten ihnen keinen Einhalt gebieten. Als die Brände nach mehreren Stunden erloschen, waren große Teile der zivilen Siedlung und das Legionslagers zerstört. Was aber noch schlimmer war. Mainz gehörte jetzt zum germanischen Einflussbereich. Im Jahr 355 schien das Ende des römischen Mainz gekommen zu sein.

Dieser Katastrophe waren in Rom innenpolitische Konflikte vorangegangen, durch die auch die Provinzen am Rhein geschwächt wurden. In Mainz hatte sich die Sicherheitslage zusätzlich dadurch verschärft, dass die 22. Mainzer Hauslegion vier Jahre vorher in Bürgerkriegskämpfen bei Mursa (Kroatien) weitgehend aufgerieben worden war und deshalb für die Verteidigung von Mainz nicht mehr zur Verfügung stand. Diese Situation nutzen die Germanen im Herbst 355 aus. Sie überquerten den Rhein und eroberten in kurzer Zeit Köln, Bonn Trier und schließlich Mainz, in dessen Umland sie sich niederließen. Die linksrheinische Region war jetzt *»barbaros possidentes«* – im Besitz der Barbaren.

Libanius, der bedeutendste griechische Redner der Spätantike, hat das dadurch verursachte Schicksal der Bevölkerung eindringlich beschrieben: *»Dörfer wurden verwüstet (...) und Frauen und Kinder wurden fortgeschleppt. (...) Wer es nicht über sich brachte, Sklave zu sein und Frau und Tochter vergewaltigt zu sehen, wurde unter Klagen niedergemacht. Die Sieger nahmen alle unsere Habe mit sich auf die andere Seite und bearbeiteten unser Land selbst, ihr eigenes Land mit Hilfe der Gefangenen«*. Aber nicht nur die Landbevölkerung in den besetzten Dörfern, sondern auch die städtischen Einwohner von Mainz litten unter der germanischen Besetzung. Die Stadt besaß – so Libanius – *»nur sehr wenig Land, und ihre Bewohner kamen vor Hunger um, obwohl sie nach allem Essbarem griffen, bis sie auf eine so niedrige Einwohnerzahl zusammenschmolzen, dass das Stadtgebiet selbst sowohl Ackerland wie Stadt war und der unbewohnte Raum innerhalb der Mauern genügend Möglichkeiten zur Beackerung bot. (...) So konnte man kaum behaupten, dass die zu Hause gebliebenen besser dran waren als die in Gefangenschaft Verschleppten«*.

Im Frühjahr 256 schien in Mainz die Situation ausweglos zu sein. Die Bevölkerung war erheblich geschrumpft und große Teile der Stadt waren durch die Brände zerstört. Für die Verteidigung der Stadtmauer standen so gut wie keine Soldaten mehr in der Stadt zur Verfügung. Mainz wurde eine Stadt, die sich in einem dauernden Belagerungszustand befand.

Doch dann passierten zwei Dinge, die alles wieder veränderten:

- Im Frühjahr 357 besiegte Julian, ein Neffe Kaiser Konstantins des Großen, die Alamannen in der Schlacht von Straßburg. In den anschließenden Feldzügen zwangen sie die alamannischen Fürsten zum Frieden und zu vorläufigen Unterwerfungen.
- Die Germanen zogen sich aus dem linksrheinischen Gebiet zurück. Mainz fiel wieder in römische Hand.

Sofort nach seinem Sieg über die Germanen begann Julian, die römischen Provinzen am Rhein wiederaufzubauen. Libanius beschrieb Julian als den *»Gründer der Städte«*, der *»die zerstörten wiederaufbaute, den fast entvölkerten ihre Bewohner zurückgab und die Sicherheit, nicht mehr in der gleichen Furcht zu leben«*. Zwischen den Jahre 357 und 364 besserte Julian in mehreren römischen Städten, wahrscheinlich aber nicht in Mainz, die alten Mauern wieder aus und setzten sie wieder instand. Die wichtigste Maßnahme betraf die Sicherung des Rheins. Innerhalb von zehn Monaten ließ Julian 400 neue Schiffe bauen und

**Abb rechts**
Mainz um das Jahr 375.

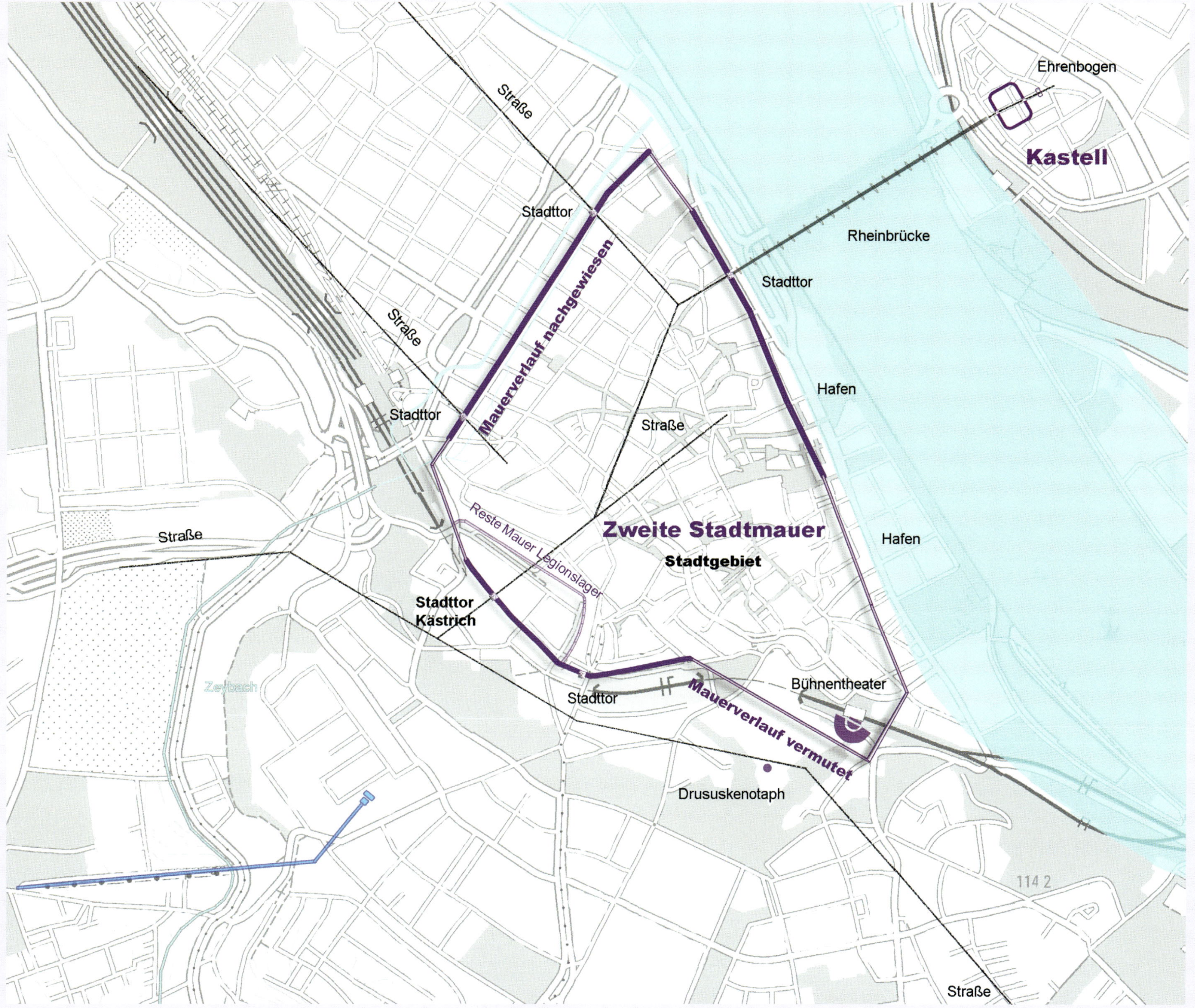
Ehrenbogen
Kastell
Straße
Stadttor
Rheinbrücke
Stadttor
Mauerverlauf nachgewiesen
Straße
Hafen
Stadttor
Straße
Reste Mauer Legionslager
Zweite Stadtmauer
Stadtgebiet
Hafen
Straße
Stadttor
Kästrich
Zaybach
Stadttor
Bühnentheater
Mauerverlauf vermutet
Drususkenotaph
114 2
Straße

die Rheinflotte auf 600 Schiffe verstärken. Die bedeutendste Verteidigungslinie der Römer, nämlich der Fluss, war damit entscheidend verstärkt. In diesem Sicherungskonzept wurde Mainz eine wichtige Operationsbasis für militärische Einsätze. Von hier aus brachen schlanke, offene Ruderschiffe zu regelmäßigen Patrouillenfahrten oberhalb des Rheins und des Mains auf. Ziel dieser Einsätze war es, jegliche Bewegungen von Germanen auf dem Rhein zu unterbinden und alle Ansiedlungen in Ufernähe zu zerstören. Damit stellten die Römer sicher, dass der Rhein weiterhin sowohl als Wasserstraße sicher befahren werden konnte als auch ein wirksames Sperrwerk gegen Eindringlinge aus dem Osten blieb. Überreste von fünf Kriegsschiffen

**Reliefausschnitt** mit der Darstellung von römischen Kriegsschiffen auf der Trajanssäule. Das untere Fahrzeug diente als Vorlage für eine Modellrekonstruktion im Mainzer Museum für Antike Schifffahrt. Mainzer Schiffe wurden im 4. Jahrhundert für eine große Rheinflotte genutzt, nachdem die Germanen Mainz besetzt hatten und sie von Julian, einem Neffen Konstantin des Großen, gezwungen worden waren, sich wieder aus der Provinzhauptstadt zurückzuziehen. Später folgte ein umfassendes Festungsbauprogramm, bei dem in Mainz das Legionslager aufgegeben und die Stadtmauer teilweise neu gebaut wurde.

aus dieser Zeit wurden 1981 und 1982 bei Bauarbeiten in der Nähe des ehemaligen Rheinufers von der Archäologischen Denkmalpflege unter Leitung des Archäologen Gerd Rupprecht entdeckt und geborgen. Sie sind heute im Museum für Antike Schifffahrt zu sehen.

Nachdem sich die Situation in den römischen Rheinprovinzen stabilisiert hatte und der Grenzschutz wiederhergestellt worden war, konnten ab dem Jahr 369 die Rheintruppen neu geordnet werden. Illyrische und italienische Verbände zogen in Mainz ein und verstärkten die wenigen verbliebenen Truppen. Die faktisch nicht mehr existente Mainzer Hauslegion wurde aufgelöst.

Die Stationierung der neuen Truppen war verbunden mit einem neuen, umfassenden Festungsbauprogramm. Für Mainz brach zum wiederholten Mal eine neue Zeit an.

Die erste Veränderung betraf das bis dahin weithin sichtbare Zeichen militärischer Präsenz und römischen Machtanspruchs. Nämlich das Legionslager. Dieses wurde jetzt bis zum Steilabfall des Kästrichplateaus zu 4/5 aufgegeben. Die über den abfallenden Hang verlaufende Restfläche des Legionslagers blieb vermutlich für ein kleines Binnenkastell erhalten. Ob in diesem Zusammenhang die in Richtung Stadt verlaufende Mauer des Legionslagers stehen blieb und als Abgrenzung zwischen militärischem und zivilem Bereich diente, ist nicht geklärt. Mit dem Abriss des großen Legionslagers ging ein Zeitabschnitt zu Ende, der fast 400 Jahre angedauert hatte. Nur Bonn hatte römische Truppen in einem Legionslager für eine vergleichbar lange Zeit beherbergt wie Mainz.

Das Abbruchmaterial des Legionslagers wurde für die Modernisierung und den teilweisen Neubau der Stadtmauer verwendet. Es war der Beginn einer zweiten Stadtmauerphase. *»Mit einem Bauvolumen von rund 40.000 m³ war die Stadtmauer das größte Einzelbauwerk, das unter Valentinian am Rheinlimes errichtet wurde«*, stellte Alexander Heising in seinem Buch zur Geschichte der römischen Stadtmauer fest. Den Baubeginn vermutet der Archäologe im Winter 368/369 und die Fertigstellung *»vielleicht mit einem der überlieferten Kaiseraufenthalte am 6. September 371 oder am 7. September 374«*.

Die Linienführung der neuen Stadtmauer berücksichtigte den durch die Germaneneinfälle verursachten Bevölkerungsrückgang. Die Siedlungsgebiete auf der Hochfläche südwestlich des Legionslagers wurden aufgegeben und das Stadtgebiet damit verkleinert. Die das bisherige Legionslager umfassende Stadtmauer konnte damit zurückgenommen werden. Dies hatte zur Folge, dass entlang des Kästrichs bis zum Bühnentheater eine riesige Lücke entstand. Diese wurde mit zwei neuen Abschnitten der Stadtmauer geschlossen:

- An der Schnittstelle von Legionslagers und Stadtmauer (heute: Martinstraße) begann ein neuer Mauerabschnitt, der ungefähr am späteren Gautor in Richtung Rhein abknickte, den Eisgrubweg entlanglief und sich ungefähr oberhalb des Jakobsberges mit der alten Mauer verband.
- Eine Kästrichmauer querte das Areal des Legionslagers und schloss damit die Lücke zwischen dem Eisgrub-Abschnitt und der alten Stadtmauer in Richtung des Alexanderturms.

Über dem Steilabfall des Kästrichplateaus war damit nach dem Abriss des Legionslagers nicht nur die Lücke im Süden geschlossen worden, sondern entlang der 120-Meter-Höhenlinie auch ein fortifikatorisch günstig verlaufender Mauerabschnitt entstanden. Der Gefahr einer Überhöhung des Feindes auf dem Linsenberg war damit wirksam begegnet worden.

Für den Bau der beiden neuen Mauerabschnitte wurde ausschließlich Abbruchmaterial verwendet. Dieses stammte von dem Legionslager, der alten Mauertrasse sowie von Bauten im Vorfeld der neuen Mauer, um auch hier ein gutes Schussfeld zu schaffen.

Die neue Mauer war etwas mehr als zwei Meter breit und acht Meter hoch. Sie besaß wahrscheinlich rechteckige, leicht vorspringende Türme und einen Graben. Zahl und Lage der Tore sind nicht bekannt. Ausgegraben wurde bis heute lediglich eine spätrömische Toranlage auf dem Kästrich mit zwei hölzernen Torflügeln, durch die eine Hauptstraße des einstigen Legionslagers führte. Es handelte sich bei dem 4,10 m breiten Stadttor um den für das 4. Jahrhundert häufigen *»Typus Andernach«*, bei dem die Stadtmauer nicht bündig an der Vorderseite des Tores, sondern in dessen Mitte zur besseren seitlichen Verteidigung anschloss. Der Mainzer Archäologe Daniel Geißler hat in einer 2018 fertiggestellten Arbeit dieses Stadttor erforscht und dabei eine Reihe von neuen Erkenntnissen gewonnen. Ein vergleichbarer Torturm dürfte an dem Westende des Mauerzuges am Eisgrubweg gestanden haben, wo später das mittelalterliche Gautor gebaut wurde. Neben der mächtigen Toranlage sind auf dem Kästrichplateau (Ecke Drususstraße) zwei Türme in einem Abstand von 34 Metern nachgewiesen. Vieles spricht dafür, dass an der Stelle des mittelalterlichen Alexanderturms auch in römischer Zeit ein Vorgängerturm gestanden hat. Die Zahl der Türme kann nur geschätzt werden. Bei einem gleichmäßig dichten Abstand wie auf dem Kästrich *»wäre von einer Maximalzahl von 48 Türmen für die gesamte Mauerstrecke auszugehen«*, so Alexander Heising in seinem Buch zur Mainzer Stadtmauer. Allerdings zeigt Heising auch auf, dass von keinen gleichmäßigen Turmabständen entlang der ganzen Mauer, sondern von Turmverdichtungen an besonders gefährdeten Partien ausgegangen werden muss.

Die Stadtmauer hatte mit ihrem neuen Verlauf ungefähr das Aussehen, das viele Forscher bereits am Ende der ersten Mauerbauphase vermutet hatten. Die Stadtfläche war um ca. 30 % auf 118 ha verkleinert worden. Das entsprach ungefähr dem Flächeninhalt der römischen Ummauerung von Köln. Die Stadtmauer von Mainz bildete jetzt mehr als 1500 Jahre die äußere Umfassungslinie von Mainz. Der neue römische Festungsring hatte der Stadt einen Rahmen vorgegeben, in den sie im Laufe des Mittelalters und der Neuzeit hineinwachsen konnte.

Auch auf dem rechten Rheinufer gab es Veränderungen. Nachdem das kleine Kastell wohl bereits Anfang des 2. Jahrhunderts aufgegeben worden war, wurde jetzt der Siedlungsbereich ummauert und im 3. Jahrhundert der Brückenkopf noch einmal befestigt.

Nach Abschluss des Festungsbauprogramms ordnete das Römische Reich die militärische Verwaltung neu. Gegen Ende des 4. Jahrhunderts wurde der Dux Mogontiacensis – der Heerführer der Mainzer Region – Oberkommandierender des Grenzheeres, dessen Amtsbereich entlang der Rheingrenze einen Abschnitt zwischen Seltz und Andernach umfasste. Seinen Sitz hatte der neue Heerführer in Mainz, das durch die neue Stadtmauer für die Zukunft ausreichend gesichert schien.

Diese Maßnahmen leiteten für die Stadt am Rhein wieder eine ruhigere Zeit ein. Das aufwändige Festungsbauprogramm hatte Mainz ebenso wie die Rheingrenze sicherer gemacht. Die Mauern um Mainz bildeten für die Germanen wieder ein uneinnehmbares Bollwerk. Doch der Friede und das Gefühl von Sicherheit innerhalb der Stadtmauern waren trügerisch.

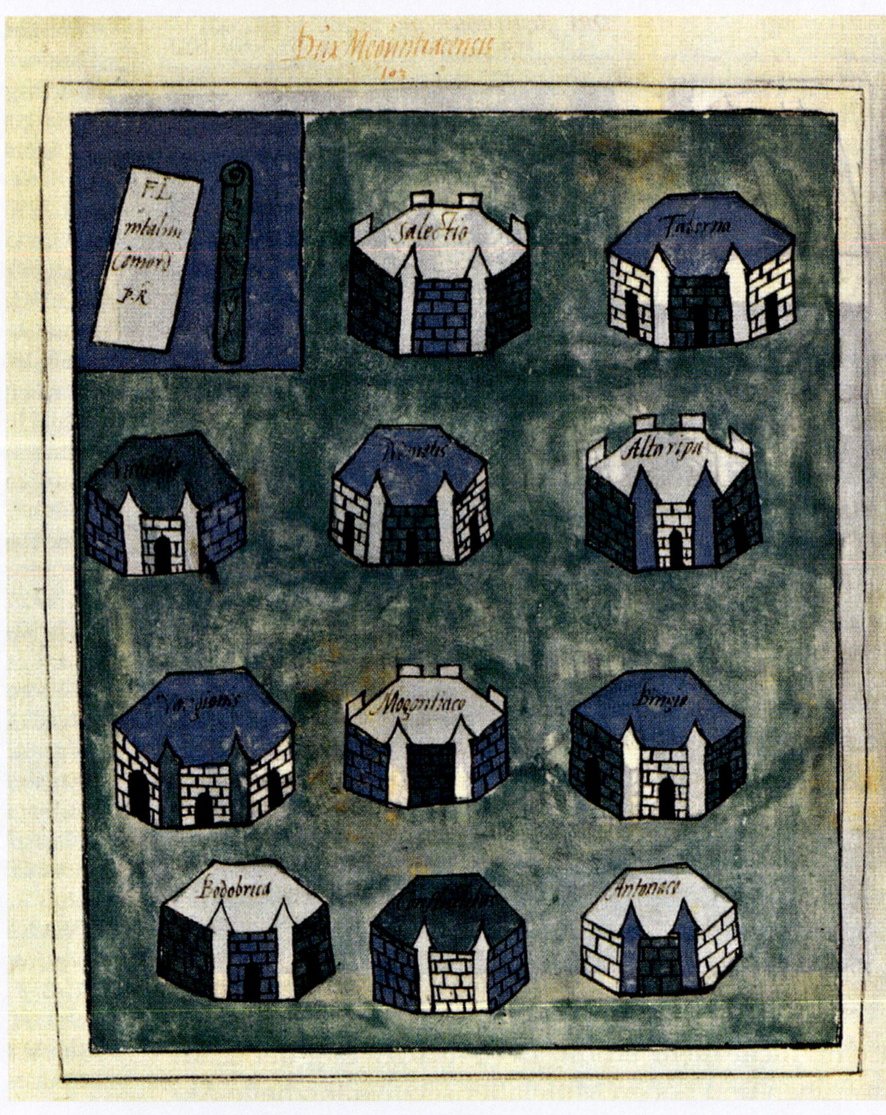


Um das Jahr 400 veränderte sich im römischen Reich innerhalb von wenigen Jahren erneut die politische und militärische Situation. Die Herrschaft im Imperium Romanum war 395 zwischen dem römischen Westen und dem Osten des Reiches geteilt worden. Danach kam es im Westen zu inneren Streitigkeiten, Unruhen und Rebellionen von Soldaten. Diese instabile Lage erreichte im Krisenjahr 406 ihren Höhepunkt. In der Neujahrsnacht 406/407 überquerten Vandalen, Sueben und Alanen den Rhein und fielen in Mainz ein. Die von römischen Soldaten entblößte Rheingrenze brach zusammen und Mainz ging erneut in Flammen auf. Ein Opfer der Flammen wurde neben vielen Gebäuden, Toren und Türmen auch die erste Bischofskirche von Mainz, die in konstantinischer Zeit an der Stelle der heutigen Johanniskirche errichtet worden war. Augenzeuge dieser Ereignisse war der Kirchenvater Hieronymus. *»Gallien wurde von unzähligen rohen Völkern überschwemmt. (...) Die sonst edel Stadt Mainz wurde eingenommen, verwüstet und viele Tausende von Menschen in der Kirche gemordet«*, schrieb er in einem seiner Briefe.

Alamannen, aber auch die Burgunder, siedelten sich auf dem linksrheinischen Gebiet an. Im Jahr 420 gewann Rom dank eines Vertrages mit den Burgundern noch einmal die Kontrolle über die Rheinlinie zurück. Bis 435 sicherten diese als römische Verbündete von Worms aus den Oberrhein sowie die Mainmündung. Das Bündnis zwischen Rom und Burgund hielt jedoch nicht lange. Der römische Befehlshaber versuchte danach, die von den Burgundern besetzte Region wieder zurückzuerobern. In seinem Auftrag vernichteten die nach Gallien

**Auszug aus einem spätrömischen Staatshandbuch** (Notitia Dignitatum) mit den Bereichen, die nach der letzten Neuordnung der Rheinprovinzen unter dem Kommando des Dux Mogontiacensis standen. Hierzu gehörten die Kastelle und die befestigten Städte Salectium (Saletium, Seltz), Tabernae (Rheinzabern), Vicus Iulius (Germersheim), Nemetum (Speyer), Altaripa (Altrip), Vangionum (Civitas Vangionum, Worms), Mogontiacum (Mainz), Bingium (Bingen), Bodobrica (Boppard), Confluentes (Koblenz) und Antonaco (Antunnacum, Andernach).

einfallenden Hunnen und Heruler 436 das Burgunderreich am Rhein. Diese historischen Ereignisse sind im Nibelungenlied aus dem 13. Jahrhundert als heldenhafter Kampf und Untergang der Burgunder am Hof des Hunnenkönigs Etzel (Attila) überliefert.

Im Frühjahr 451 kam es zu einer Umkehrung der Allianzen. Attila zog jetzt gegen seinen ehemaligen römischen Verbündeten. Er marschierte quer durch Germanien und überquerte den Rhein bei Mainz. Er eroberte die Stadt, richtete aber nach neuester Forschung keine großen Schäden an. Kurze Zeit später besiegten die Römer die Hunnen in der Schlacht auf den Katalaunischen Feldern.

Der römische Sieg über die Hunnen änderte nichts mehr an der Situation am Mittelrhein. Mit der Eroberung von Mainz durch die Hunnen war die über vierhundert Jahre dauernde römische Herrschaft beendet worden. In den zerstörten und verlassenen römischen Provinzialstädten am Rhein siedelten sich die Alamannen an, bevor sie von den Franken verdrängt wurden. Das Frankenreich, aus dem später Frankreich und Deutschland hervorgingen, übernahm nach Clodwigs Sieg bei Zülpig im Jahre 496 die Herrschaft und gliederte Mainz in das Reich ein. Von der einstigen Pracht der römischen Metropole war nicht mehr viel übrig. Lediglich die Stadtmauer zeugte noch von dem Glanz der vergangenen Epoche.

Zu dieser Zeit ahnte niemand, dass Mainz wenige Jahrhunderte später als *»Diadema regni«* – Krone des Reiches – oder *»Aureum caput regni«* – Goldenes Haupt des Reiches – in die erste Reihe der deutschen Städte aufsteigen sollte. Keiner konnte sich auch vorstellen, dass die verfallende römische Stadtmauer das Fundament von mächtigen, neuen Festungsmauern werden würde.

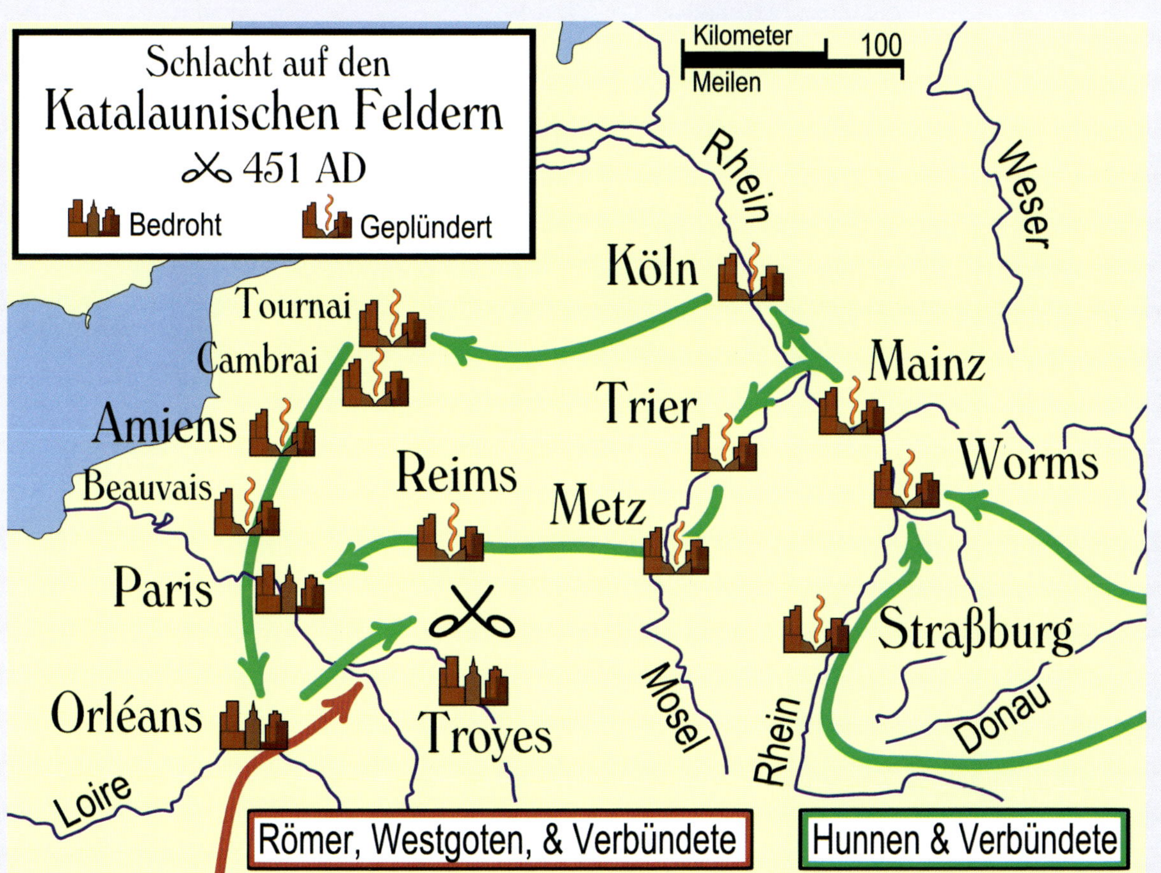


Die Hunnen zogen unter Attila im Frühjahr 451 gegen Westrom und überquerten bei Mainz den Rhein. Die Karte zeigt den Weg dieses Feldzuges und die von den Hunnen eroberten Städte. Den Römern gelang es zwar, die Hunnen in der **Schlacht auf den Katalaunischen Feldern** zu besiegen. In Mainz war jedoch mit der Eroberung durch die Hunnen die römische Herrschaft zu Ende gegangen.

## Der Torturm und die Stadtmauer auf dem Kästrich

Mitte des 4. Jahrhunderts gaben die Römer das fast 400 Jahre alte Legionslager auf und verwendeten das Abbruchmaterial für die Modernisierung der bereits 253 gebauten ersten Stadtmauer. Ein Abschnitt der neuen Stadtmauer führte entlang des Kästrichplateaus über das Gautor bis oberhalb des Jakobsbergs. Ungefähr in der Mitte des Kästrich-Abschnitts entstand ein Torturm, dessen Reste heute noch zu sehen sind. Das ca. 4,10 m breite Tor diente wahrscheinlich für den Transport des Abbruchmaterials vom Legionslager zum neuen Mauerabschnitt. Eine militärstrategische Bedeutung hatte das Tor angesichts seiner Lage auf dem Hochplateau nicht. Geschlossen werden konnte das Tor mit zwei hölzernen Torflügeln. In der Mitte der beiden Seitenteile des Tores schloss sich die 8 m hohe Stadtmauer an. Über der Durchfahrt befand sich auf der Höhe der Stadtmauer ein weiteres Geschoss, auf dem vermutlich ein flaches Dach mit Zinnen ruhte. Das Mainzer Stadttor ist eine der spätesten in Deutschland bekannten römischen Toranlagen.

**Abb. oben**
**Reste des Stadttors**, das mit großen Steinen des abgerissenen Legionslagers errichtet worden war. Dahinter im Anschluss der einzige erhaltene Teil der römischen Stadtmauer. Die unteren Reihen der Mauer bestanden aus großen Spolien-Blöcken, darüber befanden sich Ziegel und andere Mauerteile von Gebäuden, die im Legionslager abgerissen worden waren.

**Abb. oben**
**Durchfahrt durch das römische Stadttor.** Der Boden der Tordurchfahrt gehörte zur Straße, die das Legionslager mit der Rheinbrücke verband. Hier sind in der Torschwelle die Fahrspuren mit einer Breite von 1,90 m eingeschliffen. Gut zu erkennen ist rechts die Drehpfanne, in die das Tor montiert war.

**Abb. links**
**Das Stadttor und der Verlauf der Mauer** auf dem Kästrichplateau im heutigen Stadtbild mit dem Alexanderturm (blauer Kreis), wo sich bereits in der Römerzeit ein Turm befunden hatte.

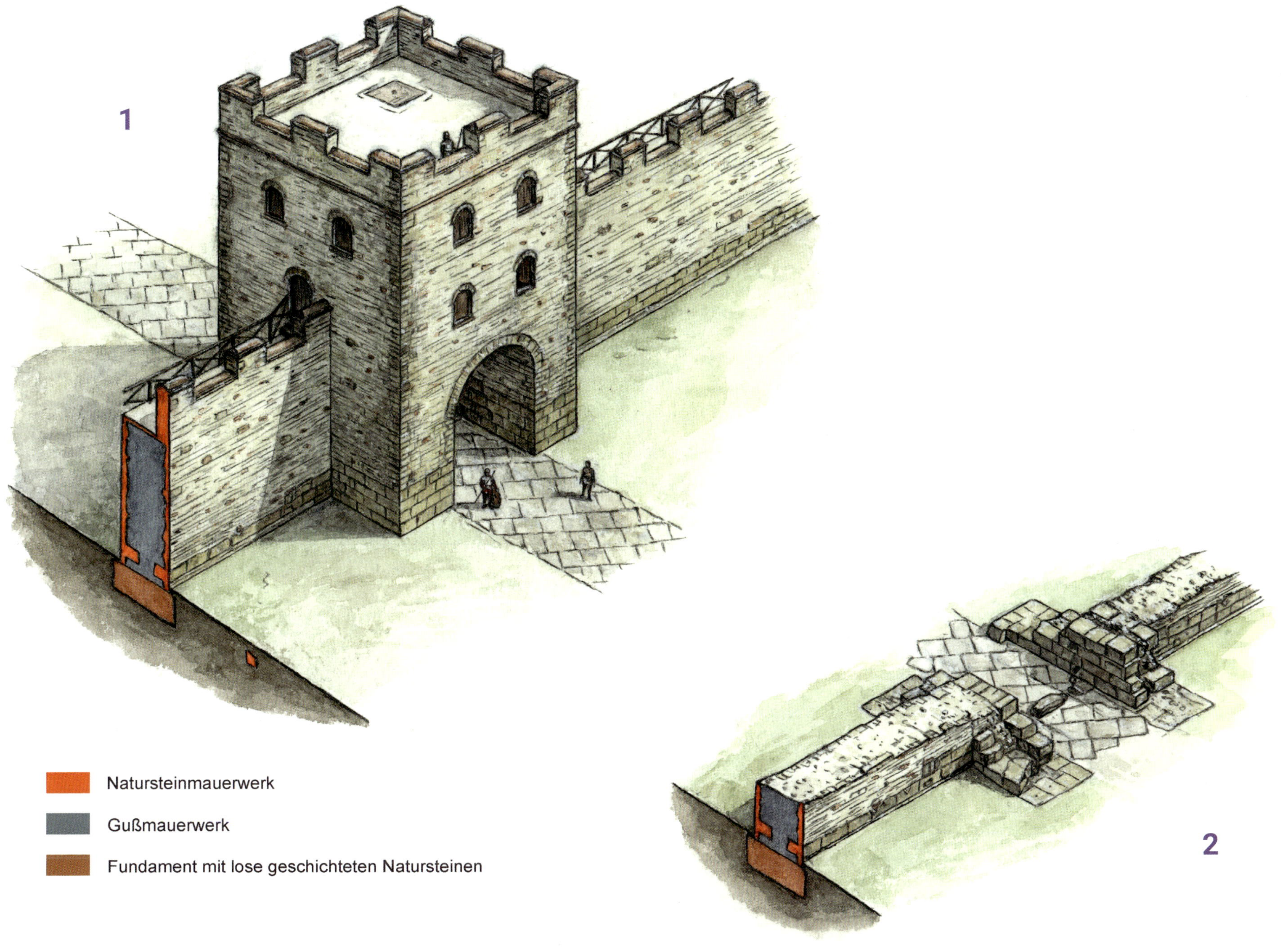


**Abb. oben**
Römisches Stadttor mit einem Teil der Mauer auf dem Kästrich aus dem 4. Jahrhundert **(1)** mit einem Vergleich zum heutigen Zustand **(2)**.

AVREA MOGVNTIA

# MAINZ IM MITTELALTER
(500 bis 1631)

**Bild auf der linken Seite:**
**Mittelalterliches Mainz – Blick auf die Stadt mit der Stadtmauer am Rhein**
Holzschnitt von Franz Behem, 1565.

# DIE STADTMAUER IM GOLDENEN MAINZ (500 bis 1183)

Was für eine Stadt. Eine Stadt mit *»prächtigen Gotteshäuser und herrschaftlichen Gebäude am Rhein«*. Eine Stadt mit Weingärten und Obstpflanzungen. Eine Stadt, die auf der Landseite *»gegen Gallien durch einen zu mäßiger Höhe sich erhebenden Berg, auf der anderen Seite, wo sie nach Germanien blickt, durch den Rhein begrenzt wird«*. Eine Stadt mit einer starken Mauer, die von *»nicht wenigen Türmen«* unterbrochen ist. Dieses anschauliche Bild der Stadt Mainz verdanken wir um das Jahr 1150 einem der bedeutendsten Geschichtsschreiber des Mittelalters, dem Bischof Otto von Freising. Mainz hatte sich zu dieser Zeit zu einer prächtigen und wohlhabenden Stadt entwickelt. 10.000 Einwohner lebten hier. Sie waren stolz auf ihre Stadt und auf die wehrhafte Stadtmauer.

Fünfhundert Jahre vorher hatte alles noch ganz anders ausgesehen. Die Hunnen hatten 451 die Stadt erobert und die römische Herrschaft am Rhein beendet. Was von Mainz danach blieb, war nach Berichten von Zeitzeugen nur noch ein großes ummauertes Dorf mit niederen Fachwerkhäusern. Eine großartige Zukunft schien die Stadt zu dieser Zeit nicht mehr zu haben.

Die Wendung zum Guten kam einhundert Jahre später, als Bischof Sidonius begann, Mainz wiederaufzubauen. Er errichtete mit Geldmitteln der merowingischen Prinzessin Berthorat, einer Urenkelin des Reichsgründers Clodwig, mit der heutigen Johanniskirche den ersten Mainzer Dom und bewahrte die Stadt als kirchliches Zentrum vor der Bedeutungslosigkeit. *»Wie ein Vater hat Sidonius der Stadt die Hand gereicht und hat sie erneuert, der frühere Verfall ist zu Ende«*, schrieb der Dichter Venantius Fortunatus in einem um 580 verfassten Gedicht. Mainz begann, aus dem Schatten der römischen Vergangenheit herauszutreten und in eine neue Rolle hineinzuwachsen.

Eine Bluttat und ein Zufall sorgten dafür, dass Mainz nicht eine Bischofsstadt wie viele andere blieb, sondern zu einem Zentrum der römischen Kirche und der deutschen Politik aufsteigen konnte. Im Jahre 745 hatte der Mainzer Bischof Gewilib sein Amt verloren, weil er die Blutrache an dem sächsischen Totschläger seines Sohnes eigenhändig vollzogen hatte. Im gleichen Jahr hatte Bonifatius als der bekannteste Missionar und der wichtigste Kirchenreformer im Frankenreich versucht, den Kölner Bischofsstuhl zu erlangen und zum Metropolitansitz einer Kirchenprovinz zu machen. Die Kölner lehnten dies ab und Bonifatius wählte daraufhin das durch die Blutrache freigewordene Bistum Mainz als Sitz. Ein Glücksfall für die Stadt und ein Ereignis von größter Tragweite. Bonifatius machten Mainz zum Mittelpunkt der Kirche in Deutschland. Später wurde die Stadt mit der Glorie des Märtyrers Bonifatius nach Rom zur größten europäischen Kirchenprovinz der Christenheit. Mit einer Diözese, die sich vom Hunsrück bis

**Denkmal des heiligen Bonifatius** vor dem Mainzer Dom. Als Erzbischof machte Bonifatius Mainz zum Mittelpunkt der kirchlichen Organisation Deutschlands. Das Erzbistum Mainz wurde nach Rom die größte Kirchenprovinz und nahm deshalb den entsprechenden Rang in der kirchlichen Hierarchie ein.

**Abb rechts**
Mainz um das Jahr 1160.

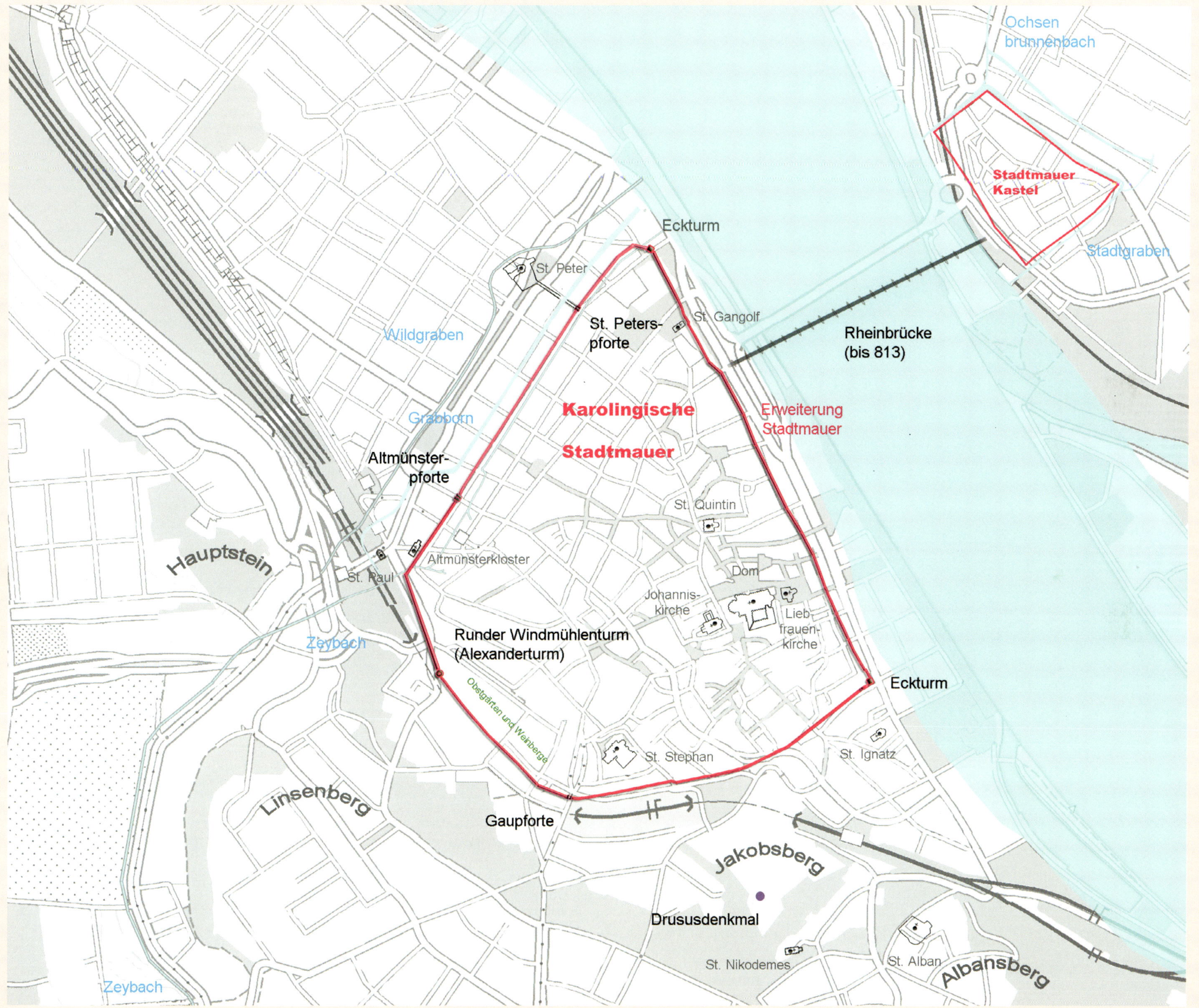
Ochsen brunnenbach
Stadtmauer Kastel
Stadtgraben
Eckturm
St. Peter
St. Peters-pforte
St. Gangolf
Rheinbrücke (bis 813)
Wildgraben
Karolingische
Stadtmauer
Erweiterung Stadtmauer
Grabborn
Altmünster-pforte
St. Quintin
Hauptstein
Altmünsterkloster
St. Paul
Dom
Johannis-kirche
Lieb-frauen-kirche
Runder Windmühlenturm (Alexanderturm)
Zeybach
Eckturm
Obstgärten und Weinberge
St. Stephan
St. Ignatz
Linsenberg
Gaupforte
Jakobsberg
Drusudenkmal
St. Nikodemes
St. Alban
Albansberg
Zeybach

zur thüringischen Saale und im Süden bis nach Chur in die Schweiz erstreckte. Als Ausdruck seiner Bedeutung erhielt der Bischof den Titel *»Erzbischof des Heiligen Stuhles von Mainz«*, ein besonderer Ehrentitel, den heute neben Mainz nur noch der Stuhl von Rom innehat. Mainz war Sitz des Stellvertreters des Papstes jenseits der Alpen. *»Es gibt keinen Bischof, der nach dem römischen Bischof einen so hohen Rang in der Kirche und im Reich einnimmt, wie Du ihn innehast«*, stellte einer der bedeutendsten Päpste des Mittelalters, Innozent III., in einem Schreiben an den Mainzer Erzbischof fest.

Die Bedeutung wuchs in der karolingischen Zeit, als Karl der Große das Rheinland mit Ingelheim und Mainz zum Mittelpunkt des fränkischen Reiches machte. Im August 800 bereitete er in Mainz seine Italienfahrt vor, während der er in Rom zum Kaiser gekrönt wurde. Mehrmals feierte er in der Stadt das Weihnachtsfest und hielt im größten Bauwerk und geistigem Zentrum der Stadt, dem 805 eingeweihten Kloster St. Alban, mehrere Reichs- und Fürstentage ab. Auf den Pfeilern der römischen Rheinbrücke baute Karl der Große eine neue Holzbrücke, die nach den Beschreibungen eines Chronisten *»ein herrliches Werk war, das für die Ewigkeit bestehen werde«*. Auch wenn sich diese Vorhersage nicht erfüllen und die Brücke 813 kurz nach der Einweihung durch einen Brand wieder zerstört werden sollte, blühte in Mainz das Wirtschaftsleben auf. Diesen rasanten Aufstieg der Stadt konnten auch nicht die Normannen bremsen, die im späten 9. Jahrhundert in Mainz eingefallen waren. Die dabei verursachten Zerstörungen waren schnell beseitigt worden und es konnte die Epoche beginnen, der Mainz seinen Ehrennamen *»Aurea Moguntia«* verdankt.

Idealbild **Karls des Großen**, gemalt 1513 von Albrecht Dürer. Der Frankenkönig weilte oft in Mainz und seine erste Ehefrau war im Kloster St. Alban, einem der größten Kirchenbauten seiner Zeit, beigesetzt.

Das Goldene Mainz wurde eine der Metropolen des Alten Reiches. Dieses aus vielen Stämmen bestehende Reich war mit der Krönung Otto I. zum König im Jahr 936 zum *»deutschen Reich«* und mit seiner Krönung zum Römischen Kaiser im Jahr 962 zum *»Heiligen Römischen Reich Deutscher Nationen«* geworden. Aufgrund der hochmittelalterlichen Anschauung, dass die geistliche und weltliche Macht für ein zu schaffendes Gottesreich in eine Hand gelegt werden musste, kamen den Erzbischöfen nach dem Kaiser die höchsten weltlichen Ämter zu. So war der Erzbischof von Köln Erzkanzler für Reichsitalien, der Erzbischof von Trier war Erzkanzler für Burgund und der Erzbischof von Mainz war Erzkanzler für Germanien, also für die deutschen Gebiete. Während die Ämter der Erzkanzler für Burgund und Italien an Gewicht verloren, wuchs seit 965 die Bedeutung des Reichserzkanzlers für Germanien. Der Mainzer Erzbischof wurde zu einem der mächtigsten Männer Europas. Deshalb wurde in Mainz über Jahrhunderte die Politik des Imperium Romanum und des Regnum Teutonicum – des Deutschen Reiches – gestaltet und beeinflusst. Ohne das Wirken des Reichserzkanzlers wären das politische Leben und das Funktionieren der Institutionen des Heiligen Römischen Reiches nicht denkbar gewesen. Das Heilige Römische Reich Deutscher Nation überdauerte fast 845 Jahre und endete erst am 6. August 1806. Und genau so lange blieb Mainz der Sitz des wichtigsten Fürsten nach dem Deutschen Kaiser.

Mit seiner Stellung als Reichsfürst musste der Mainzer Erzbischof neben seinem Bistum auch selbstständige weltliche Herrschaftsgebiete erhalten. Der deutsche König schenkte ihm zwischen 960 und 983 die bis dahin noch königlichen Rechte über Mainz sowie das Binger und das Aschaffenburger Land, das spätere Unter- und Oberstift. Dieses unzusammenhängende aber wichtige Territorium konnten die Mainzer

Erzbischöfe im Laufe der folgenden Jahrhunderte immer weiter ausbauen, nicht jedoch zu einer räumlichen Einheit zusammenschließen. Im Verhältnis zu den großen weltlichen Territorien des Reiches blieb der Mainzer Kurstaat relativ klein und die geringen materiellen Machtmittel entsprachen zu keinem Zeitpunkt der zentralen verfassungsrechtlichen Bedeutung des Mainzer Erzbischofs.

Trotz der beschränkten finanziellen Mittel veränderten die Erzbischöfe in Mainz ab der Jahrtausendwende den spätantiken-frühmittelalterlichen Bischofssitz in eine hochmittelalterliche Stadt. Der bedeutendste Erzbischof war der Sachse Willigis, der zwischen 975 und 1011 als *»Wahrer des Reichs und Hüter der Einheit«* den deutschen Königen zur Seite stand. Er errichtete neben der Johanniskirche einen neuen, repräsentativen Dom als geistigen und an dessen Seite den Markt als weltlichen Mittelpunkt. Auch wenn der Dom im Jahr 1009 am Tag seiner Einweihung abbrannte, war fast dreißig Jahre später bei der Weihe des neu aufgebauten Doms der deutsche Kaiser anwesend. Sechs deutsche Könige sollten im Mainzer Dom gekrönt werden.

Eingerahmt war die prachtvolle Stadt durch die karolingische Stadtmauer. Im Jahre 881 waren Aachen, Köln und Bonn durch die Normannen geplündert und gebrandschatzt worden. Als sie ein Jahr später Trier in Asche gelegt und bis nach Koblenz vorgedrungen waren, begann Erzbischof Liutben nach zeitgenössischen Überlieferungen *»die Mauer der Stadt Mainz wiederherzustellen und außerhalb der Stadt rings um die Mauer einen Graben zu ziehen«*. Angesicht dieses Mauerrings verschonten die Normannen die jetzt wieder als solche erkennbare Festungsstadt. Anders als bei den Römern umfasste die neue Stadtmauer nicht das Häusergebiet bis zum Bühnentheater, womit dieses dem Verfall preisgegeben wurde. Die Gründe hierfür sind ebenso unklar wie die Rolle des mächtigen Theatergebäudes als möglicher militärischer Stützpunkt im Mainzer Vorgelände. Um 900 erweiterte Erzbischof Hatto I. die Mauer in Richtung Rhein. Mit dieser kleinen Stadterweiterung umfasste die Mauer zusätzlich das im heutigen Bereich Brand, Rentengasse und Löhrstraße gelegene Friesenviertel mit seinem lebhaftem Markt- und Gewerbeleben.

Die karolingische Stadtmauer war im frühen Mittelalter wehrhaft und hatte einen hohen Schutzwert für die Menschen in Mainz. Nachdem sie bereits die Stadt vor den mörderischen Raubzügen der Normannen geschützt hatte, bestand der Festungsring im Jahr 953 seine militärische Bewährungsprobe, als sich aufständische Herzöge in Mainz vor dem anrückenden König Otto I. in Sicherheit gebracht hatten. Mainz wurde damit zu einem Brennpunkt der deutschen Geschichte. Otte der Große belagerte die Stadt und befehligte seine Truppen vom Kloster St. Alban aus. Nach mehreren Monaten harter Kämpfe zog er unverrichteter Dinge wieder ab. Chronisten hielten anschließend fest, dass die Mainzer Stadtmauer wegen ihres starken Schutzes *»in der Achtung des Erzbischofs und an Ansehen im deutschen Reiche«* gewonnen hatte. Wie hat die Stadtmauer im frühen Mittelalter ausgesehen? Viele Quellen hierzu gibt es nicht. Die einigermaßen getreuesten Stadtansichten stammen erst aus dem 16. Jahrhundert. Wir wissen allerdings, dass in Mainz die alte römische Mauer mit ihren 6 m (erste römische Stadtmauerphase) und 8 m (zweite römische Stadtmauerphase) hohen Abschnitten den städtischen Bereich umzog. Die im Verlauf der Mauer oder an ihren Ecken stehenden Türme dienten zu Beobachtungs- und Bewachungszwecken, aber auch zur Sicherung der anstoßenden Mauerfluchten. Auf ihren noch nicht mit Dächern versehenen Wehrgängen befanden sich 1,60 m breite Zinnen mit dazwischenliegenden 1,20 m breiten Schießscharten.

Die Stadtmauer des frühmittelalterlichen Mainz war auf den bis zu 3 m breiten römischen Fundamenten gegründet. Das aufgehende Mauerwerk war in der Regel 2 m stark. Auf Höhe der Wehrgänge war sie nur noch 0,40 bis 0,50 m dick und durch die Schießscharten durchbrochen. Umgeben war der Mauerzug mit einem davorliegenden Graben, der eine feindliche Annäherung erschweren sollte. Wie viele Türme die gesamte Stadtmauer besaß, ist nicht überliefert.

Die Eckpunkte der Stadtmauer bildeten auf der Landseite die Gaupforte und der Alexanderturm. Dazwischen verlief die Mauer weiter entlang der Kästrichstraße und umschloss mit der Höhe des Kästrich ein Gebiet, das kaum besiedelt, sondern mit Gärten und Weinbergen bepflanzt war. Das folgte aus der bereits in der Römerzeit vorhandenen militärischen Notwendigkeit, die Anhöhe zu sichern und einem sich auf der Höhe nähernden Feinde nicht die Möglichkeit einer Überhöhung zu bieten. An der Rheinseite befand sich ein namentlich unbekannter Eckturm hinter dem heutigen Schloss und ein weiterer namentlich unbekannter Eckturm am Ende der Holzstraße (später ersetzt durch den Neuturm, heute Holzturm). In die Stadt führten neben den alten römischen Toren noch die Porta St. Quintini (das spätere Peterstor) und die Porta Hrahhada (Reede, Schiffsreede). Mehr als zweihundert Jahre wurde die Stadtmauer von den Mainzern in Ordnung gehalten und durch zusätzliche Türme verstärkt.

Eingerahmt und geschützt durch ihre starke Stadtmauer schien dem unaufhaltsamen Aufstieg von Mainz zu Beginn des 12. Jahrhunderts nichts mehr im Wege zu stehen. Der Erzbischof und Erzkanzler bestimmte maßgeblich die Politik des Reiches, die hochmittelalterliche Stadt war eine ihrer bedeutendsten Metropolen und die Stadtmauer mit ihren hohen Türmen zeugte von deren Bedeutung. Davon profitierten auch die Bürgerinnen und Bürger von Mainz. Um 1120 hatten sie die Freiheit erhalten, innerhalb der Stadtmauer nach angestammtem Recht leben zu können und dort auch den alleinigen Gerichtsstand zu haben. Diese Freiheitsrechte waren 1135 durch den Mainzer Erzbischof Adalbert bestätigt worden, der sie in die Bronzetürflügel der 1793 zer-

Älteste mittelalterliche Darstellung von ***»Maguncia«*** in der *»Weltchronik«* von Hartmann Schedel, 1493, die sich allerdings weder topographisch noch durch Einzelgebäude konkret mit Mainz verbindet.

**Holzschnitt von Johann Stössel**, 1518, auf dem erstmals unverwechselbare Elemente des mittelalterlichen Mainz vom Rhein her erkennbar sind. In der Mitte Dom und Liebfrauenkirche. Davor Stadtmauer mit Fischturm. Oben links der runde Neidhartsturm und der Neudeckerturm, deren auf mehreren Bögen ruhende Verbindung die Stadtmauer mit dem Benediktinerkloster auf dem Jakobsberg verband.

**Ältestes Mainzer Stadtsiegel** aus der ersten Hälfte des 12. Jahrhunderts. Es zeigt den Stadtpatron der Stadt, den heiligen Martin. Inschrift: Goldenes Mainz, spezielle Tochter der römischen Kirche. Mainz war zu dieser Zeit faktisch eine freie Stadt mit umfassenden Freiheitsrechten für die Bürgerinnen und Bürger.

störten Liebfrauenkirche hatte eingravieren lassen. Heute bildet diese Tür das Marktportal des Mainzer Doms und erinnert dort an die damaligen Freiheitsrechte. Das Mainz dieser Zeit bot ein strahlendes Bild. Am 24. Juni 1160 endete dieser Abschnitt der Mainzer Geschichte. Das faktisch freie Mainz befand sich zu dieser Zeit in heller Aufruhr. Es gab Unruhen, Volksaufläufe, Handgemenge im Dom und Straßenkämpfe. Durch die Politik von Erzbischof Arnold von Selenhofen fühlte sich der Mainzer Adel in seiner privilegierten Stellung bedroht und das Bürgertum forderte seine Freiheitsrechte ein. Die ganze Stadt wehrte sich gegen eine Kriegssteuer, mit der Arnold von Selenhofen den zweiten Italienfeldzug von Kaiser Friedrich Barbarossa mitfinanzieren musste. Mitten im Sommer 1160 kam es schließlich zur Katastrophe. Die Mainzer zerstörten den Erzbischofshof am *»Höfchen«*, stürmten das Kloster St. Jakob auf der heutigen Zitadelle, überwanden die Verteidiger und ermordeten ihren Erzbischof. Erst nach zwei Tagen konnten die Toten geborgen und beigesetzt werden.

Der Bischofsmord bedeutete eine politische Sensation. Fast alle zeitgenössischen Annalen berichteten ausführlich über das besonders schwerwiegende Sakrileg. Eine Versammlung deutscher Bischöfe sprach vier Wochen nach der Tat die Exkommunikation über die Mainzer aus. Der päpstliche Bann folgte im Juni 1161. Die härtesten Strafen verhängte Kaiser Friedrich Barbarossa. Er war mit Brutalität in Italien insbesondere gegen Tortona (1154), Cremona (1160) und Mailand (1162) vorgegangen, als sich dort die Bürgerschaft auf ihre städtische Freiheit berufen und sich gegen die kaiserliche Autorität gestellt hatte. Nach langen, schrecklichen Kämpfen war Cremona in Brand gesetzt und Mailand mit seiner gewaltigen Stadtmauer dem Erdboden gleichgemacht worden. Ähnlich verfuhr Friedrich Barbarossa gegen Mainz. Im April 1163 verlor Mainz alle Rechte, Freiheiten und Privilegien. Ebenso wie in Mailand befahl der Kaiser, die Stadtmauern und -türme dem Erdboden gleichzumachen. Die Stadtfestigung sollte so zerstört werden, dass Mainz schutzlos *»den Wölfen und Hunden, den Dieben und Räubern offenstand«*. Gleichzeitig setzte sich der Kaiser persönlich dafür ein, dass zwischen 1165 und 1183 zum Schutz des Erzbischofs vor der Stadt die Burg Weisenau gebaut wurde.
Bei der Mainzer Befestigung blieb ab 1163 im wahrsten Sinne des Wortes kein Stein auf dem anderen. Die karolingische Stadtmauer wurde geschleift. Das Ende von Mainz als befestigte Stadt schien gekommen zu sein. Wie bereits sechshundert Jahre vorher, als die Hunnen die Stadt mit ihrer römischen Stadtmauer erobert hatten. Gab es für Mainz nach der Niederlegung der Mauer, dem sichtbaren Mahnzeichen einer bedeutenden Stadt, noch eine Zukunft?

## Die Mainzer Stadtmauer

Im frühen Mittelalter war Mainz für die deutschen Kaiser eine ihrer Metropolen und ein bedeutendes Machtzentrum. Der Erzbischof als Vertreter des Papstes und als erster weltlicher Fürst nach dem Kaiser verlieh der Stadt einen besonderen Glanz. Das weithin sichtbare Zeichen für das prachtvolle Mainz war die im 9. Jahrhundert wieder aufgebaute karolingische Stadtmauer. Diese war wie die römische Mauer entlang einiger Abschnitte sechs, entlang anderer Abschnitte acht Meter hoch und auf der Landseite überwiegend zwei Meter stark. Die karolingische Stadtmauer hatte keinen dauerhaften Bestand. Nach einem Aufstand des Mainzer Adels und der Ermordung ihres Erzbischofs wurde sie 1163 auf Befehl von Kaiser Friedrich Barbarossa geschleift. Ab 1200 entstand dann eine neue, die mittelalterliche Stadtmauer.

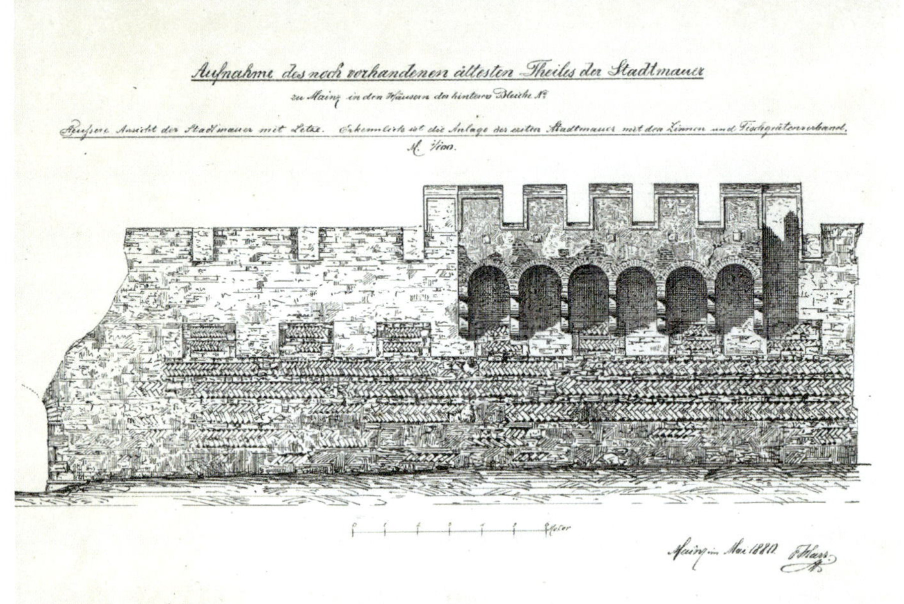


**Abb. oben**
**Zeichnung** des um 1880 noch erhaltenen ältesten Teils der Stadtmauer mit Letze von F. Harz. Zu erkennen ist die Anlage der Stadtmauer mit den Zinnen und einem Fischgrätenverband.

**Abb. oben**
**Restaurierter Abschnitt** der mittelalterlichen Stadtmauer an der Hinteren Bleiche mit der freien Nachbildung eines hölzernen Wehrgangs.

**Abb. oben**
**Reste der mittelalterlichen Stadtmauer** an der Rheinallee.

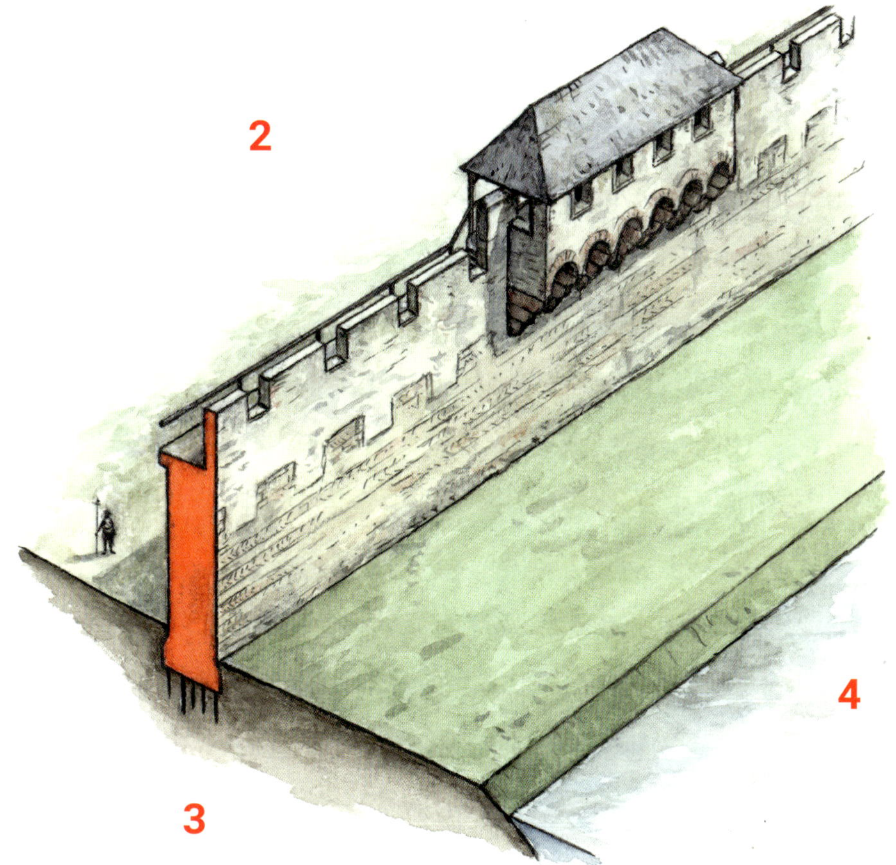


**Abb. oben**
Gegenüberstellung der karolingischen **(1)** und der um drei Meter erhöhten mittelalterlichen Stadtmauer mit Letze **(2)** entlang der Hinteren Bleiche in der Nähe der Zanggasse. Letzen befanden sich auf längeren Mauerabschnitten und dienten als kostengünstiger Ersatz für Türme. Die Besatzung konnte von den Letzen das vor ihnen liegende Gelände sichern und die angrenzenden Mauerfluchten flankieren. Das Fundament der Mauer war auf Holzpfähle gegründet **(3)**, die überwiegend aus römischer Zeit stammten. Vor der Mauer verlief ein Wasserlauf, der als Wassergraben genutzt wurde **(4)**.

# DIE STADTMAUER DER FREIEN STADT (1200 bis 1462)

Es war ein sonniger Dienstag in Mainz. Der Kalender zeigte den 4. Juli 1200. In einem Rechtsstreit stellten die Richter und namentlich genannte Bürger von Mainz fest, dass einige Stiftsherren von St. Peter an der nördlichen Seite der Stadt mehrere Steine der alten Stadtmauer abgebrochen und für eigene Zwecke verwandt hatten. Zum Ausgleich hierfür verurteilte das Gericht den Petersstift, fünf Mark Silber an die Stadtgemeinde zum Bau einer neuen Stadtmauer beizusteuern. Das entsprach ungefähr einem Silbergewicht von 1170 Gramm oder dem Wert von zwei Reitpferden.

Vierzig Jahre vorher war aufgrund eines kaiserlichen Urteils die Mainzer Stadtmauer fast dem Erdboden gleichgemacht worden. Es war die Strafe für die Ermordung von Erzbischof Arnold von Selenhofen durch die Mainzer. Doch auch diesmal wendete sich die Geschichte der Stadt wieder zum Guten. Beim glanzvollen Pfingstfest auf der Maaraue 1184 versöhnte sich Kaiser Barbarossa mit der Stadt Mainz. *»Dat was de groteste hochtit en, de ie em Dudischeme lande ward«* – das war das größte Fest, das jemals in Deutschland gefeiert wurde –, schrieb damals ein Chronist.

Noch lag die Mainzer Stadtmauer allerdings zu einem großen Teil in Schutt und Asche. Und daran änderte auch die Versöhnung mit dem Kaiser nichts. Tore und Türme blieben zerstört und die Breschen im Mauerring durften nicht repariert werden. Mit jedem Jahr ging immer mehr Bausubstanz verloren, da nicht nur die Stiftsherren von St. Peter, sondern auch viele Einwohner von Mainz die geschleifte Stadtmauer als Steinbruch für den Bau ihrer Häuser nutzten.

Darstellung des **Mainzer Hoffestes** von 1184 in der Sächsischen Weltchronik mit Kaiser Friedrich Barbarossa in der Mitte. Auf Befehl des Kaisers hatten die Mainzer wenige Jahre vorher ihre Freiheitsrechte verloren und sie hatten ihre Stadtmauer schleifen müssen. Auf dem Hoffest versöhnte sich der Kaiser wieder mit der Stadt.

Die Befestigung von Mainz rückte erst im Jahr 1198 wieder in das Blickfeld der Reichspolitik. Im deutschen Thronstreit rangen der Staufer Philipp von Schwaben, Sohn von Kaiser Barbarossa, und der Welfe Otto IV., Sohn von Heinrich dem Löwen und Neffe von König Richard Löwenherz, um die Anerkennung ihrer Herrschaft. Otto war im Juli in Aachen und Philipp zwei Monate später in Mainz zu deutschen Königen gewählt worden. Die Krönung Philipps von Schwaben bedeutete für Mainz den Startschuss zur Erneuerung seiner Stadtmauer. Der Staufer hatte sich bei seiner Krönung *»selbst vom Zustande der Stadtmauern überzeugen können und wird den Befehl zur Wiederherstellung und Verstärkung gegeben haben, da er fester Stützpunkte im Kampfe um die Krone bedurfte«*, so Wilhelm Diepenbach über den damaligen Wendepunkt der Mainzer Geschichte. Für Ludwig Falk bildete der Wiederaufbau der Stadtmauer den *»Auftakt zu einer im 13. Jahrhundert kaum mehr abreißenden und auch in den folgenden Jahrhunderten fortgesetzten Tätigkeit an der Stadtbefestigung«*. Gleichzeitig begann für das städtische Gemeinwesen ein steiler und rasanter Aufstieg.

Im Schutz der neuen mittelalterlichen Stadtmauer wurde Mainz *»freie Stadt des Reiches«*, später Führerin des Rheinischen Städtebundes und eine der reichsten Handelsstädte Deutschlands. Mainz war zusammen mit Köln die angesehenste deutsche Stadt und wurde mit dieser häufig das zweite Rom genannt. Gemeinsam mit Worms und Speyer bildete

**Abb. rechts**
Mainz um das Jahr 1462

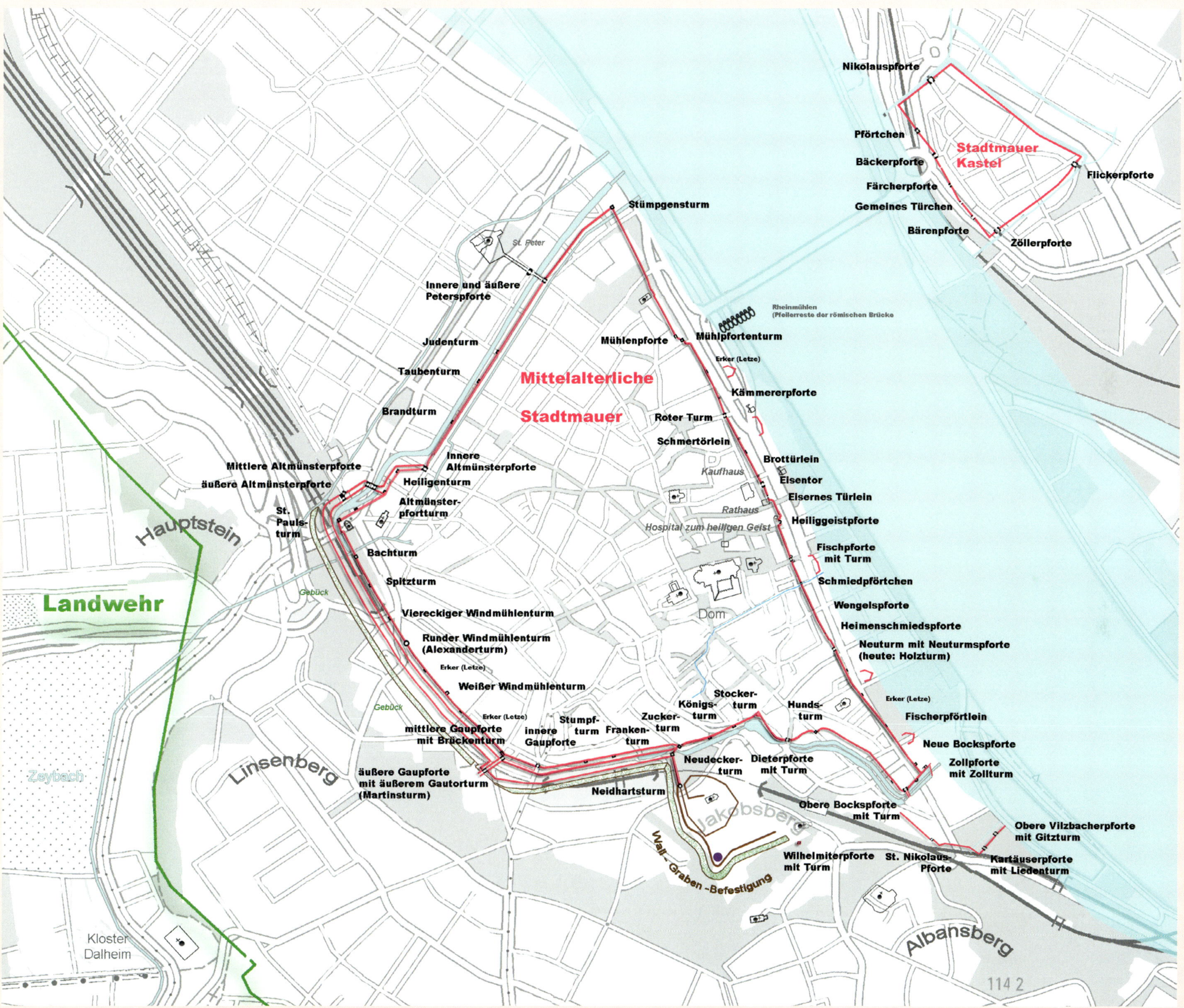
Nikolauspforte
Pförtchen
Bäckerpforte
Färcherpforte
Gemeines Türchen
Bärenpforte
Stadtmauer Kastel
Flickerpforte
Zöllerpforte
Stümpgensturm
St. Peter
Innere und äußere Peterspforte
Rheinmühlen (Pfeilerreste der römischen Brücke
Mühlenpforte
Mühlpfortenturm
Judenturm
Taubenturm
Erker (Letze)
Mittelalterliche Stadtmauer
Kämmererpforte
Brandturm
Roter Turm
Schmertörlein
Innere Altmünsterpforte
Mittlere Altmünsterpforte
äußere Altmünsterpforte
Heiligenturm
Brottürlein
Kaufhaus
Eisentor
Altmünster-pfortturm
Eisernes Türlein
Rathaus
St. Pauls-turm
Heiliggeistpforte
Hospital zum heiligen Geist
Hauptstein
Bachturm
Fischpforte mit Turm
Spitzturm
Schmiedpförtchen
Gebück
Landwehr
Wengelspforte
Viereckiger Windmühlenturm
Dom
Heimenschmiedspforte
Runder Windmühlenturm (Alexanderturm)
Neuturm mit Neuturmspforte (heute: Holzturm)
Erker (Letze)
Weißer Windmühlenturm
Stocker-turm
Königs-turm
Hunds-turm
Erker (Letze)
Fischerpförtlein
Gebück
Erker (Letze)
Stumpf-turm
Zucker-turm
mittlere Gaupforte mit Brückenturm
innere Gaupforte
Franken-turm
Neue Bockspforte
Neudecker-turm
Dieterpforte mit Turm
Zollpforte mit Zollturm
Zeybach
Linsenberg
äußere Gaupforte mit äußerem Gautorturm (Martinsturm)
Neidhartsturm
Jakobsberg
Obere Bockspforte mit Turm
Obere Vilzbacherpforte mit Gitzturm
Wall-Graben-Befestigung
Wilhelmiterpforte mit Turm
St. Nikolaus-Pforte
Kartäuserpforte mit Liedenturm
Kloster Dalheim
Albansberg
114 2

Marktportal des Mainzer Doms, auf dem das **Freiheitsprivileg** von 1135 eingraviert ist. Nachdem der Bürgerschaft wegen der Ermordung ihres Bischofs die Freiheitsrechte 1163 entzogen worden waren, folgte 1244 ein neues Privileg, das für Mainz die Entwicklung zur Freien Stadt einleitete und zu einer Blütezeit der Stadt führte.

Mainz den Mittelpunkt des mitteleuropäischen Judentums, was mit der Bezeichnung als *»rheinisches Jerusalem«* seinen Ausdruck fand. Mainz war stolz auf seine wiederhergestellte prächtige Stadtmauer mit ihren Toren und Türmen, die zusammen mit den Kirchtürmen dem Anreisenden ein eindrucksvolles Bild vermittelten. Die mittelrheinische Metropole beherrschte den Handel und die Schifffahrt auf dem Rhein. Grundlage hierfür bildet das Stapelrecht, nach dem alle stromauf- und abwärtskommenden Waren in Mainz ausgeladen und einige Tage zum Verkauf feilgehalten werden mussten. Anstelle eines älteren Handelsgebäudes, das abbrannte, wurde auf dem heutigen *»Am Brand«* ein monumentales Kaufhaus errichtet, das wie eine Burg mit Wehrgang und Zinnen verteidigungsfähig ausgebaut war.

Kurz hinter dem Kaufhaus verlief die Stadtmauer. Mit ihren hellen Mauersteinen diente sie den Mainzern nicht nur zur Wehr, sondern vor allem auch zur Ehr. Der Mauerring war für die Stadt und ihren Stadtrat, der die städtische Freiheit sichern wollte, politisch lebensnotwendig sowie eine wichtige Voraussetzung für die dauerhafte Entwicklung des Handwerks und des Handels.

Die Stadtmauer diente bis zum 15. Jahrhundert als rechtliche Grenze zwischen der Stadt und dem Land. Die Bürger, die innerhalb der Stadtmauer wohnten, besaßen Freiheiten, Rechte und Privilegien, die den Bewohnern des Umlandes nicht zustanden. Insgesamt 34 Ortschaften aus Rheinhessen und dem Rheingau waren aufgrund einer Mauerordnung sogar verpflichtet, je nach ihrer Größe zwischen 2 und 25 Zinnen der Stadtmauer zu unterhalten und in Zeiten der Gefahr zu verteidigen. Als Gegenleistung für ihrer Pflichten hatten die Bewohner von Oppenheirn, Dienheim Nierstein, Nackenheim, Lörzweiler, Bodenheirn, Gau Bischofsheirn, Harxheirn, Ebersheirn, Zornheim, Mommenheim, Selzen, Walheirner Hof, Sörgenloch, Olm, Udenheim, Saulheim, Elsheirn, Schwabenheim, Gau-Bickelheim, Gau-Algesheim, Ingelheim, Heidesheirn, Wackernheim, Budenheim, Drais, Finthen, Gonsenheim, Bretzenheim, Laubenheim und Hechtsheim freies Marktrecht und die Möglichkeit, im Fall einer feindlichen Belagerung innerhalb der Mainzer Stadtmauer mit ihrem Besitz Zuflucht zu finden. Die Ringmauer kennzeichnete damit eine der wichtigsten baulichen Gemeinschaftsleistungen der Bürgerschaft von Mainz und den Ortschaften im Umland. Die mittelalterliche Stadtmauer kostete sehr viel Geld. Die Bewohner der Dörfer kamen für insgesamt 353 Zinnen auf und damit für ein Viertel der Stadtmauer. Die übrigen Mittel stammten aus direkten Steuern oder einem *»Ungeld«*, das ursprünglich im Zusammenhang mit dem Mauerbau aufkam und mit der Zeit zur wichtigsten Einnahmequelle des mittelalterlichen Stadthaushalts ausgebaut wurde.

Die Länge der neuen Stadtmauer betrug im Endausbau ungefähr 4,5 km. Bei ihrem Wiederaufbau hatte sich die Stadt nicht alleine auf die Ausbesserung der zerstörten Mauerabschnitte und –teile beschränkt, sondern die Umfassungslinie der alten Mauer verändert und das Stadtgebiet erweitert:

- Im Bereich des heutigen Hauptbahnhofs wurden das bis dahin vor der Stadt liegende Altmünsterkloster und die Pauluskirche in den Mauerring einbezogen. Von hier aus speiste der Grabborn parallel zur heutigen Kaiserstraße einen zum Rhein geleiteten Wassergraben als zusätzliche Schutzlinie. Der neue Abschnitt bildete einen starken ausspringenden Winkel und machte die alte Stadtmauer zwischen Gärtnergasse und Alexanderturm überflüssig.
- Entlang des Rheins wurde die Stadtmauer vom Heilig-Geist-Spital (heute noch vorhanden) bis rheinabwärts zum Mühlturm um knapp 20 m nach vorne verschoben und erhielt die später bis zu 30 m erhöhten Tortürme. Hierzu gehörte auch der heute noch erhalte Eisenturm.
- Zwischen dem heutigen Römerschiffmuseum und der Holzstraße rückte die Mauer um den damaligen Vorort Selenhofen. Wegen der damit verbundenen Verlängerung der Stadtmauer wurde der bisherige Eckturm der Stadt durch einen neuen Torturm ersetzt, den Neuturm (heute: Holzturm). Die Funktion als Eckpunkt übernahm anschließend in Selenhofen die Zollpforte mit ihrem hoch aufragenden Turm. In Sichtweite dieses Turms zerstörten die Mainzer die vor Selenhofen liegende Burg Weisenau, die nach der Ermordung des Erzbischofs Arnold von Selenhofen auf Initiative von Kaiser Barbarossa als Befestigung gegen die Stadt errichtet worden war.

• Mit dem Vorort Vilzbach wurde ein weiterer, vor Selenhofen und den Toren der Stadt liegende Bereich mit einem Mauerring umzogen. Das zwischen dem heutigen Südbahnhof und dem Winterhafen gelegene Vilzbach bildete ein Vorwerk der Stadtbefestigung, dessen Mauern von zwei Tortürmen und einer Pforte unterbrochen waren.
• Infolge eines Mainzer Bistumsstreits war der Jakobsberg mit seinem Kloster ins Zentrum einer kriegerischen Auseinandersetzung geraten. Die Mainzer zerstörten daraufhin neben weiteren Klöstern und Stiften auch das Benediktinerkloster auf dem Jakobsberg. Grund: Der ca. 130 m frei vor der mittelalterlichen Stadtmauer liegende, damals sogenannte Schönberg – mons speciosus – war der einzige Punkt, von dem aus die Stadt belagert und von oben beschossen werden konnte. Um die Reste des Klosters herum legten die Mainzer einen tiefen Graben an und warfen einen Wall auf, der vom Vorort Vilzbach zum Drususstein und von dort bis zum Neidhartsturm an der Stadtmauer führte. Die militärische Aufrüstung des Jakobsbergs hatte begonnen.

**Kaiser Karl IV.** mit der Krone über der Mitra, umgeben von den Erzbischöfen von Mainz, Köln und Trier. Der Mainzer Erzbischof war nicht nur Vertreter des Papstes, sondern auch der ranghöchste Fürst des Reiches. Diese bedeutende Stellung fand sowohl in der Pracht des Goldenen Mainz als auch in der Stadtmauer mit den hochaufragenden Türmen ihren Ausdruck.

Die neue Stadtmauer war damit gegenüber der karolingischen Stadtmauer deutlich länger geworden. Aber nicht nur das. Zusätzlich baute die Freie Stadt Mainz Ende des 14. Jahrhunderts vor der wiederaufgebauten Stadtmauer zwei neue Mauern. Die äußere Mauer verlief vom Windmühlenberg um die Gaupforte herum über die Höhe des Kästrich bis zum Münstertor. Eckpunkte dieser äußeren, mit Zinnen versehene Mauer bildeten das äußere Münstertor und die äußere Gaupforte mit dem Martinsturm.

Zwischen den beiden Mauern entstand eine sogenannte Zwingermauer. Diese war deutlich niedriger und schwächer als die beiden anderen Mauern. Die Zwingermauer sollte im Kriegsfall den angreifenden Feind zu Kämpfen im Vorfeld *»zwingen«* und damit die eigentliche Stadtmauer entlasten. Zwischen der äußeren Stadtmauer und dem Zwinger wuchsen in Friedenszeiten Obstbäume und Sträucher.
Vor der äußeren Mauer verlief das *»Gebück«*. Das war eine Barriere, die wechselweise aus Hecken, Gräben und Wällen bestand. Als Heckenpflanzen nutzte man die Hainbuche, die in 1,50 m Höhe gekappt wurde. Diese entwickelten Seitentriebe, die mit den Nachbartrieben verflochten und in den Boden gesteckt (gebückt) wurden, wo sie anwurzelten und neue Triebe bildeten. Dadurch entstand eine

sehr dichte Hecke, die mit untergepflanzten dornigen Sträuchern wie Hecken-Rose, Brombeere oder Ilex, dem *»Gedörn«* verstärkt wurde. Das Gebück stand unter gesetzlichem Schutz. Das Durchbrechen des Holzes wurde noch im 15. Jahrhundert mit dem Tode bestraft, das bloße Abschneiden von Gerten mit hohen Geldstrafen belegt.

Die innere Stadtmauer mit ihren Türmen und Toren war die stärkste Verteidigungslinie. Sie war jetzt entlang ihres gesamten Verlaufs 9 m hoch. Zwischen der Peterspforte und der Gaupforte, einzelnen Abschnitten an der Rheinseite und entlang des unteren Abschnitts der Nordwestseite verliefen überdachte Wehrgänge mit Schlitzscharten. Der Rest der inneren Stadtmauer hatte offene Wehrgänge und Brüstungsmauern mit 2,6 m breiten Zinnen und 0,6 m schmalen Schießscharten. In einem Abstand von etwa 100 m befanden sich Türme und Erker (Letzen). Diese hatten die Aufgabe, das vor ihnen liegende Gelände zu sichern und die angrenzenden Mauerfluchten zu flankieren. Die Erker befanden sich auf längeren Mauerabschnitten als Ersatz und kostengünstige Alternative zu Türmen. Die Erker hatten mehrere Schartenöffnungen und waren oben gedeckt. Sie ruhten auf eingemauerten Kragsteinen (Konsolsteinen), wodurch ein aus der Mauer hervorspringender Vorbau entstand.

Das genaue Entstehungsdatum der Mauerdurchlässe, Türme, Erker und sonstiger Mauerbauten kann nur in sehr seltenen Fällen angegeben werden. Die Namen wechselten häufig und sind manchmal auch nicht mehr eindeutig zuzuordnen. Nicht eindeutig geklärt ist weiterhin, wann die einzelnen Torgebäude vergrößert, neue Türme errichtet oder erhöht wurden. Der frühere Leiter des Mainzer Stadtarchivs, Ludwig Falk, hat aufgrund von alten Plänen und Stadtansichten die Mainzer Stadtmauer rekonstruiert und die Ergebnisse zwischen 1971 und 1974 veröffentlicht. Danach gehörten zur mittelalterlichen Stadtmauer 21 Türme, 15 Türme mit integrierten Toren und 17 einzelne Pforten.

Türme der Mainzer Stadtmauer:

Hierzu zählten

- entlang der Rheinseite: Stümpgensturm (rheinaufwärts neben der Martinsburg)
- entlang der Nordwestseite: Judenturm, Taubenturm, Brandturm, Heiligenturm, St. Paulusturm, St. Paulsturm (ab 16. oder frühes 17. Jahrhundert: Neurundel);
- entlang der Landseite: Bachturm, Spitzturm, Viereckiger Windmühlenturm, Runder Windmühlenturm (als Alexanderturm heute noch vorhanden), Weißer Windmühlenturm sowie
- entlang der Eisgrubfront: Stumpf- oder Langturm, Franken- oder Bliedenturm, Zuckerturm auf dem Zuckerberg, Königsturm, Stockerturm, Neudeckerturm, Neidhartsturm, Hundsturm, Rundell Bollwerk.

Türme mit Toren oder Pforten, die in die Stadt führten:

Hierzu zählten

- entlang der Rheinseite: Zollpforte mit Zollturm, Neuturm mit Neuturmspforte (heute: Holzturm), Fischpforte mit Turm, Großes Eisentürlein mit Eisenturm (heute noch vorhanden), Roter Turm mit Pforte, Mühlpfortenturm;
- entlang der Nordwestseite: Altmünsterpfortturm;
- entlang der Landseite: innere Gaupforte, mittlere Gaupforte mit Brückenturm und äußere Gaupforte mit äußerem Gautorturm;
- entlang der Eisgrubfront: Wilhelmiterpforte und Wilhelmiterturm, Dieterpforte mit Turm, Obere, große Bockspforte mit Turm;
- um den Vorort Vilzbach: Kartäuserpforte mit Liedenturm; Obere Vilzbacherpforte mit Gitzturm.

Pforten oder Pförtchen, die in die Stadt führten:

Hierzu zählten

- entlang der Rheinseite: Neue Bockspforte (wohl ab erst Ende 16. Jahrhundert), Fischerpförtlein, Heimenschmiedspforte, Wengelspforte, Schmiedpförtchen, Heiliggeistpförtlein, Eisernes Türlein, Brottürlein, Schmertörlein, Kämmererpforte, Mühlenpforte, Schloßpforte (ab 16. Jahrhundert);
- entlang der Nordwestseite: Innere und äußere Peterspforte, weiterhin innere, mittlere und äußere Altmünsterpforte;
- um den Vorort Vilzbach: St. Nikolaus-Pforte.

Mindestens elf Tore und Pforten befanden sich am Rhein, da dort der Kern des städtischen Siedlungsgebietes mit dem Rathaus und dem Kaufhaus lag. Die meisten handwerklichen Berufe besaßen in Ufernähe ihre Geschäftsräume, Werkstätten und Wohnungen. Fast jede auf den Fluss zulaufende Straße verlief durch die Stadtmauer und begründete damit die hohe Zahl der Tore und Pforten.

Deutliche weniger Zugänge in die Stadt gab es auf der Landseite. Hier stellten nur fünf Pforten die Verbindung zwischen Stadt und Umland her.

• Aus römischer Zeit stammte im Nordwesten im Bereich der heutigen Christuskirche die (innere und äußere) Peterspforte. Der alte, auf sie führende Petersweg war die einzige senkrecht auf das Gartenfeld stoßende Straße in der mittelalterlichen Stadt. Am Petersweg lag unmittelbar vor der Stadtmauer das Petersstift.

• Der nächste Weg in die Stadt führte im Nordwesten durch die (innere und mittlere) Altmünsterpforte und den Altmünsterpfortturm in der Nähe des heutigen Hauptbahnhofs. Von dort aus konnte man über mehrere Straßen nach Bretzenheim, Finthen oder Bingen gelangen. Die Pforte diente weiterhin dem landwirtschaftlich bestimmten Verkehr aus der Stadt zu den Wiesen im Zeybachtal, den Weinbergen auf dem Hauptstein sowie den Wiesen und Gärten im Gartenfeld.

• Die auf der Höhe des Kästrich liegende (innere, mittlere und äußere) Gaupforte mit dem 1438 gebauten Brückenturm und dem um 1370 errichteten äußeren Gaupfortenturm (ab 1670: Martinsturm, wegen der um ihn herum gebauten Martinsbastion) stellte im Mittelalter die wichtigste Verbindung von der Stadt zum *»Gau«* (mittelhochdeutsch für *»Landschaft«*) dar. Diese führte über Nieder-Olm, Wörrstadt und Alzey ins pfälzische Land.

• Der südliche Eingang in die Stadt befand sich in Sichtweite der heutigen Zitadelle. Die Dietherpforte mit ihrem Turm führte zu den vor der Stadt gelegenen Klöstern und Stiften. Vor der Dietherpforte lag unterhalb des Jakobsberges die Wilhelmiterpforte. Ihr kam die Aufgabe zu, einen Feind von dem gefährdeten Winkel bei der Dietherpforte möglichst weit abzuhalten.

• Das fünfte Landtor war im Bereich der heutigen Malakoff-Terrasse die große Bockspforte (mit Turm), die aus der Stadt nach Vilzbach führte. Aus dieser Vorstadt verliefen Wege durch die Vilzbacherpforte (mit Gitzturm) entlang des Rheinufers, durch die Kartäuserpforte (mit Liedenturm) nach Weisenau und durch die St. Niklaspforte nach St Alban.

Bis zum 15. Jahrhundert bildeten die Tore und Pforten der Stadtmauer den Übergang zwischen der Stadt und dem Umland, *»der mainzer Mark«*. Um 1432 verlegten die Mainzer diesen Übergang mit einer sogenannten Landwehr weit vor die Stadtmauer. Nach dem römischen Limes gab es damit zum zweiten Mal zum Schutz von Mainz eine vorgeschobene Grenzbefestigung. Die Landwehr hatte die Funktion, die Stadt zu schützen und eine rechtliche Grenze zwischen ihr und dem Umland zu schaffen. Weiterhin behinderte die Landwehr Räuberbanden am Betreten des städtischen Gebietes und erschwerten ihren Rückzug nach Beutezügen. Die Mainzer Landwehr verlief in einem Abstand von ungefähr zwei Kilometern vor der Stadtmauer von Weisenau über den Höhenrand des Zahlbacher Tales, dann entlang des heutigen Friedhofgeländes zum Hauptstein und folgte dem Kamm des Hartenberges, den sie bei der Hartenmühle verließ, um an Wildgraben und Gonsbach entlang wieder auf den Rhein zu stoßen. Die Landwehr bestand aus einem Wall, vor dem ein Graben sowie ein Streifen von Gebück und Dornhecken verliefen. Durchlässe durch die Landwehr gab es nur auf Durchgangsstraßen, an denen Waren- und Personenkontrollen stattfanden. An einigen Straßendurchlässen befanden sich runde Wachttürme. Die heute noch erhaltene Erbenheimer Warte auf einem Hochplateau im Bereich der Siedlung Fort Biehler vermittelt das damalige Aussehen der Wachttüre.

Die Erbenheimer Warte gehörte zur Kasteler Landwehr, mit der die Mainzer Kurfürsten ihren rechtsrheinischen Landesteil mit den Orten Kastel, Kostheim, Hochheim und Flörsheim gegen die Territorien der Fürsten von Nassau-Usingen und der Landgrafen von Hessen-Darmstadt absicherten. In Kastel war die Landwehr der Stadtmauer vorgelagert, die den Ort seit dem 12. Jahrhundert umschloss. Die Kasteler

Stadtmauer verfügte über fünf rheinseitige Tore (Pförtchen, Bäckerpforte, Färcherpforte, Gemeines Türchen, Bärenpforte) sowie drei Landtore (Nikolauspforte, Zöllerpforte, Flickerpforte). Vor der Stadtmauer befand sich ein Graben, der mit Wasser gefüllt war.

Die Landwehr blieb auf beiden Rheinseiten bis ins 18. Jahrhundert erhalten und heute erinnern in Mainz-Oberstadt und in Wiesbaden noch Straßennamen an diese vorgeschobene Befestigungslinie.

Mehr als 200 Jahre hatte es gedauert, bis in Mainz die mittelalterliche Stadtmauer fertig war. Ab dann veränderte sich ihr Verlauf nicht mehr. Die Einwohner und der Mainzer Stadtrat hatten jetzt andere Probleme. Mainz war zwar Anfang des 15. Jahrhunderts noch eine Freie Stadt, doch der alte Glanz war verschwunden. Wirtschaftskrisen und die Pest hatten zu einem Bevölkerungsrückgang geführt und die Stadtentwicklung zum Erliegen gebracht. Streitigkeiten zwischen den Patrizierfamilien und den Zünften sowie eine unglückliche Politik des Stadtrates hatten darüber hinaus den städtischen Haushalt finanziell ruiniert. Einem ersten Mainzer Bankrott 1429 war 1446 bereits ein zweiter gefolgt. Für Mainz war die Lage so hoffnungslos geworden, dass die Bürgerschaft ihre Stadt an Frankfurt verkaufen wollte. Als auch dies scheiterte, schien es nicht mehr schlimmer kommen zu können. So dachte man. Tatsächlich steuerte Mainz aber auf eine andere Katastrophe zu, die das Geschick der Stadt einschneidend verändern sollte.

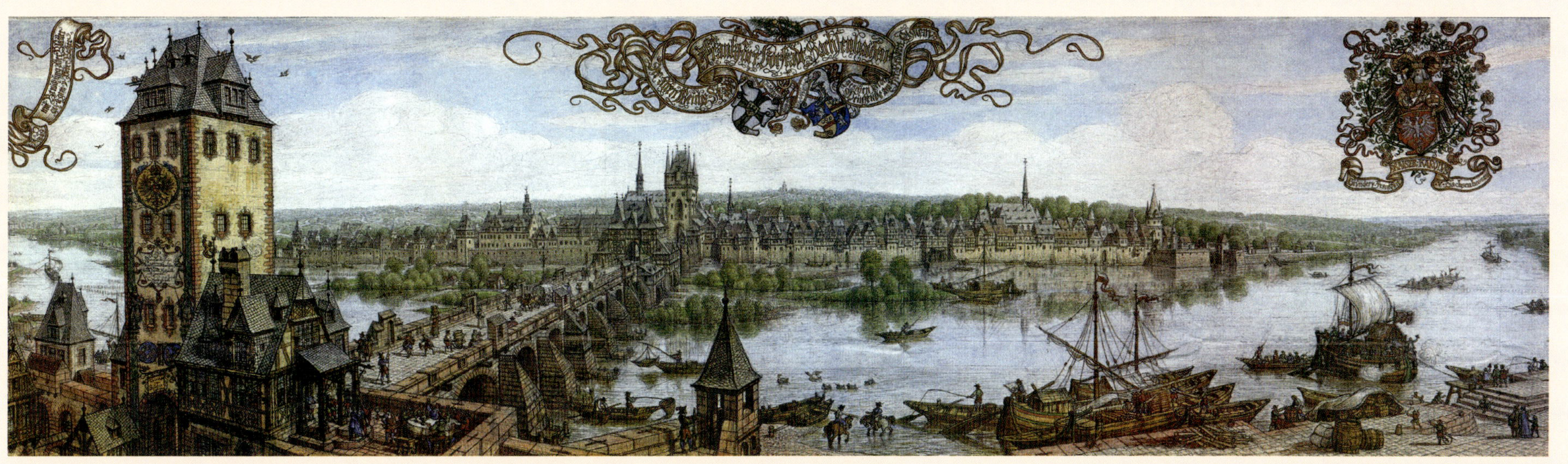

Blick auf **Frankfurt mit Alter Brücke** um 1600 auf einem Aquarell von Peter Becker. Seit dem 14. Jahrhundert erlebte die Stadt am Main einen wirtschaftlichen Aufschwung als Handels- und Messestadt. Durch die Goldene Bulle wurde die Freie Reichsstadt Frankfurt ständige Wahlstadt der deutschen Könige. Während die Bedeutung von Frankfurt wuchs und die Wirtschaftskraft anstieg, führten in Mainz Konflikte zwischen dem Erzbischof, der Bürgerschaft und dem Domkapitel sowie zwischen den Patrizierfamilien und den Zünften zu einer Lähmung der Stadtpolitik. Als dann noch wirtschaftliche und finanzpolitische Probleme hinzukamen, war der Niedergang von Mainz nicht mehr aufzuhalten. Mitte des 15. Jahrhunderts waren die finanziellen Probleme nicht mehr lösbar und Mainz erlebte einen Tiefpunkt in seiner Stadtgeschichte.

## Ansicht des mittelalterlichen Mainz

1575 zeichnet der Kurmainzer Geograph Gottfried Mascop ein Vogelschaubild von Mainz (Plan rechts), das erstmals einen genauen Eindruck der mittelalterlichen Stadt zeigte. Gut zu erkennen ist, dass sich das städtische Leben zum größten Teil vor und hinter der am Rhein gelegenen Stadtmauer abspielte. Es war die sicherste Seite der Stadt. Deshalb konnte man es sich leisten, dass zu den Stapelplätzen der Waren und zu den Schiffen eine große Anzahl von Toren und Pforten führten. Auf der gefährdeten Landseite gab es mit der Peterspforte (LVI), der Altmünsterpforte (L, LI, LII), der Gaupforte (XXXIX, XLII)) und der Dietherpforte (XXV) sowie der Bockspforte (XXI) lediglich fünf Verbindungen zwischen Stadt und Umland sowie in den Vorort Vilzbach. Zwischen den Toren und Pforten unterbrachen hohe Türme die Stadtmauer und vermittelten so bereits von weitem den Glanz des Goldenen Mainz.

**Abb. oben**
Das um die Mitte des 13. Jahrhunderts erbaute **Heilig-Geist-Spital** ist das älteste Bürgerhospital in Deutschland und einer der ältesten Spitalbauten in Europa. Es ersetzte am Rhein einen kleinen Abschnitt der Stadtmauer. Der Wehrgang der Stadtmauer führte rheinaufwärts in den oberen Saal des Spitals. Auf der anderen Seite des Saals gab es einen Verbindungsgang zu einem vor dem Spital auf der Rheinseite angrenzenden Turm. Von diesem setzte sich dann die Stadtmauer rheinabwärts weiter fort. Mit diesem eigenwilligen Verlauf der Stadtmauer war es möglich, dass Hilfesuchende oder Spätankömmlinge von außen durch eine rheinseitige Pforte (die 1862 in den Dom übertragen wurde) auch dann noch ins Spital gelangen konnten, wenn die Stadttore geschlossen waren.

**Abb. rechts**
Der heute noch erhaltene **Eisenturm** wurde 1240 erbaut und in der ersten Hälfte des 15. Jahrhunderts erhöht. Die Benennung verweist auf den im Mittelalter am Rheinufer abgehaltenen Eisenmarkt.

**Abb. oben**
Plan von **Gottfried Mascop** von 1575

## Die dreifache mittelalterliche Stadtmauer

Um 1200 baute Mainz ihre Stadtmauer wieder auf, die im Laufe der Zeit entlang des Abschnitts vom Jakobsberg bis zum Münstertor durch zwei vorgelagerte Mauern verstärkt wurde. Vor der etwa 9 m hohen inneren Stadtmauer mit überdecktem Wehrgang befand sich ein Zwinger mit einer 3,5 bis 4 m hohen Zwingermauer und einem Graben. Es folgte die 4 m hohe äußere Mauer mit Zinnen und Wehrgang. Davor befanden sich ein weiterer Graben und das Gebück. Mainz verfügte damit über eine erstklassige Stadtbefestigung, die über mehrere Jahrhunderte das Stadtbild prägte.

**Abb. oben**
**Stadtmauer auf dem Kästrich** mit Alexanderturm auf einem Ölgemälde von Franz Ströher, um 1790.

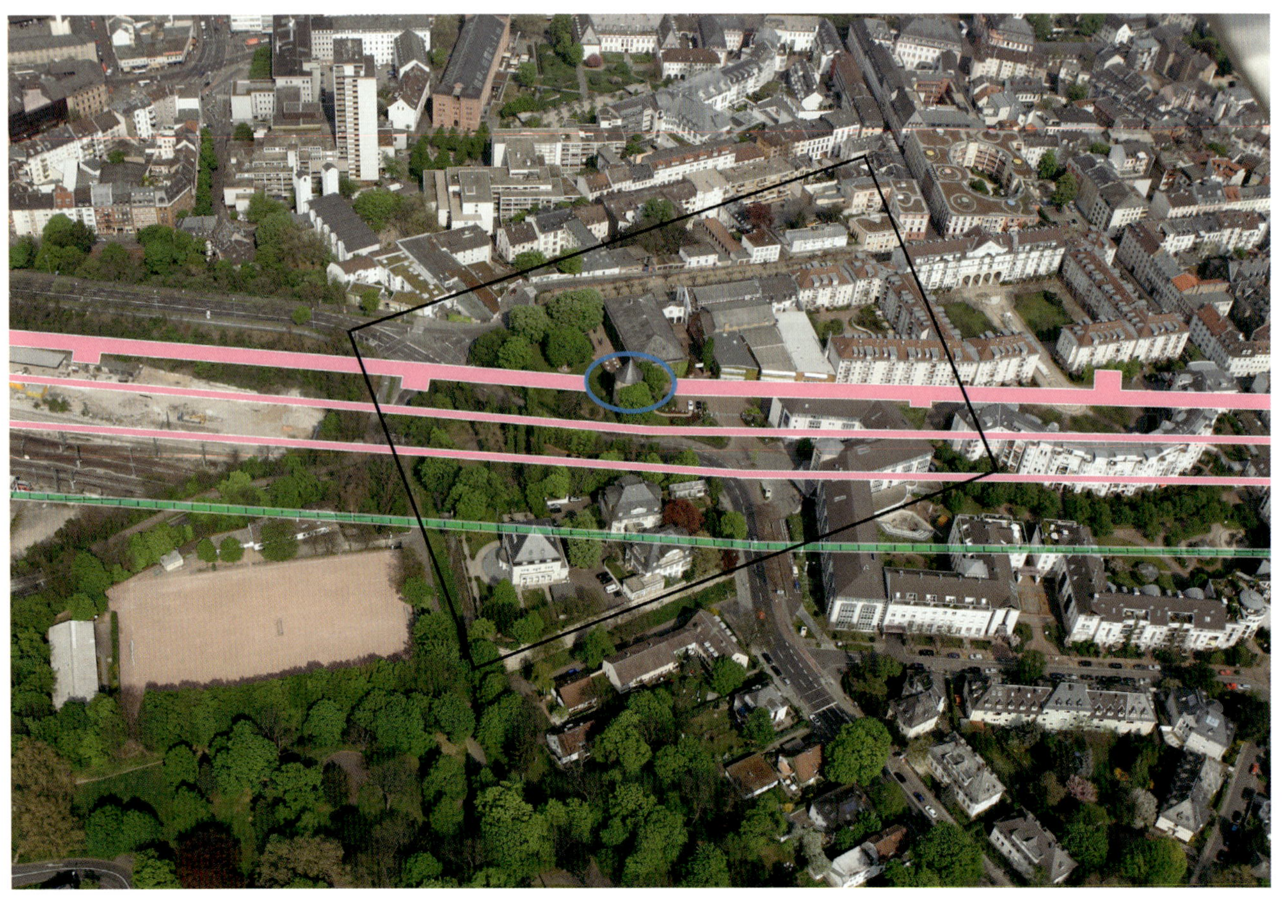

**Abb. oben**
Verlauf der **Stadtmauer mit Alexanderturm** (blauer Kreis) im heutigen Stadtbild.

**Abb. oben**
**Alexanderturm auf dem Kästrich.** Gut zu erkennen ist ein Kragstein (oranger Pfeil), auf dem der Laufgang ruhte, der die angrenzenden Wehrgänge miteinander verband. Im Mauerwerk zeichnet sich unter der Tür der Ansatzpunkt der Stadtmauer ab (blauer Pfeil).

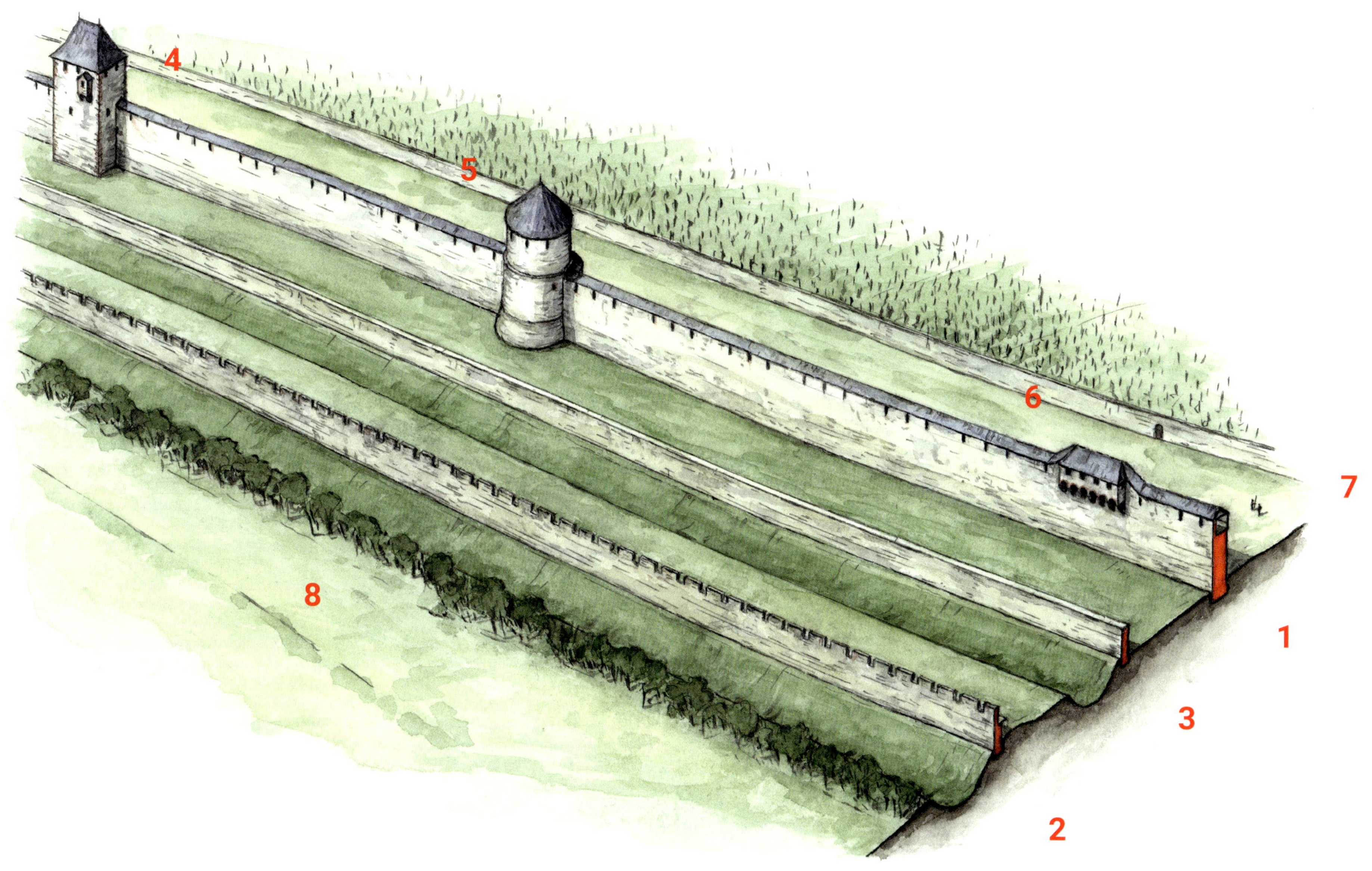


**Abb. oben**
**Mauerabschnitt** mit innerer **(1)** und äußerer **(2)** Stadtmauer sowie dem Zwinger und Zwingermauer **(3)** auf dem Kästrich mit dem viereckigen Windmühlenturm **(4)**, dem runden Alexanderturm **(5)** und einer Letze **(6)** als Ersatz für einen Turm. Dahinter eine Mauer **(7)**, die nicht zur Befestigung gehörte, sondern als Abgrenzung zu den Weinbergen diente. Vor der Mauer das Gebück **(8)**.

## Tore und Türme der Stadtmauer

Uferpartie zwischen der mittelalterlichen Stadtmauer mit ihren Tortürmen und dem Rhein auf einer Zeichnung von Wenzel Hollar, vor 1631. Hier bildeten die vielen Tore und Türme einen weltlich-architektonischen Gegensatz zu den vielen Kirchtürmen der Stadt Mainz. Ein markanter Punkt der Rheinmauer war der Holzturm (auf der Zeichnung rechts im Vordergrund), der nach der Einbeziehung von Selenhofen in den Mauerring als Neuturm den bis dahin vorhandenen Eckturm ersetzt hatte. Dem Holzturm folgten rheinaufwärts der über Eck gestellte fünfseitige Fischturm mit einer Gruppe von Häusern sowie der Eisenturm (am Ende des Bildes). Von den Mauer- und Tortürmen der mittelalterlichen Stadtmauer haben sich drei erhalten, und zwar der Holzturm und der Eisenturm am Rhein sowie der Alexanderturm auf dem Kästrich.

## Die mittelalterliche Gaupforte

Die Gaupforte war im Mittelalter eines von fünf Landtoren. Die innere Gaupforte **(1)** stand auf den Resten eines römischen Stadttors und verfügte in Richtung Stadt über einen Laufgang, der die Wehrgänge der Stadtmauer miteinander verband. Im Zusammenhang mit dem Bau der beiden äußeren Mauern wurden die mittlere Gaupforte mit dem Brückenturm **(2)** und die äußere Gaupforte mit dem hoch aufragenden Gaupfortenturm **(3)** gebaut. Der Abstand zwischen der inneren und der äußeren Gaupforte betrug ungefähr 150 m. Die Schweden legten später die mittlere Gaupforte für den Bau ihrer Stadtumwallung nieder. Die innere Gaupforte musste später für die Bastion Martin weichen. Erhalten blieb der äußere Gaupfortenturm, der in die Bastion integriert wurde.

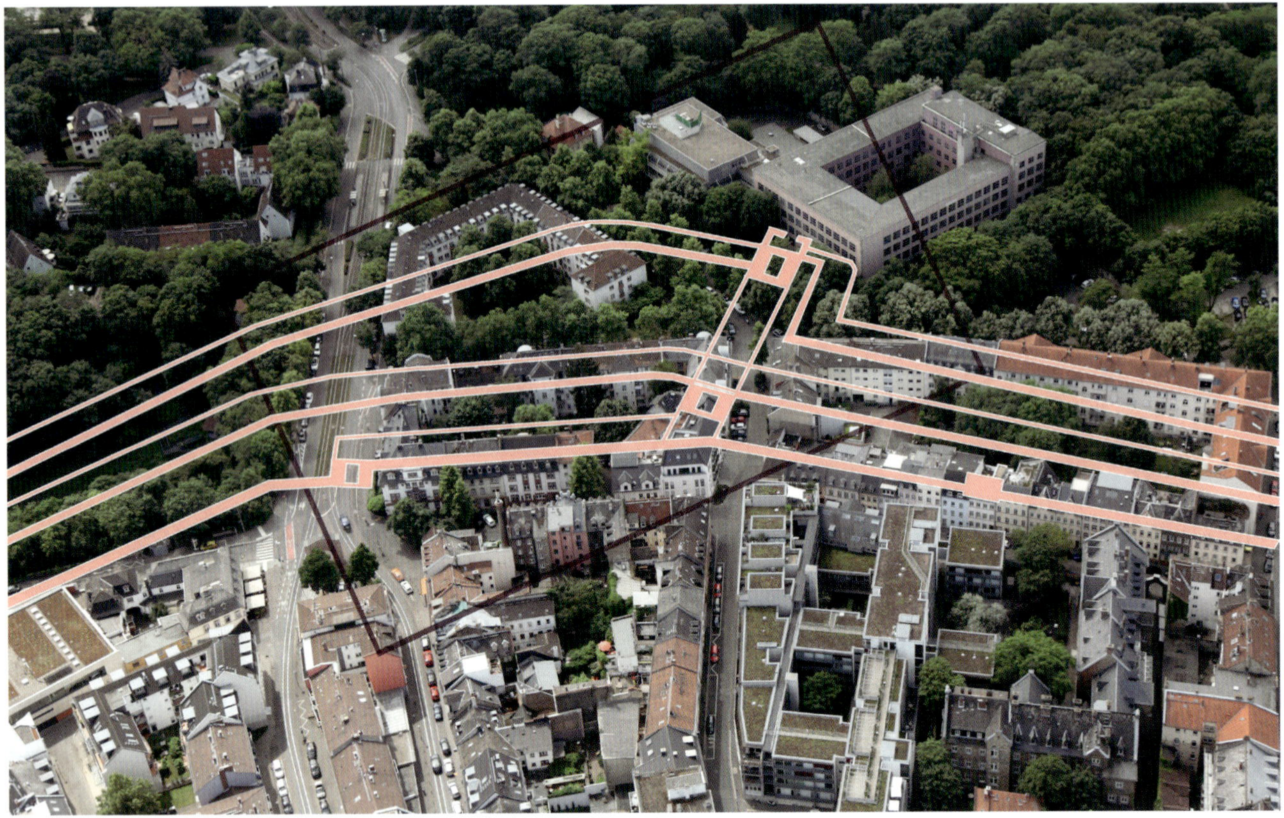

**Abb. oben**
**Lage und Verlauf der Gaupforte** sowie der angrenzenden Stadtmauer im heutigen Stadtbild.

**Abb. rechts**
**Mittelalterliche Gaupforte** mit den drei Türmen und der dreifachen Stadtmauer um 1570.

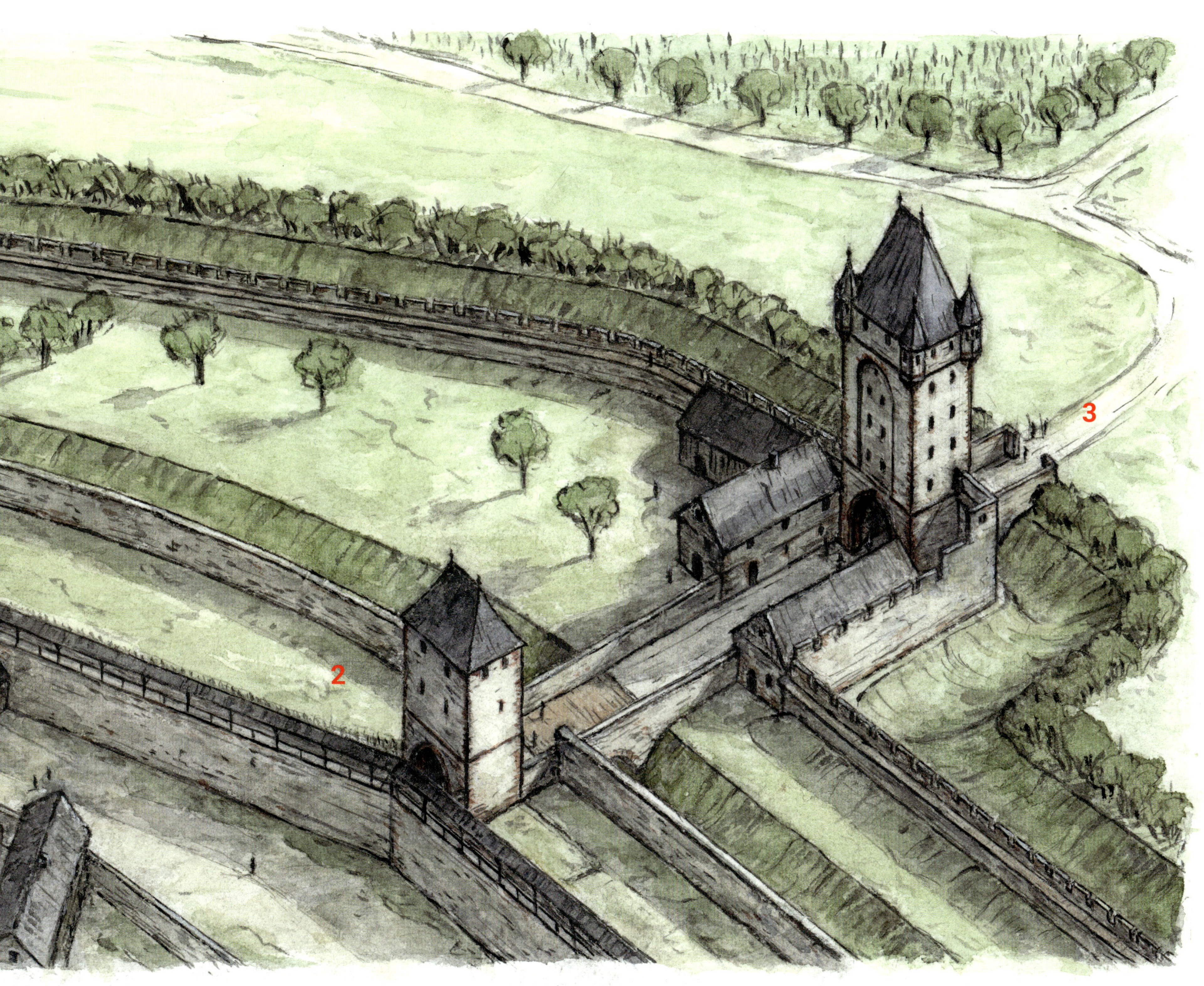
2
3

**Abb. oben**
**Der Verlauf der Landwehr im heutigen Stadtbild.** Im Hintergrund ist schematisch der Umriss der Mainzer Stadtmauer zu erkennen.

**Abb. oben**
Die 1487 gebaute **Erbenheimer Warte** gehörte zur rechtsrheinischen Landwehr und befindet sich in Kastel auf einem Hochplateau im Bereich der Siedlung Fort Biehler.

## Der Landwehr als vorgeschobene Grenzbefestigung

Im Mittelalter war Mainz von einer Landwehr umgeben, die das der Stadt gehörige Gebiet umgrenzte. Dieses Gebiet bezeichnete man auch als *»Mainzer Bann«* oder *»Burgbann«*. Die Landwehr diente nicht nur als vorgeschobene, wenn auch schwache, Befestigungslinie mit Wachttürmen, Wall und Graben, sondern auch dazu, den Verkehr in Richtung Mainz in geregelte Bahnen zu den Stadttoren zu leiten, wo sich auch die Zollstationen befanden. Damit hatte die Landwehr eine ähnliche Funktion wie der Limes bei den Römern. Entlang der Landwehr standen Kreuzsteine mit stehendem Mainzer Rad, mit denen die Grenze kenntlich gemacht wurde. An die Landwehr erinnert in Mainz heute nur noch ein Straßenname. Auf der rechten Rheinseite hat sich von der Landwehr noch die Erbenheimer Warte als einer von vier ehemaligen Warttürmen erhalten.

**Abb. links**
**Kreuzstein** am Anfang der Landwehr in Weisenau. Dieser Stein stand noch bis weit nach dem Ende des Zweiten Weltkrieges an der Straßenkreuzung der Göttelmannstraße und befindet sich heute im Landesmuseum.

**Abb. oben**
**Ausschnitt eines Befestigungsplans** von Joh. Jos. Spalla von 1676 mit einem Abschnitt der Landwehr und den dahinterliegenden Bastionen. An dem Durchlass aus Richtung des Klosters Heilig-Kreuz ist eine kleine Bastion aus der schwedischen Zeit zu sehen. Ebenfalls zu erkennen sind die Reste der schwedischen Befestigung auf dem Albansberg.

# DIE STADTMAUER DER ERZBISCHÖFLICHEN-KURFÜRSTLICHEN STADT (1462 bis 1631)

*»Schlagent dott, schlagent dott die ketzer allesambt, vnd nement eynen nit gefangen«.* Das war der Schlachtruf des Grafen Eberhard III. von Eppstein-Königstein am frühen Morgen des 28. Oktober 1462, als er mit seinem Sohn Philipp und zwei Knappen als erster über die Stadtmauern von Mainz stieg. Ihnen folgten hundert Bewaffnete mit Leitern. Bereits um fünf Uhr hatten die Angreifer die Windmühlentürme auf dem Kästrich und die Türme des Gautors eingenommen. Wenige Minuten später erreichten sie das Leichenwaschhaus der Juden und steckten es in Brand. Nach diesem verabredeten Feuersignal setzte sich vom Rheinufer ein Trupp von vierhundert Schweizer Söldnern mit sechshundert Pferden in Bewegung und vereinigte sich in der Stadt mit der Vorhut des Grafen Eberhard. Es folgten zwölf Stunden blutiger Straßenkämpfe. Ein Versuch der Mainzer, mit einer Kanone die Gegner die Gaugasse hinauf zu drängen, scheiterte. Ebenso wenig Erfolg hatten die Frauen, die aus ihren Fenstern viele Angreifer mit Steinen bewarfen oder mit heißem Wasser übergossen. Am Ende der Kämpfe kapitulierten die Verteidiger. 150 Häuser standen in Flammen oder waren schwer beschädigt. Mindestens 350 Männer und Frauen der insgesamt um die 1.000 Bürger zählenden Gemeinde waren tot. Mainz war ein einziges Trümmerfeld. Die Toten seien anschließend, so ein Chronist, auf dem St. Agnes Kirchhof *»in einem großen Loch«* begraben worden.

Die Mainzer Stiftsfehde war damit beendet. Adolf von Nassau hatte den Konflikt um den Stuhl des Mainzer Erzbischofs gewonnen. Sein Gegner Diether von Isenburg war schon bei Beginn der Kämpfe aus der Stadt über den Rhein *»naket unde barvoet over de muren an eime zele«* – nackt und barfuß über die Mauer an einem Seil – geflohen. Am 29. Oktober trieben Soldaten in voller Rüstung, mit gezückten Schwertern und gespannten Armbrüsten die Mainzer Bürger auf dem heutigern Schillerplatz zusammen. In einem demütigenden Strafgericht ließ sich Adolf von Nassau die in gut zweihundert Jahren errungenen kommunalen Freiheiten aushändigen und hob diese auf. Es war das Ende der Freien Stadt Mainz. Und für viele eine der größten Katastrophen der städtischen Geschichte. Für andere dagegen der Beginn einer *»milden Herrschaft des Krummstabes«*, unter der das hochverschuldete Mainz wieder neu aufblühen und in eine dritte, jahrhundertlang dauernde glanzvolle Periode eintreten konnte. Auf jeden Fall brach die Eroberung durch Erzbischof Adolf von Nassau die mittelalterliche Entwicklung von Mainz gewaltsam ab und gab der Geschichte von Mainz eine andere Richtung.

Der militärische Fall von Mainz kam völlig unerwartet. Bis Mitte des 15. Jahrhunderts war die Stadtbefestigung nach modernsten Gesichtspunkten ausgebaut worden und eine Belagerung hätte an sich bei tatkräftiger Verteidigung keine Aussicht auf Erfolg gehabt. Auf der

**Grabplatte** des Mainzer Erzbischofes Adolf II. von Nassau in der Basilika des Klosters Eberbach im Rheingau. Nach der erfolgreichen, blutigen Einnahme von Mainz im Jahre 1462 nahm der Erzbischof der Bürgerschaft ihre Freiheitsrechte. Nach einer Epoche als freie Mainzer Bürgerstadt begann nun die mehr als dreihundert Jahre andauernde Zeit der Stadt als kurfürstliche Residenzstadt.

**Abb. rechts**
Mainz um das Jahr 1626

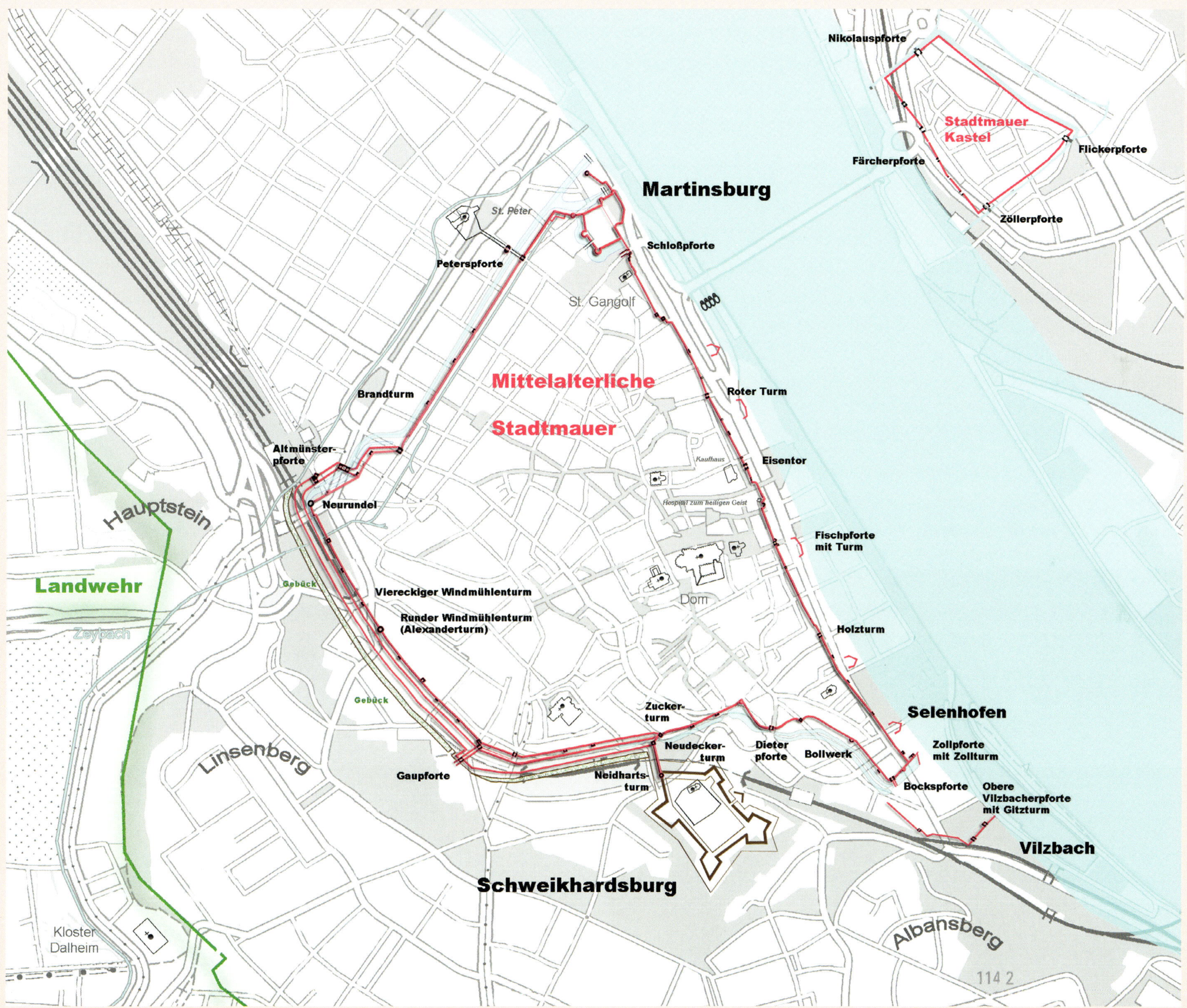

Nikolauspforte
Stadtmauer Kastel
Flickerpforte
Färcherpforte
Zöllerpforte
Martinsburg
St. Peter
Peterspforte
Schloßpforte
St. Gangolf
Mittelalterliche Stadtmauer
Brandturm
Roter Turm
Altmünster-pforte
Eisentor
Kaufhaus
Neurundel
Hospital zum heiligen Geist
Hauptstein
Fischpforte mit Turm
Landwehr
Gebück
Viereckiger Windmühlenturm
Dom
Runder Windmühlenturm (Alexanderturm)
Zeybach
Holzturm
Gebück
Zucker-turm
Selenhofen
Neudecker-turm
Dieter pforte
Bollwerk
Zollpforte mit Zollturm
Linsenberg
Gaupforte
Neidharts-turm
Bockspforte
Obere Vilzbacherpforte mit Gitzturm
Vilzbach
Schweikhardsburg
Albansberg
Kloster Dalheim
114 2

Landseite war Mainz mit einem dreifachen Mauerring, zwei Gräben und Gebück geschützt. Genau hier waren die Truppen von Adolf von Nassau in die Stadt eingedrungen. Wie hatte das passieren können? Hatte ein *»stiger«*, also ein Akrobat, der es verstand, glatte Mauern zu ersteigen, die Angreifer auf die Stadtmauer hochgezogen? War es Verrat? Hatte der Stadtbaumeister Dudo absichtlich das innere Gautor unverschlossen gelassen? Befanden sich die Wachen *»vom Wein des Verräters Dudo noch im Rausch vom Abend«*, wie Carl Anton Schaab vermutet. Oder war es nur Nachlässigkeit gewesen, weil die Mainzer glaubten, die Wachen an der am stärksten befestigten Seite der Stadt reduzieren zu können? Über die Gründe wird heute noch mit unterschiedlichen Ergebnissen diskutiert. Fest steht aber, dass die Stadtmauer überwunden wurde und für Mainz mit dem Schicksalsjahr 1462 ein neuer Abschnitt begann.

Durch den Verlust ihrer Freiheitsrechte wurde Mainz zu einer *»Pfaffenstadt«* und blieb es mehr als dreihundert Jahre bis zum Untergang des Heiligen Römischen Reiches Deutscher Nationen. Als erste Maßnahme zur Sicherung seiner Herrschaft unterzog Adolf von Nassau die Bürgerschaft einer politischen Säuberung. Vierhundert männliche Bürger mussten umgehend die Stadt verlassen und wurden aus der Stadt verbannt. Unter ihnen auch Johannes Gutenberg mit vielen seiner Gehilfen, die in den kommenden Jahren das bis dahin in Mainz streng gehütete Geheimnis des Buchdruckes in ganz Europa verbreiten konnten. Lediglich einige Bäcker und unentbehrliche Handwerker durften zurückbleiben. Die Zunfthäuser und Höfe der patrizischen Oberschicht wurden an die neuen Herren der Stadt vergeben. An Stelle des mittelalterlichen Stadtpatriziates traten der neue Hofadel und der höhere Beamtenstand des Kurstaates. Das Doppelrad der Freien Stadt wurde durch das erzbischöfliche Wappen ersetzt.

Faktisch war Mainz jetzt in den Kurstaat eingegliedert. Das war der weltliche Herrschaftsbereich des Mainzer Bischofs, zu dem damals auch der Rheingau, ab 1528 Kostheim sowie ab 1595 Kastel, Hochheim, Bingen und Aschaffenburg gehörten. Mainz wurde erzbischöflich-kurfürstliche Residenzstadt und unterstand der erzbischöflichen Stadtherrschaft. Die Verwaltung oblag nicht mehr einem Bürgermeister, sondern einem Amtmann, der den Titel eines Vicedoms führte. In dessen Händen lag jetzt auch der weitere Ausbau der Befestigung von Mainz. Mit der ersten wichtigen Veränderung an der Stadtmauer begannen die neuen Stadtherren im Jahr 1478. In diesem Jahr hatte der Papst dem Mainzer Erzbischof und Kurfürsten den Besitz *»omnimode superiortatis«* über die Stadt bestätigt. Es galt jetzt, die Herrschaft über die Stadt zu behaupten. Sofort nach der Entscheidung des Papstes ließ der Erzbischof die Martinsburg bauen und durch Mauern, Gräben und Türme sichern. Anders als die übrigen Festungsbauten bot die gegen

**Johannes Gutenberg** (Mitte) mit Johannes Fust und Peter Schöffer bei der Prüfung der ersten Druckbögen der Bibel um 1455 auf einem Gemälde von Friedrich Reichert. Wenige Jahre später wurde der Erfinder des Buchdrucks mit vielen seiner Gehilfen im Zusammenhang mit der Stiftsfehde vom Mainzer Erzbischof Adolf von Nassau aus Mainz verbannt. Damit konnte sich das bis dahin streng gehütete Geheimnis des Buchdrucks in ganz Europa verbreiten.

die Stadt gerichtete Vorburg einen wirksamen Schutz gegen einen neuen Aufstand der Bürgerschaft. Zugleich bot die Martinsburg dem Kurfürsten bei einer Krise auch jederzeit die Möglichkeit der An- und Abreise nach Eltville oder Aschaffenburg. Auch aus diesem Grund wählte man als Platz für den Bau der Martinsburg nicht den Jakobsberg, der sich dazu angeboten hätte, sondern das Gelände am Rhein. Mit ihrem wuchtigen Aussehen manifestierte sich in der Martinsburg der erzbischöfliche Machtanspruch und der Wille, die kurfürstlichen Rechte zu sichern. Die Bauarbeiten verliefen nicht ganz unproblematisch. Die 1478 fertiggestellte Martinsburg brannte 1481 ab, wobei sich der Kurfürst nur knapp retten konnte. Dieser legte aber sogleich den Grundstein zu einem neuen und dauerhaften Bau. Die nach dem Schutzpatron der Stadt und des Erzstiftes benannte Martinsburg blieb *»für fast 300 Jahre ein Wahrzeichen der Stadt Mainz«*, so Ludwig Falk in einem seiner Bücher zur Geschichte von Mainz. Die Martinsburg wurde nach schweren Beschädigungen im Markgräflerkrieg 1552 noch einmal umfangreich erneuert, 1807 abgerissen und ihre Steine zum Bau des Freihafens verwendet. Heute erinnert nur noch ein kleiner Mauerabschnitt vor dem Schloss an den damaligen Machtbau. Einen Eindruck von der Martinsburg kann man in Halle gewinnen. An der Moritzburg und der Martinsburg war mit Andreas Günther, Generalbaumeister der Erzbistümer Mainz und Magdeburg, zeitweise derselbe Baumeister tätig. Auf ihn geht wohl bei beiden Bauwerken die stadtseitige Ansicht mit den beiden Rondellen und dem aufgesetzten Torturm zurück.

Der Ausbau der Stadtbefestigung verlief sehr langsam. Mainz war keine wohlhabende Stadt mehr. Es dauerte fast einhundert Jahre, bis der Bevölkerungsverlust von 1462 mit 350 toten und mehreren hundert verbannten Bürgern ausgeglichen war. Noch um 1500 beklagte sich der Mainzer Wacht- und Schatzmeister Jost Hemsbecher über mehr als 100 verwüstete Häuser und Hofstätten, warf der Geistlichkeit vor, den Wiederaufbau zu verhindern und beschrieb das Klima von Mainz als von Angst und Resignation geprägt. Erst Mitte des 16. Jahrhunderts war die Stagnation der Stadt vorbei und die Zahl der Bevölkerung erreichte wieder den Stand von 1462.

Zu dieser Zeit hatte in Europa eine neue Zeitepoche begonnen, die als Übergang vom Spätmittelalter zur Frühneuzeit charakterisiert wird. Kolumbus hatte Amerika entdeckt und durch die Reformation waren die Glaubenseinheiten zerfallen. Die mittelalterliche, über Personen definierte Staatsauffassung verlor ihre Gültigkeit und es zeichnete sich der moderne Flächenstaat ab. Auch das Kriegswesen befand sich in einem grundlegenden Umbruch, der auch an der Stadtbefestigung von Mainz nicht vorbeiging. Das Aufkommen der Feuerwaffen und der Artillerie hatte die Angriffsmethoden auf befestigte Städte grundlegend verändert. Die Zeit der Ritter war zu Ende gegangen. Diese waren für einen Kampf Mann gegen Mann ausgebildet worden und hatten gegen die gut organisierten Fußtruppen keine Chance mehr. Pfeil und Bogen sowie Belagerungstürme, Rammböcke, Sturmleitern, Katapulte oder Wurfgeschütze wurden durch moderne Kanonen und Handfeuerwaffen mit Schießpulver ersetzt.

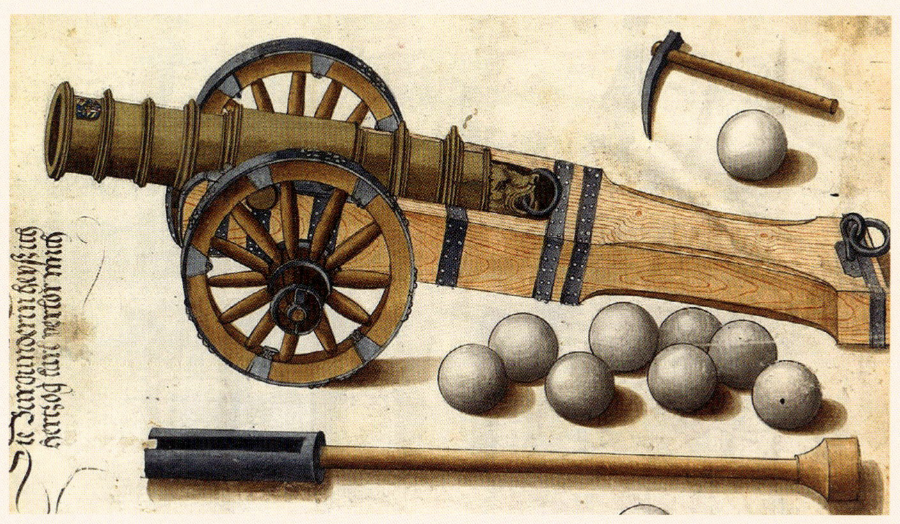

**Waffen**, die mit Schießpulver geladen wurden, revolutionierten ab dem 15. Jahrhundert die mittelalterliche Kriegführung. Insbesondere der Einsatz von Kanonen führte dazu, dass Mauern und hoch aufragende Türme nicht mehr ausreichten, eine Stadt zu schützen. Das Bild zeigt eine Kanone aus dem Zeugbuch Kaiser Maximilians I. von 1501. In Mainz begann die Modernisierung der Stadtbefestigung um 1528 mit neuen Wällen um den Jakobsberg und einem runden Bollwerk in der Nähe der Altmünsterpforte (heute: Bereich Hauptbahnhof).

Das Wettrüsten, die Durchschlagskraft immer wirksamerer Waffen durch immer stärkere Befestigungen auszugleichen, erreichte einen neuen Höhepunkt. Der Festungsbau versuchte, mit den neuen Fern- und Feuerwaffen Schritt zu halten. Es gab unzählige Vorschläge für innovative Systeme und Manieren. Überraschenderweise hielten die Festungsingenieure zunächst an den hohen Mauern, dem Stolz der alten Stadtbefestigungen, fest, obgleich man eigentlich einsehen musste, dass sie mit den hoch aufragenden Türmen den Kanonen gute, aus der Ferne leicht zu treffende Ziele boten. Mit folgenden Änderungen glaubte man schließlich, die Stadtmauern an die Fortschritte der neuen Zeit und der verbesserten Technik anpassen zu können:

1. Die Stadtmauern waren zu dünn und mussten verstärkt werden.
2. Die Türme waren zu hoch und mussten abgetragen werden.
3. Die hölzernen Aufbauten auf den Stadtmauern und Türmen konnten schnell Feuer fangen und mussten beseitigt werden.
4. Die Durchmesser der Türme waren für die eigenen Geschütze zu eng und mussten mit runden Plattformen vergrößert werden.

Mit diesen Zielen entwickelte beispielsweise Albrecht Dürer, der berühmte deutsche Maler, das System der Rundelle. In seinem Festungstraktat von 1527 machte er die Rundelle zu selbstständigen Forts, die den Verlauf der Mauer in bestimmten Abständen unterbrachen und den Graben bestreichen konnten. Auch wenn die Vorschläge von Dürer ebenso wie viele andere Erfindungen von Festungsbauingenieuren nicht alle umgesetzt wurden, so passten sich langsam doch überall die Befestigungssysteme an die veränderten Bedingungen der Zeit an. So auch in Mainz.

Der entsprechende Umbau der Mainzer Stadtmauer begann 1528. Neben den technischen Erfordernissen war Anlass hierfür ein drohender Krieg zwischen dem hessischen Landgrafen Philipp und dem Mainzer Erzbischof Albrecht von Brandenburg. Täglich arbeiteten *»200 bis 300 Geistliche und Weltliche, Junge und Alte, Männer und Weiber, Bürger und Landleute, mit Karren und Wagen«* schrieb ein Chronist über die damaligen Arbeiten an der Stadtbefestigung. Im Mittelpunkt stand dabei der Jakobsberg. Man habe es zum Schutz des Berges, des Klosters sowie der Stadt *»für nöthig gefunden, den um den ganzen Berg laufenden alten Graben wiederherzustellen und ihm eine größere Breite und Tiefe zu geben, hernach einen Wall von einer solchen Dicke und Stärke zu errichten, daß man in ihm (...) Basteyen, Schanzen, Schießlöcher, Brustwehre und andere Arten von Befestigungen anlegen könne«*, beschrieb ein Protokoll des Viktorstifts die damaligen Bauarbeiten.

Eine weitere wichtige Veränderung betraf den Bereich, wo sich die Mauern der Landseite und der Nordwestseite trafen. Hier befand sich ein viereckiger Stadtmauerturm, der einem Angriff mit Feuerwaffen nicht standgehalten hätte. Das obere Stockwerk dieses Eckturms wurde abgetragen, so dass man eine widerstandsfähige und starke Plattform für eine Geschützstellung erhielt. Das neue runde Bollwerk erhielt den Namen *»Neurundel«*. Anpassungen an die Kriegstechnik gab es auch in Richtung Rhein. In den Wehrgängen der Stadtmauer neben dem Peterstor wurden Schlüsselscharten eingebaut, die für die Nutzung von Feuerwaffen ausgelegt waren. Ob entsprechende Arbeiten auch an anderen Abschnitten durchgeführt worden waren, lässt sich nicht nachweisen, ist aber sehr wahrscheinlich.

Soweit ein Umbau der Türme nicht möglich oder zu teuer war, hatten sie ihre militärische Bedeutung zur Stadtverteidigung verloren. Sie dienten seitdem als Gefängnis, Schuld-, Mühlen-, Wasser- oder Pulverturm. Erhalten haben sich bis heute der Alexanderturm auf dem Kästrich sowie am Rhein der Holzturm und der Eisenturm. Diese drei Türme stehen heute isoliert als signifikante, stadtbildprägende Zeugen des mittelalterlichen Mainz.

Es liegt auf der Hand, dass der vereinzelte Umbau der Türme nicht ausreichen konnte, um der zerstörerischen Kraft der Feuerwaffen entlang der ganzen Stadtmauer zu begegnen. Das katholische Mainz musste dies 1552 schmerzlich erfahren. Im Markgräflerkrieg konnte die Stadt den Fußtruppen des protestantischen Markgrafen Albrecht von Brandenburg-Kulmbach keinen Widerstand leisten. Mainz fiel den Angreifern ohne Widerstand in die Hände. Der mit dem bezeichnenden Titel *»Geissel Deutschlands«* geschmückte Markgraf zerstörte Teile der Stadt, plünderte die vor den Stadtmauern liegenden Klöster und zündete diese an. Darunter auch das Kloster St. Alban, dessen Ruinen später noch auf vielen bekannten Mainzer Stadtansichten zu sehen sein sollten. Auch der Dom sollte dem Feuer zum Opfer fallen, doch der Markgraf wurde – so ein Chronist – *»durch die Thränen und Bitten der Bürger davon abgehalten«*.

Spätestens seit diesem Zeitpunkt hätte der Mainzer Erzstift wissen müssen, dass eine neue, zeitgemäße Befestigung erforderlich war. Doch zunächst geschah fast gar nichts und die Bauarbeiten an der Stadtbefestigung ruhten fast sechzig Jahre lang. In der Stadt entstand lediglich zwischen 1601 und 1610 für die Lagerung der Waffen das Alte Zeughaus. Der zweiflügelige Komplex lag auf den Schweineweiden und wird heute als Sautanzgebäude von der rheinland-pfälzischen Staatskanzlei genutzt.

Im weiteren Verlauf des 17. Jahrhunderts spitzten sich die territorialen Streitigkeiten zu. Das Rheinland war immer wieder von feindlichen Truppendurchzügen betroffen. Die Nachbarterritorien modernisierten deshalb ihre Stadtbefestigungen, wie zum Beispiel Hanau, Mannheim, Siegen, Dillenburg, Liebenscheid, Heidelberg, Frankental, Rheinfels, Hohenstein oder Kassel. Erst ganz langsam reifte auch in Mainz der Entschluss, eine neue Befestigung zu bauen. Die Mainzer Erzbischöfe hatten erkannt, dass ihre politischen Spielräume und damit Machtpositionen innerhalb des Reiches verlorengegangen waren. Wegen der veralteten Stadtbefestigung musste sich die kurfürstliche Regierung bei Konflikten immer wieder vorsichtig verhalten und häufig eine nicht immer erfolgreiche Neutralitätspolitik gegenüber der Kurpfalz oder anderen Territorien einnehmen. Mit einer modernen Festung wollte der Mainzer Kurfürst wieder eine aktive Rolle in der Reichspolitik übernehmen. Der Startschuss, die Stadtbefestigung zu modernisieren, war schließlich ein Ereignis, das ab 1618 die Landkarte Europas verändern sollte: Der Ausbruch des Dreißigjährigen Krieges. In einem Krieg mit gut ausgerüsteten Söldnerheeren und mit modernen Feuerwaffen bestand für ein nicht ausreichend befestigtes Mainz eine tödliche Gefahr.

Kurz nach Beginn des Dreißigjährigen Krieges beauftragte Erzbischof Kurfürst Johann Schweikhard von Kronberg den Mainzer Domherrn Adolf von Waldenburg, genannt Schenkherr von Gilgenhofen, mit der Planung eines neuen und zeitgemäßen Befestigungssystems. Die Ergebnisse dieser Planungen finden sich heute im Schweikhard-Waldenburg-Plan, der zwischen 1625 und 1626 fertiggestellt wurde. Dieser Plan, der neben dem Domherrn auch nach dem Erzbischof benannt ist, wird irritierend auch als *»Schwedenplan«* bezeichnet, weil ihn die Schweden zwischen 1632 und 1635 als Kriegsbeute nach Stockholm geschafft hatten. Adolf von Waldenburg schlug vor, die Arbeiten an der kurfürstlichen Stadtbefestigung nicht länger auf einzelne Punkte der Stadtbefestigung zu beschränken. Er hielt es für notwendig, die Stadt mit einer modernen Umwallung zu umgeben. Auch in Mainz hatte sich gezeigt, dass die wenigen Geschützstellungen auf den verbreiterten Türmen zur Verteidigung der Stadt nicht ausreichten und die Wirkung der Geschütze auf den näheren Entfernungen wirkungslos blieb. Deshalb sollten vom Gautor bis zur Martinsburg der Stadtmauer mehrere Erdwälle mit einer ausreichenden Breite für Geschütze vorgelagert werden. Gräben und die hinter der Umwallung hochragende Stadtmauer mit ihren Türmen sollten die Batterien gegen den Nahangriff schützen. Im Nordwesten plante Adolf von Waldenburg einen breiten Wassergraben als unmittelbare Verteidigungslinie vor der Stadtmauer.

Den größten Schwachpunkt der Mainzer Befestigung sah der Planer auf dem Jakobsberg. Hier gab es bereits seit fast dreihundert Jahren Wälle und Gräben, die als Schutz gegen den Einsatz von Feuerwaffen nicht mehr ausreichten. Eine Erneuerung der Verteidigungsanlagen war unumgänglich. Adolf von Waldenburg schlug hierfür eine unregelmäßige, fünfeckige Schanze aus Wällen und bollwerkartig vorspringenden Linien vor, an dessen südlichen Fronten noch je ein Hornwerk angeschlossen werden sollte.

Mit seinem Plan für eine gestaffelte Anordnung von Mauer und Umwallung, verbunden mit tiefen und breiten Gräben, spannte Adolf von Waldenburg eine Brücke zwischen dem alten Stadtmauersystem und dem neuen System der Stadtumwallung. Ungefähr dreizehn Jahre nach Beginn des Dreißigjährigen Krieges schien für Mainz zum wie-

**Die Federzeichnung von Wenzel Hollar** zeigt Mainz noch vor der Besetzung durch die Schweden im Dezember 1631. Der Standort des Betrachters liegt im Bereich des heutigen Stadtparks. Den Vordergrund dominiert auf der Höhe das zerstörte Kloster St. Alban. Die Stadtmauer entlang der Eisgrubfront ist unterbrochen von der Dietherpforte mit ihrem dicken Turm nebst Ecktürmchen. Zu Füßen des Betrachters liegt die später von den Schweden teilweise zerstörte Vorstadt Vilzbach mit dem Gitzturm. Im weiteren Verlauf der Rheinmauer sind rechts neben dem Dom das Eisentor sowie davor der Zoll- und der Holzturm zu erkennen, die beide eine vergleichbare Bauform aufweisen. Am Ende der Stadtmauer bestimmt die Martinsburg als stark ausgebautes Bollwerk und als Residenz des Erzbischofs das Bild des mittelalterlichen Mainz.

derholten Mal ein neuer Abschnitt zu beginnen. Wenn der Schweikhard-Waldenburg-Plan insgesamt verwirklicht worden wäre. Was aber nicht passierte.

Am Anfang sah noch alles gut aus. Als eine der ersten Maßnahmen war die Gaupforte verstärkt worden, ohne dass der genaue Umfang heute noch bekannt ist. Es ist sehr wahrscheinlich, dass auch an der neuen, mit Bastionen versehenen Stadtumwallung gearbeitet wurde. Am Rhein wurde die Hochlauer zwischen Fisch- und Schmidtpforte und die untere Lauer zwischen Rotem Turm und Mühltor umgebaut. Weitere Geschützstellungen wurden am Bockstor und beim Eisernen Tor errichtet. Die meisten der vielen mittelalterlichen Rheinpförtchen und -tore waren zu dieser Zeit bereits geschlossen und vermauert worden, um an den verbleibenden Toren den Warenverkehr wegen der Zollerhebung besser kontrollieren zu können. Jetzt kamen diese Maßnahmen auch der Stadtverteidigung zugute.

Die bedeutendste Veränderung betraf den Jakobsberg. Auf der Grundlage der Pläne von Adolf von Waldenburg entstand hier auf den Resten des alten Walls und des Grabens die Schweikhardsburg. Für diese mussten das Wilhelmiterkloster und die Ruine der Nikomediskirche mit ihrem Kloster weichen. Die Mönche des Benediktinerklosters verloren ihre Äcker, Wiesen und Weinberge am Hang des Jakobsbergs.

Die Grundsteinlegung für die Schweikhardsburg erfolgte am 20. Juli 1620. Chronisten berichten, dass an diesem Tag *»die Arbeiten in vollen Gang kamen und die ganze Bevölkerung von Mainz sich vereinigte, Theil daran zu nehmen. Beamte, Glieder der Universität, Geistliche, Soldaten und Landleute arbeiteten untereinander«*. Diese anfängliche Aufbruchsstimmung ließ allerdings in den Folgejahren nach, so dass die Bauarbeiten erst nach ungefähr zehn Jahren abgeschlossen werden konnten. Anders als im Plan ursprünglich vorgesehen, war dabei aus Kostengründen auf den Bau der beiden südlichen Hornwerke verzichtet worden. Die Schweikhardsburg lehnte sich mit ihrer unregelmäßigen Grundkonzeption an die niederländische Befestigungsmanier an. An jeder der fünf Ecken sprang eine Bastion vor, die als St. Johanns-, Schweikhards-, Adolphus-, Albans- und Martinsbollwerk bezeichnet wurden. Anders als die später an dieser Stelle errichtete Zitadelle war die Schweikhardsburg nicht aus Steinen gebaut, sondern sie war ein reines Erdwerk. Für die damalige Zeit stellte sie ein modernes Festungswerk dar, das im Verbund mit den anderen geplanten Umbaumaßnahmen auch einem Massenheer des Dreißigjährigen Krieges erfolgreich hätte Widerstand leisten können.

Soweit kam es jedoch nicht, weil der seit 1626 regierende Kurfürst Georg Friedrich von Greiffenklau die Modernisierung der Stadtbefestigung stoppte. In Mainz ging man davon aus, dass die Stadt nach dem siegreichen Vormarsch Wallensteins zur Ostsee vom großen Krieg verschont bleiben würde. Der Mainzer Kurfürst richtete seinen Blick jetzt wieder auf die schönen Dinge. Zehn Jahre nach dem Beginn des Dreißigjährigen Krieges entschloss sich Georg Friedrich von Greiffenklau, eine neue Residenz, das heute noch bestehende kurfürstliche Schloss am Rhein zu bauen. 1627 begannen dort die Bauarbeiten. Bevor die ersten acht Fensterachsen des Rheinflügels vollendet waren, änderte sich der Kriegsverlauf. Und nicht nur der Kurfürst musste jetzt erkennen, dass mit dem Geld für das neue Schloss besser die Stadtbefestigung weiter modernisiert worden wäre.

Am 6. Juli 1630 landeten die Schweden mit ihrem König Gustav Adolf auf Usedom. Am 17. September 1631 besiegten sie bei Breitenfeld nördlich von Leipzig die kaiserlichen Truppen und zogen noch Süddeutschland. Anfang Oktober 1631 eroberten sie mit Aschaffenburg eine Residenzstadt des Mainzer Erzbischofs. Am 21. Dezember 1631 erreichten sie den Rhein und überquerten ihn bei Oppenheim. Die Schwedensäule im Naturschutzgebiet Kühkopf-Knoblochsaue erinnert heute noch an das Ereignis. Kurze Zeit später stand Gustav Adolf vor den Toren von Mainz. Der Dreißigjährige Krieg war in der Stadt angekommen. Einer Stadt mit nicht fertiggestellten Befestigungsanlagen.

**Abb. nächste Seite**
Mainz auf einem **Kupferstich von Matth. Merian**, 1633. Dieser zeigt die Stadt mit ihren mittelalterlichen Befestigungen in ihrer ganzen malerischen Wirkung. In einem Halbkreis umfasst die Stadtmauer mit ihren hochaufragenden Türmen die Stadt. Vor der langgezogenen Mauer entlang des Rheins sind mit ausspringenden Winkeln mehrere Bollwerke zu erkennen, die mit Kanonen bestückt sind. Die schwedische Rheinbrücke verbindet zwischen dem Holztor und der Maaraue beide Ufer. Im Süden der Stadt sind auf dem Jakobsberg der Drususstein und das Benediktinerkloster von der Schweikhardsburg mit ihren fünf Bastionen eingerahmt.

ARCHIEPISCOPAL
Schiff brücken.
F L
1 Die Newe Schantz. bey S. Alban.
2 Die Alte Schantz. auff S. Iacobs Berg.
3 Der Eichelstein.
4 Heylig Creutz.
5 S. Niclaus.
6 S. Catharina Spitol.
7 S. Sebastian.
8 S. Ignatij.
9 Holtzport.
10 Augustiner.
11 S. Mauritz
12 S. Steffan
13 Gauport
14 Iohanniter Hauß
15 Vnser L. Frawen
16 Der Dom S. Martin.
17 S. Iohanni Bapt.
18 S. Agnes.
19 Das Rahthauß.
20 Dominicaner.
21 Iesuiter.
22 Iesuiter New Colegio
23 Eisenthörlein
24 S. Quintin.
25 S. Christoffel.
26 Carmeliten.
27 S. Emmeran.
28 S. Clara.
29 S. Maria vndern Münster.
30 Teutsch Hauß
31 Schloßkirch.
32 S. Petter.
33 Cantzley.
34 Der Newbaw.
35 Das Schloß, S. Martinsburg.
36 Das Läger.

MOGUNTIA
Der
Cassell.

## Die Martinsburg, ein Wahrzeichen der Stadt

Die Martinsburg war mehr als dreihundert Jahre neben dem Dom eines der markantesten Wahrzeichen von Mainz. Erzbischof Diether von Isenburg hatte sie zwischen 1478 und 1481 als neue Residenz, aber auch zum Schutz gegen einen weiteren Aufstand der Bürgerschaft, gebaut. Der Schwerpunkt der Befestigungen lag deshalb auf der Stadtseite. Die beiden wuchtigen Rondelle **(1)** hinter dem Wassergraben hatten einen Durchmesser von 18 m. Die Schießscharten in den ca. 3 m starken Mauern waren für leichte Feuerwaffen eingerichtet. Ein turmartiger Aufbau befand sich über dem äußeren Tor **(2)**. Die repräsentative Seite der Martinsburg befand sich am Rhein, wo die hochaufragende Kernburg **(3)** als abgewinkelte Zweiflügelanlage bereits von weitem zu sehen war. Die Stadtmauer **(4)** setzte im Norden und im Süden an die Martinsburg an. Ihre verhaltenen Renaissanceformen erhielt die Martinsburg bei ihrem Wiederaufbau nach den Zerstörungen im Markgräflerkrieg von 1552.

**Abb. oben**
**Martinsburg um 1806** kurz vor dem Abriss auf einem Aquarell von Franz Graf von Kesselstadt. Links an die Martinsburg schließt sich der Rheinflügel des Kurfürstlichen Schlosses und der Kanzleibau mit geschweiftem Giebel an. Das Schlosstor führte in Verlängerung der Großen Bleiche unter dem Kanzleibau durch zum Rhein.

**Abb. oben**
**Die Martinsburg** wurde 1807 auf Befehl von Napoleon abgerissen und ihre Steine für den Bau des Freihafens verwendet. Erhalten blieben in der Grünfläche vor dem Rheinflügel des Schlosses wenige Sandsteinblöcke. Die Steine dokumentieren die Lage des südlichen Eckturms (oranger Pfeil auf dem rechten Bild).

**Abb. links**
**Kurfürstliches Schloss** mit den Resten der Martinsburg in der Grünfläche neben dem Eingang (oranger Pfeil).

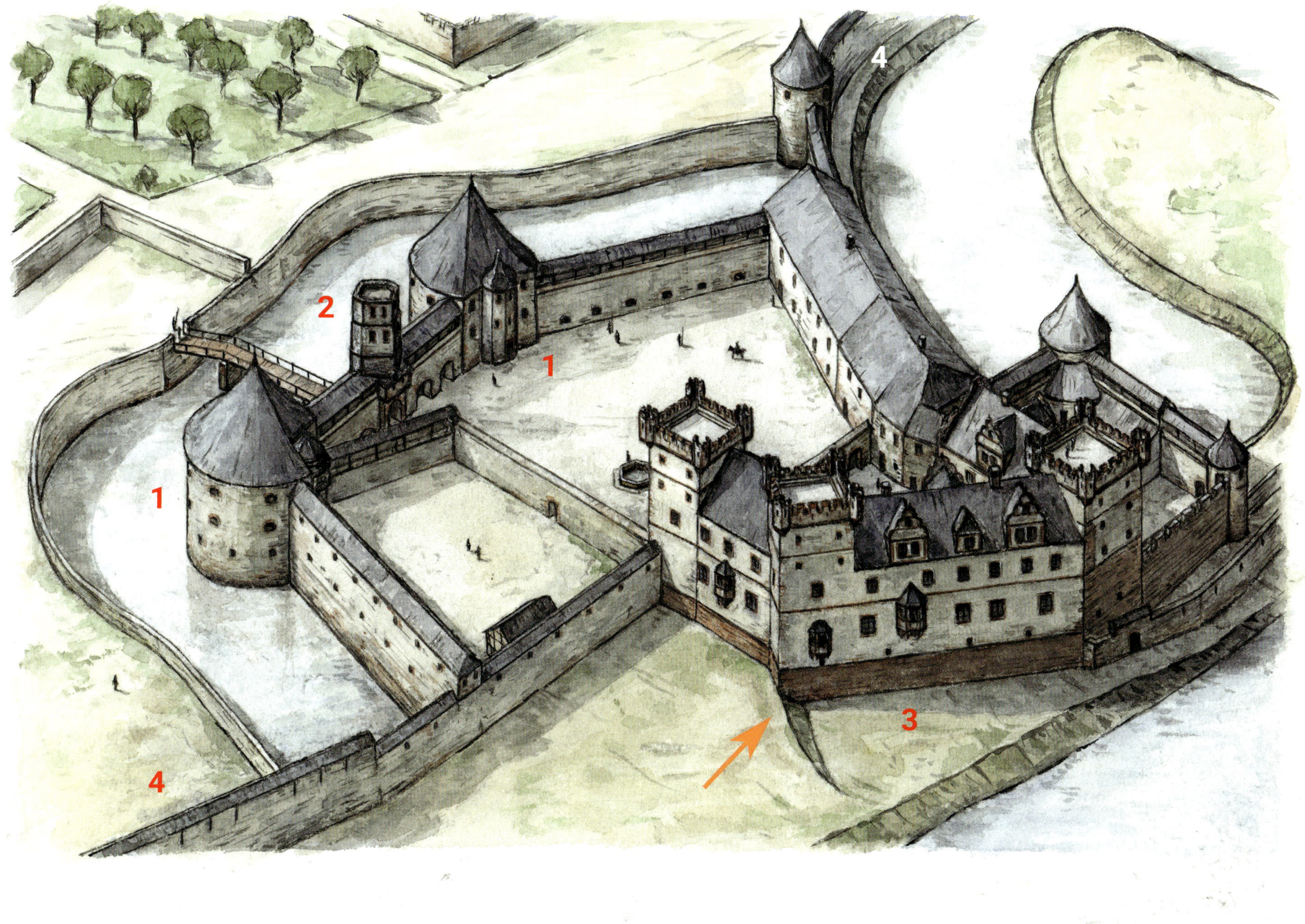


**Abb. oben**
**Martinsburg im Ausbauzustand** um 1570. Drei mit Zinnen bewehrte Turmbauten prägten das Bild einer gut befestigten Renaissanceresidenz.

## Die Schweikhardsburg, das Bollwerk auf dem Jakobsberg

Um 1050 bauten die Benediktiner auf dem Jakobsberg ihr Kloster. Die militärische Aufrüstung der vor der Stadt liegenden Anhöhe begann 1328, als das Kloster mit Wällen und Gräben umzogen wurde. Nach der Erfindung von Feuerwaffen reichten diese Befestigungen zum Schutz der Stadt nicht mehr aus. Sie wurden ab 1620 durch die Schweikhardsburg ersetzt. Die fünf Bastionen erhielten die Namen St. Johanns-Bollwerk **(1)**, Schweikhards-Bollwerk **(2)**, Adolphus-Bollwerk **(3**, heute noch erhalten**)**, Albans-Bollwerk **(4)** und Martins-Bollwerk **(5)**. Die Schweikhardsburg war mit dem runden Neidhartsturm am Eingang des Klosters **(6)** und dem in Richtung Stadt gelegenen Neudeckerturm **(7)** mit den beiden äußeren Stadtmauern und später mit den schwedischen Wallanlagen **(8)** verbunden. In der Mitte der Befestigungsanlage stand weiterhin das Kloster **(9)** und der Drususstein **(10)**. Um die Schweikhardsburg verlief ein breiter Graben **(11)** mit einem vorgelagerten gedeckten Weg **(12)**. Nach dem Ende des Dreißigjährigen Krieges wurde die Schweikhardsburg durch die viereckige Zitadelle ersetzt.

**Abb. oben**
Rest des heute noch erhaltenen **Adolphus-Bollwerks** der Schweikhardsburg innerhalb der Zitadelle zwischen der Bastion Alarm und dem Kommandantenbau.

**Abb. links**
Aquarell mit der **Ansicht des Klosters** von Osten in der Chronik des P. Pantaleon Rupprecht von 1780. Bei der Belagerung von Mainz wurde das Kloster 1793 zum größten Teil zerstört.

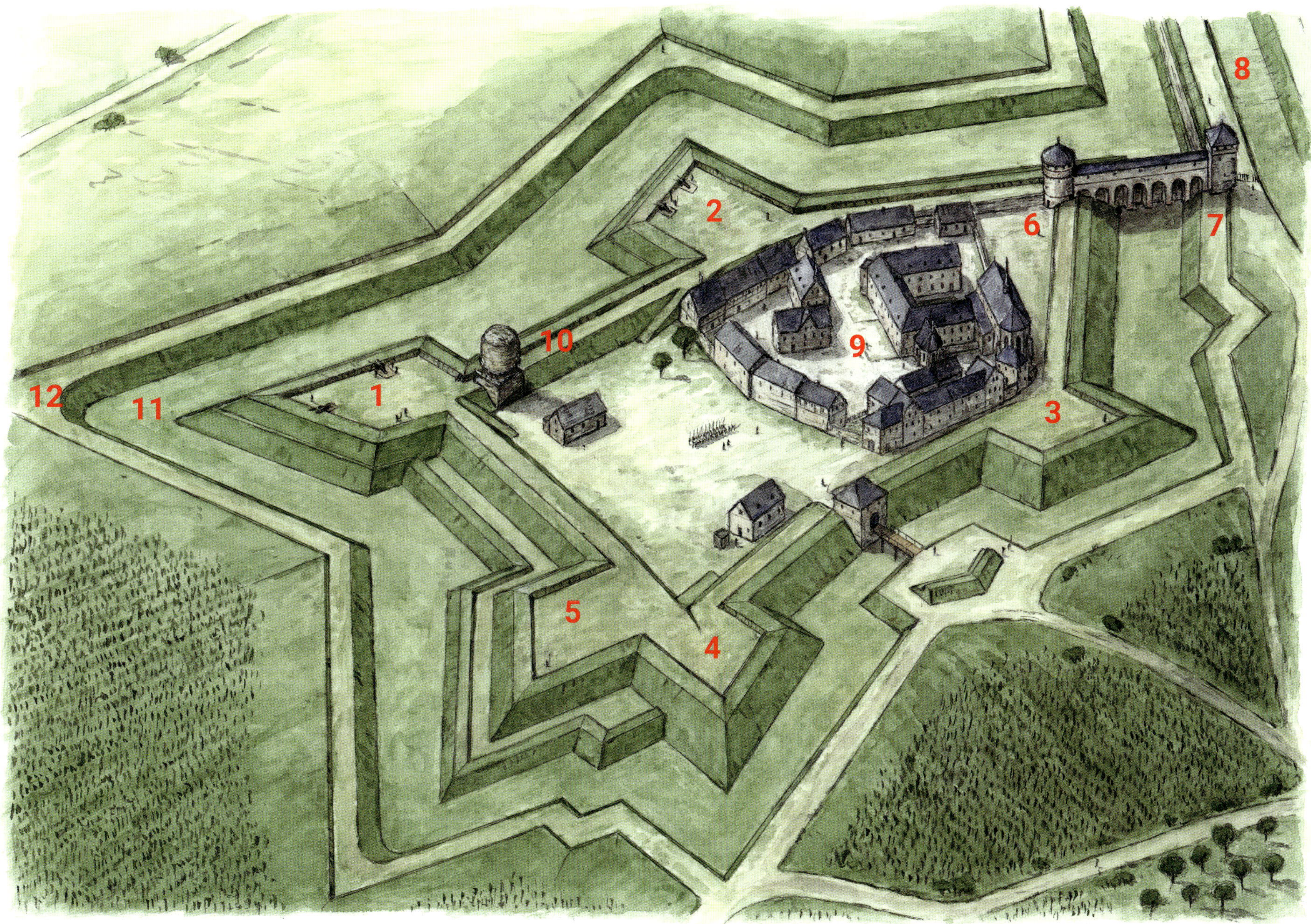


**Abb. oben**
**Schweikhardsburg um 1632** mit den fünf Bastionen und dem Benediktinerkloster.

## Der Schweikhard-Waldenburg-Plan

Während des Dreißigjährigen Krieges legte der Mainzer Domherr Adolf von Waldenburg im Auftrag des Kurfürsten Johann Schweikhard von Kronberg einen Plan für eine neue, zeitgemäße Befestigung von Mainz vor. Danach sollten der Stadtmauer entlang des Kästrich vier Bastionen, an der Nordwestseite bis zum Peterstor drei und eine halbe Bastion und zum Schutz der Martinsburg ein kurzer Wall in Form einer halben Bastion vorgelagert werden. Die ganze Stadtmauer sollte bestehen bleiben und im Nordwesten durch einen breiten Wassergraben gesichert werden. Trotz des Krieges setzte der Kurstaat diese Planungen mit Ausnahme der Schweikhardsburg nicht um. Kurze Zeit später eroberten die Schweden die nicht ausreichend geschützte Stadt.

**Abb. oben**
**Ausschnitt des Kupferstichs von Matth. Merian**, 1633, mit der Martinsburg und dem Schloss, auf dem nur die beiden ersten Obergeschosse bis zum Dachtrauf fertiggestellt sind. Für die Erweiterung der Martinsburg um den repräsentativen Schlossflügel war 1628 die Stadtmauer vor den Burghöfen abgerissen worden. Neben und links hinter der Martinsburg sind vor der Stadtmauer im Nordosten die ab 1631 errichteten schwedischen Wallanlagen zu sehen.

**Abb. oben**
**Wappenstein** im Inneren des Haupttors zur Zitadelle, der an den Planer und Erbauer der Schweikhardsburg, Adolph von Waldenburg, erinnert.

**Abb. oben**
**Schweikhard-Waldenburg-Plan** von 1625/26. Die Schweden nahmen den Plan nach der Eroberung von Mainz 1631 mit nach Stockholm, weshalb dieser heute auch als Schwedenplan bezeichnet wird.

# 3

# MAINZ IM BAROCK

## (1631 bis 1792)

**Bild auf der linken Seite:**
**Das Gartenfeld mit der Bastion Paul, dem Stauwerk und einem Ravelin, 1780**
Reproduktion nach Chr. G. Schüz

# **DIE SCHWEDISCHE STADTUMWALLUNG** (1631 bis 1656)

Der Heiligabend 1631 war für Mainz ein ganz besonderer Tag. Und das hatte weniger damit zu tun, dass die Mainzer in weihnachtlicher Stimmung waren und sich auf die kommenden Festtage freuten. Das Gegenteil war der Fall. Mainz war zum ersten Mal seit mehreren hundert Jahren wieder von einem fremden Staat besetzt worden. Die Schweden hatten die kurfürstliche Stadt erobert und ihr König Gustav Adolf war prunkvoll in Mainz eingezogen. Sein Ziel war es, so beschreibt es Hermann-Dieter Müller in seinem Buch zur damaligen Zeit, seine Glaubensbrüder zu befreien und Mainz zu einem Zentrum eines protestantischen Reichs in Deutschland zu machen. Ob das erzkatholische Mainz auch Hauptstadt und Regierungssitz des neuen evangelischen Deutschlands werden sollte, ist bis heute nicht geklärt. Die Frage kann auch offen bleiben, denn die Pläne des schwedischen Königs gingen nicht auf. Die Schweden blieben nur vier Jahre in Mainz. Als sie im Januar 1636 abzogen, war ihr König bereits in der Schlacht bei Lützen gefallen und Mainz war eine zerstörte und ausgeplünderte Stadt. Doch schauen wir zurück.

Im Jahr 1618 hatte der Dreißigjähre Krieg begonnen, von dem Mainz zunächst verschont blieb. Ungefähr in der Mitte des Krieges hatten die protestantischen Schweden in das Kriegsgeschehen eingegriffen. Der schwedische König Gustav Adolf war am 4. Juli 1630 an der pommerschen Küste gelandet und hatte in der Folgezeit einige Schlachten gewonnen. Mainz glaubte zu dieser Zeit, dass der Krieg auf Norddeutschland beschränkt bleiben und deshalb keine Auswirkungen auf den Kurstaat haben würde. Das änderte sich ein halbes Jahr später, als Frankreich im Januar 1631 die Schweden finanziell zu unterstützen begann. Für Mainz bedeutete das eine unmittelbare Kriegsgefahr.
Vor diesem Hintergrund begannen die Mainzer im April 1631 die Stadt auf eine Belagerung vorzubereiten. Schnell zeigte sich, dass die Stadtbefestigung mit der Schweikhardsburg allenfalls gegen Angriffe territorialer Gegner gewappnet war. In der Zeit des Dreißigjährigen Krieges mit seinen Massenheeren war dies jedoch zu wenig. Was fehlte, war eine Umwallung der ganzen Stadt mit einer bastionierten Front, wie sie im Grundsatz fünf Jahre zuvor vom Mainzer Domherrn Adolf von Waldenburg geplant, jedoch nicht umgesetzt worden war.
Trotz dieser Mängel versuchte der Kurstaat, die Stadt so gut wie möglich zu sichern. Da ein Angriff der Schweden von der Rheinseite erwartet wurde, verstärkten die Mainzer hier die Stadtmauer und bauten die Schweikhardsburg weiter aus. Die Mainmündung wurde durch eingerammte Pfähle und steinbeladene versenkte Schiffe gesperrt. 80 Kanonen mit 120 Tonnen Pulver wurden auf die Wälle gebracht.

**König Gustav Adolf** im Oktober 1631 auf einem Gemälde von Robert Wilhelm Ekman bei einem Kriegsrat in Würzburg kurz vor der Übergabe der Stadt. Acht Wochen später eroberten die Schweden nach kurzen Gefechten die kurfürstliche Residenzstadt Mainz.

**Abb. rechts**
Mainz um das Jahr 1635

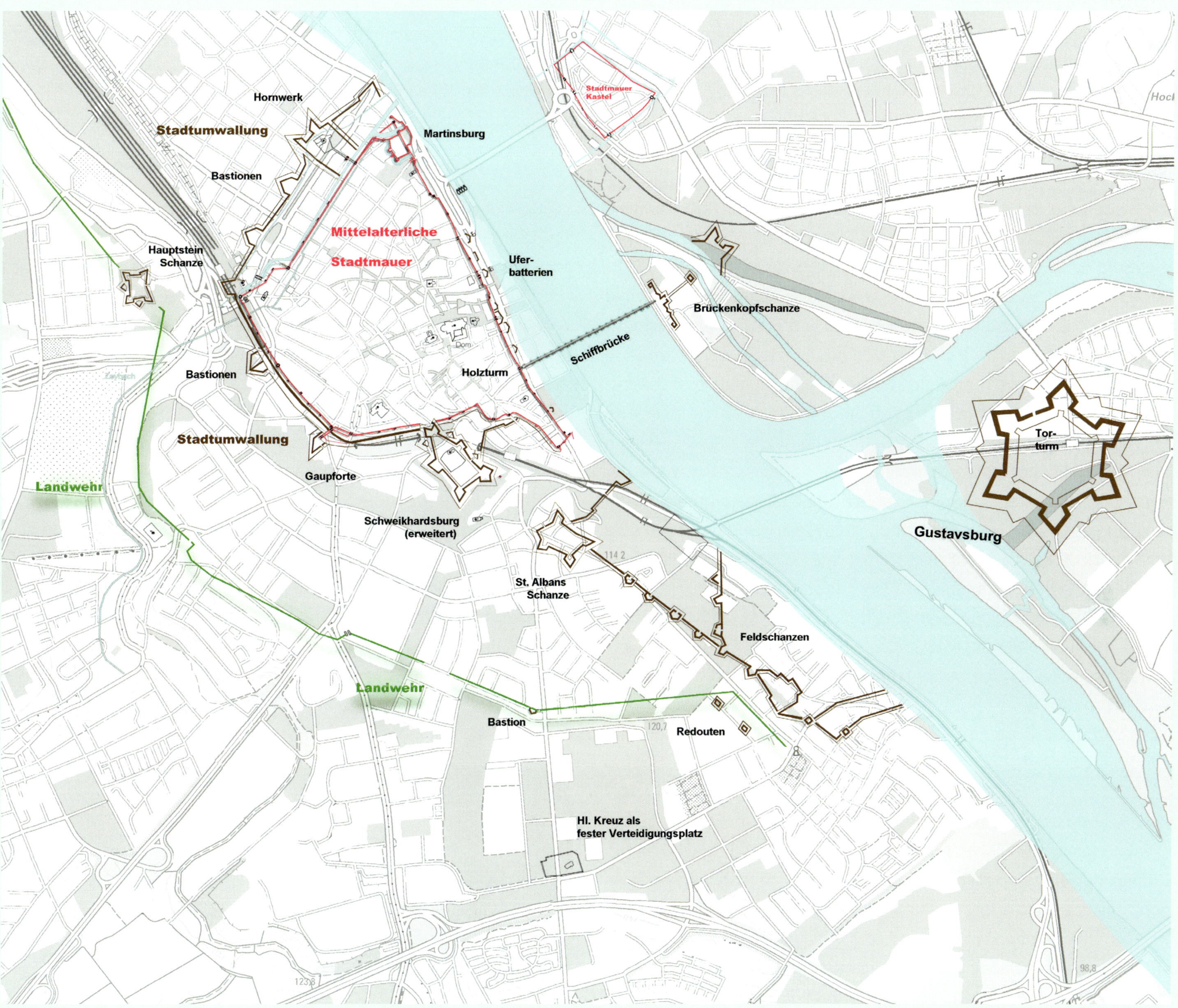
Hornwerk
Stadtumwallung
Martinsburg
Stadtmauer Kastel
Bastionen
Mittelalterliche
Stadtmauer
Hauptstein Schanze
Ufer-batterien
Brückenkopfschanze
Schiffbrücke
Dom
Bastionen
Holzturm
Tor-turm
Stadtumwallung
Landwehr
Gaupforte
Schweikhardsburg (erweitert)
Gustavsburg
St. Albans Schanze
Feldschanzen
Landwehr
Bastion
Redouten
Hl. Kreuz als fester Verteidigungsplatz

Damit hätte die Festung den Schweden zumindest für eine kurze Zeit Widerstand leisten können. Doch so weit kam es nicht, da der Mainzer Kurfürst an anderer Stelle einen strategischen Fehler machte. Um die Mehrzahl seiner kleineren Städte und Dörfer zu sichern, hatte er die ihm zur Verfügung stehenden Truppen auf eine lange Front von Bingen bis Heidelberg sowie auf viele kleinere und größere Garnisonen verteilt. In der Stadt war lediglich eine aus nur 2.000 Söldnern bestehende Garnison verblieben, die durch schnell gemusterte Bürger mit ihren Gewehren verstärkt worden war.

Diese kleine Garnison in Mainz war für das sieggewohnte und glänzend geführte schwedische Heer kein Gegner. Und es kam noch schlimmer. Mainz hatte auf einmal einen Feind innerhalb seiner Mauern. Noch bevor die Schweden in die Stadt einzogen, begannen die hauptsächlich aus Spaniern bestehenden Söldner die Stadt zu plündern. Die Rechtfertigung für dieses Verhalten lieferten die Spanier gleich mit, indem sie deutlich vernehmen ließen, sie seien zu schwach, der schwedischen Macht zu widerstehen. Deshalb müsse man nach ihrer Meinung *»aus zwei Uebeln das geringste wählen. Und weil doch alles den Weg der Plünderung zu gehen habe, so sei es besser, es falle in ihre, als der Feinde Hände, zumal da bei einer solchen Evakuierung [d.h. vorsorglichen Plünderung] der Feind sich nicht lange in der Stadt halten könne, mithin solche bald wieder verlassen müsse, welches daher, wohl betrachtet, noch als eine wahre Wohltat für die Stadt zu erachten sei«.* Was für eine Logik.

Mitte Dezember überquerte Gustav Adolf mit seinem Heer in Oppenheim den Rhein, besiegte dort spanische Truppen und stand am 20. Dezember 1631 vor den Toren von Mainz. Die Schweden verlangten die Übergabe der Stadt, was von den Mainzern abgelehnt wurde. Zwei Tage feuerten die schweren Mainzer Geschütze mit 40 und 70 Pfund schweren Kugeln, begleitet von mehreren Angriffen auf die schwedischen Belagerer. All das blieb erfolglos. Als die Schweden begannen, Mainz aus Richtung Weisenau zu beschießen und an mehreren Stellen die Stadt zu stürmen, war der Widerstand schnell gebrochen. Am 22. Dezember übergab der Stadtkommandant die Stadt an die Schweden.

Der Kapitulationsvertrag mit den Schweden war schnell geschlossen. Die spanischen Truppen erhielten einen freien und ehrenvollen Abzug. Die Bewohner der Stadt begaben sich unter den Schutz von König Gustav Adolf und legten einen Gehorsamseid auf ihn ab.

Für die Schweden war Mainz ein wichtiges Aufmarschgebiet und ein großer Waffenplatz für die endgültige Niederwerfung des Katholizismus in Süddeutschland. Für Gustav Adolf war nicht mehr der Schutz der Bevölkerung oder des Kurstaates, sondern die strategische Sicherung der schwedischen Macht in Deutschland von Bedeutung. *»Unter diesen Umständen geriet die Stadt Mainz in die Rolle eines Objekts der schwedischen Kriegsführung auf Reichsboden«*, so beschrieb Friedrich Kahlenberg zutreffend den Beginn einer neuen Zeit für die Festung Mainz. Was dies für Mainz hätte bedeuten können, wird daran deutlich, dass die Schweden den Mainzer Dom sprengen und an seiner Stelle in der Mitte der Stadt eine mächtige Sternschanze bauen wollten. Verhindert wurde dies alleine durch die Intervention des französischen Königs.

Die Schweden bauten die Befestigung der gesamten Stadt mit einer bastionierten Front zügig aus. Die Bauarbeiten konzentrierten sich zunächst auf das rechte Rheinufer, da die Schweden mögliche Angriffe aus dem Osten erwarteten. An der Mainmündung entstand mit der Gustavsburg das wichtigste Festungswerk der Schweden. Über den

Medaille mit dem Bild des kaiserlichen Generals **Matthias Graf von Gallas**. Dieser hatte von der katholischen Liga den Befehl erhalten, den Kurfürsten von Mainz wieder in den Besitz seiner Residenz und seiner Länder einzusetzen. Zusammen mit den Truppen des Landgrafen von Hessen-Kassel gelang es ihm, das stark befestigte Mainz nach mehrmonatiger Belagerung wieder von den Schweden zurückzuerobern.

Baubeginn hat Friedrich Schiller im dritten Band seiner *»Geschichte des dreyßigjährigen Kriegs«* berichtet. *»Nicht zufrieden, die Stadt auf das stärkste befestigt zu haben, ließ [König Gustav Adolph] auch ihr gegenüber, in dem Winkel, den der Main mit dem Rheine macht, eine neue Citadelle anlegen, die nach ihrem Stifter Gustavsburg genannt, aber unter dem Namen Pfaffenraub, Pfaffenzwang bekannter geworden ist«.*
Die Gustavsburg war ein reines Erdwerk. Sie sollte als vorgeschobene Befestigung die Annäherung eines Feindes auf dem rechten Rheinufer rechtzeitig verhindern, die mainaufwärts gelegene Festung Rüsselsheim verstärken und gleichzeitig den schwedischen Truppen die Möglichkeit verschaffen, ständig die Entwicklung auf dem rechtsrheinischen Gebiet zu beobachten. Das sternförmig angelegte Festungswerk umfasste sechs regelmäßig angeordnete Bastionen. In Erinnerung an den 1632 bei Lützen gefallenen König und dessen Gemahlin erhielten die Bastionen die Namen Gustavus-Adolfus-Rex-Maria-Eleonora-Regina. Die Gustavsburg war durch eine Brücke über den Main mit Kostheim und Kastel verbunden, von wo eine Rheinbrücke zur Stadt Mainz führte, so daß eine schnelle Verbindung innerhalb des Befestigungssystems gegeben war.
Die Abmessungen der Gustavsburg waren nicht nur für die damalige Zeit gigantisch. Der Abstand zwischen zwei gegenüberliegenden Bastionsspitzen betrug über 680 Meter. Die Gräben waren vor den Bastionen 30 Meter breit. Anders als auf vielen Ansichten dargestellt, handelte es sich dabei um keine Wassergräben und es gab vor den Kurtinen auch keine Ravelins. Dies zeigt sich auf genauen Plänen, die im 19. Jahrhundert für den Bau der Eisenbahn angefertigt wurden. Das Tor der Gustavsburg befand sich in Richtung Kostheim.
Das Baumaterial und die Steine für die Gebäude holten die Schweden größtenteils aus den rechtsrheinischen Ruinen von St. Alban und St. Viktor. Nicht nur Mainzer Bürger, sondern auch die Bauern der benachbarten Gebiete wurden mit ihren Pferden zum Bau dieses gewaltigen Festungswerks herangezogen. Mehr als 1.600 Mann stellten die Anlage innerhalb eines Jahres fertig. 1633 erhielt die Festung Stadtrechte. Der Innenraum war für 600 Häuser und eine Kirche vorbereitet. Jedem, der sein Haus innerhalb der Gustavsburg bauen wollte, versprachen die Schweden, 20 Jahre frei von allen Lasten zu bleiben. Trotzdem blieb die Gustavsburg weitgehend unbesiedelt,
Das rechte Rheinufer mit der Gustavsburg war mit der anderen Seite durch eine militärische Schiffbrücke verbunden, die das Mainzer Ufer am Holztor mit der Maaraue verband. Es war die erste Brücke über den Rhein seit der Zeit von Karl dem Großen. Gesichert wurde diese Brücke durch eine Brückenkopfschanze auf der Maaraue mit einem kleinen Reduit und einem größeren Hornwerk.
Auf der linken Rheinseite bauten die Schweden die erste Stadtumwallung von Mainz und ersetzten damit die Stadtmauer als vorderste Verteidigungslinie. Anstelle des beim Bau einer Stadtmauer gültigen Prinzips der Überhöhung des Verteidigers über die Annäherung des Angreifers trat jetzt der Grundsatz, sich mit allen Verteidigungskräften dem Einblick des Gegners zu entziehen und dessen Waffen nach Möglichkeit keine Flächen zum direkten Beschuss zu bieten.
Die bereits von den Mainzer Kurfürsten fertiggestellte, mit einem Wall versehene Schweikhardsburg übernahmen die Schweden als ihren linksrheinischen Hauptstützpunkt und integrierten sie als Angelpunkt der ersten Mainzer Stadtumwallung. Zu diesem Zweck bauten sie einen Verbindungswall bis vor die Dietherpforte und verstärkten die Schweikhardsburg auch in Richtung Stadt. Dafür schleiften die schwedischen Festungsbauer den Neidharts- und den Neudeckerturm sowie einen davorliegenden längeren Abschnitt der inneren Stadtmauer und schoben eine Tenaille vor das fünfte Eck der Schweikhardsburg in Richtung des Windmühlenberges. Damit nicht genug. Um die Schweikhardsburg im Vorfeld zu schützen, wurde der Albansberg mit dem 1552 zerstörten Stift St. Alban ebenfalls mit einer dem Gelände angepassten bastionierten Schanze versehen und mit Wällen und Gräben umfasst. Von dort zog sich dann ein Wall bis zum Rhein außerhalb des zu diesem Zeitpunkt stark zerstörten Vorortes Vilzbach. Eine zweite, vom Albansberg beginnende Linie umschloss sogar Weisenau. Diese Linie bestand aus einem in südlicher Richtung verlaufenden Wall, der mit mehreren kleinen Bastionen verstärkt war. Davor befanden sich noch

zwei kleine Redouten. Zwischen Weisenau und der Stadt strebte eine weitere verschanzte Linie senkrecht zum Rhein mit stadtwärts gerichteten kleineren Schanzen. Die Festungswerke um Weisenau waren in erster Linie Feldstellungen und kleiner dimensioniert als die Mainzer Stadtumwallung. Sie sollten im Falle eines feindlichen Einbruchs das Dorf Weisenau schützen und die Möglichkeit schaffen, den Gegner von Weisenau und von der Stadt aus ins Kreuzfeuer zu nehmen. Mit der Befestigung des Albansberges und der Festungslinie nach Weisenau erhielt der südliche Zugang zur Stadt mit der Neutorfront erstmals einen großzügigen Festungsschutz, der bis nach dem Ende des Ersten Weltkrieges erhalten bleiben sollte.

Erhebliche Veränderungen gab es auch an der Landseite der Mainzer Stadtbefestigung. Die neuen Festungswerke sollten die Stadt nicht nur vor einem möglichen artilleristischen Angriff bewahren, sondern auch die Ausfallstraße in Richtung Bingen bedecken und den Verteidigern die Möglichkeit geben, einen Angreifer von der Stadt selbst entfernt zu halten und ihn schon früh bei seiner Annäherung zu stören. Vom Gautor bis zum Ende der Kästrichfront schleiften die Schweden die beiden äußeren Mauern und legten den neuen Wall an, den sie mit je

**Söldner aus dem Dreißigjährigen Kriege** auf einer Zeichnung von Albert Kretschmer. Während dieses Krieges wurden die Kämpfe nicht mehr von den Landsknechten des 15. Jahrhunderts, sondern von Söldnerheeren bestimmt. Die Söldner mussten sich selber ausrüsten und kämpften für die Seite, die am meisten und zuverlässigsten bezahlte.

einer Bastion um die äußere Gaupforte und vor dem Runden Windmühlenturm verstärkten. Das sich in der Nähe befindliche, einhundert Jahre vorher gebaute Neurundel wurde durch ein kleines, rechteckiges Erdwerk für die Artillerie ersetzt. An dieses schloss sich die mit zwei Bastionen verstärkte Nordwestfront an, die sich in Richtung Rhein vor St. Peter zu einem mächtigen, ins Gelände ausgreifenden Hornwerk ausbildete und am Rhein vor der Martinsburg wieder mit einer Bastion endete.

Vom Rhein aus hatte man einen guten Blick auf den Hauptstein. Dort durchbrachen die Schweden den Verlauf der Landwehr und bauten eine bastionierte Schanze wie auf dem Albansberg. Weit vor der Landwehr wurde die Stiftskirche Heilig-Kreuz zu einem festen Verteidigungsplatz umgestaltet.

Im Frühjahr 1635 begannen die kaiserlichen Truppen ihre Gegenoffensive, um das Rhein-Main-Gebiet wieder zurückzuerobern. Die schwedische Garnison mit ihren nur noch 6.000 Mann war zu klein, um Mainz mit Aussicht auf Erfolg dauerhaft gegen einen Angriff von allen Seiten verteidigen zu können. Die Festung war allerdings so stark ausgebaut, dass es den kaiserlichen Truppen trotz mehrmonatiger Belagerung nicht gelang, die Stadt zu erobern. Dabei erfüllte die Gustavsburg mehrere Monate lang ihre Aufgabe, die Mainmündung zu sperren und die kaiserlichen Truppen vom rechten Rheinufer fernzuhalten. Schwieriger war die Lage für die Schweden auf dem linken Rheinufer. Hier konnten die kaiserlichen Truppen die schwedische Festungslinie um Weisenau erobern und unter deren Schutz von den Höhen die andere Rheinseite und die Stadt mit Artillerie beschießen. Für die Entscheidung sorgte schließlich die schwierige Versorgungslage der Stadt. Einige Zeit hatten die Schweden sich noch dadurch behelfen können, dass sie die zahlreichen leeren Häuser der ganzen Stadt plünderten und das Mobiliar, die Dächer sowie die Balken zu Brennholz zerhackten. Letztendlich mussten die Schweden aber kapitulieren. Am 17. Dezember 1635 wurde ein Übergabevertrag formuliert. Nach dem Jahreswechsel zogen am 9. Januar 1636 fast 3.000 Schweden zwischen 11 Uhr und 12 Uhr mit allen militärischen Ehren durch die Dietherpforte unterhalb der Zitadelle ab. Sie ließen ein völlig verarmtes, großenteils durch die Pest entvölkertes und zerstörtes Mainz zurück. In den vier Jahren der schwedischen Besetzung hatte die Stadt etwa 44 Prozent ihrer Einwohner, die Hälfte ihres Kapitals und ein Viertel ihrer Häuser eingebüßt. Mainz war, so ein Chronist, *»mehr mit einem Dorf als einer Stadt zu vergleichen«*. Von den 400 Bürgern, die noch in der Stadt wohnten, waren höchsten 50 noch in der Lage, Steuern zu zahlen. Die übrigen waren *»verderbte Taglöhner und Handwerksleute, die nichts zu verdienen hätten«*, stellte der damalige Chronist abschließend fest.

Wie bereits mehrmals in seiner Geschichte war Mainz wieder eine zerstörte Stadt mit einer nicht unbedingt rosigen Zukunft. Der Dreißigjährige Krieg war lange noch nicht zu Ende und die Schrecken des darauffolgenden Pfälzischen Erbfolgekrieges ließen sich noch nicht erahnen. Es war dann jedoch ein Mainzer Kurfürst, der nicht nur die Stadt-, sondern auch die Festungsgeschichte wieder in neue, ruhigere Bahnen lenken sollte.

**Abb. Seiten 96 und 97**
**Ansicht des befestigten Mainz von der Höhe des Linsenberges** auf einer Radierung von Wenzel Hollar aus dem Jahr 1632. Es handelt sich um die erste und für lange Zeit einzige landseitige Ansicht von Mainz. Gut zu erkennen ist die gewaltige Umwallung, die von den Schweden vor der inneren Mainzer Stadtmauer angelegt wurde. Die mittlere und die äußere Stadtmauer waren für die neuen Befestigungen geschleift worden, darunter auch der Brückenturm der mittleren Gaupforte. Vor der äußeren Gaupforte, links neben dem Alexanderturm sowie an dem Eckpunkt von Kästrich und der Nordwestseite (heute: Bereich Hauptbahnhof) befinden sich vorgelagerte Bastionen. Weitere bastionäre Festungswerke sind entlang der Nordwestfront erkennbar. An der Ecke zum Rhein sind die stadtwärts gewandte Seite der Martinsburg und der Kran zu sehen, der für den Bau des neuen Schlosses genutzt wurde. Auf dem Jakobsberg ist die Schweikhardsburg mit dem Kloster und den beiden Türmen der Stadtmauer zu erkennen. Im Hintergrund zeichnet sich auf der rechten Rheinseite die Gustavsburg ab.

**Abb. Seiten 98 und 99**
**Ansicht des schwedisch besetzten Mainz von der rechten Rheinseite.** Die Gustavsburg ist im Vordergrund als vollständig ausgebaute, allerdings auch unbesiedelt gebliebene Festung mit vollständigem Torturm zu sehen. Auf der gegenüberliegenden Rheinseite liegen der zerstörte Vorort Vilzbach und die Reste des Klosters St. Alban, das von einer Erdschanze umgeben ist. Die Festungslinie zieht sich bis zum Vorort Selenhofen am Rhein. Gut zu erkennen ist die Stadtmauer, die mit ihren Toren und Türmen die Stadt einfasst. An der Martinsburg ist ein Flügel des Schlosses erkennbar, allerdings noch mit einem Baukran und ohne Dach. Auf der gegenüber liegenden Seite des Bildes ragen innerhalb der Schweikhardsburg die Klosteranlagen sowie der Drususstein empor. Die schwedische Schiffsbrücke verbindet die beiden Rheinufer zwischen dem Holzturm und einer neu gebauten Schanze in Kastel. Eine zweite Schiffsbrücke überquert den Main und verbindet Kostheim mit der Gustavsburg.

Die Statt M
ihre befestig

NTZ sampt
zu lantwerdts.

D E R R
Gustavus burg
Mayn
Ben

H E I N

## Schanzen und Wälle vor der Stadtmauer

Spätestens mit Beginn des Dreißigjährigen Krieges boten die Stadtmauern und die hohen Türme keinen wirksamen Schutz mehr gegen den Einsatz von Feuerwaffen. Ein solcher Schutz war nur noch durch breite und tiefe Erdwälle, Schanzen oder Bastionen möglich. Der Wandel von der Stadtmauer zur Stadtumwallung vollzog sich in Mainz durch die schwedischen Besatzungstruppen. Diese bauten eine mit Bastionen verstärkte Festungslinie vor die alte Stadtmauer sowie vorgeschobene Erdschanzen auf dem Albansberg, dem Jakobsberg, dem Hauptstein und im Gartenfeld vor dem Peterstor.

**Abb. oben**
**Kupferstich von Wenzel Holler von 1634** mit einem Blick vom Linsenberg auf das alte St. Petersstift im Gartenfeld mit zweitürmiger gotischer Kirche und das Klostergebäude. Außen um Stadt und Kirche verläuft das von den Schweden 1632 gebaute mächtige Peter-Hornwerk. Innen ist entlang der heutigen Hinteren Bleiche (damals noch unbebaut) die mittelalterliche Stadtmauer mit der inneren Altmünsterpforte sowie mit Brandturm, Taubenturm und Judenturm zu sehen. Im Vordergrund ragt das Oberteil des Viereckigen Windmühlenturms in das Bild.

**Abb. links**
Ruine des 1552 zerstörten Klosters St. Alban auf dem Albansberg mit der von den Schweden angelegten Albansschanze auf einer Lithographie von D. Wasserburg nach einem **Kupferstich von Matth. Merian von 1633**. Der Albansberg diente seit der Schwedenzeit aufgrund seiner Höhenlage mehrere Jahrhunderte nur noch militärischen Zwecken.

**Abb. oben**

**Gesamtansicht von Mainz aus der Vogelschau, Stadtplan um 1635.** Der Kupferstich von Matth. Merian zeigt die von den Schweden ausgebauten Schanzen, Wälle und Bastionen. Die Schweikhardsburg ist in Richtung Stadt erweitert und hat mit einem Zangenwerk die Stadtmauer durchbrochen.

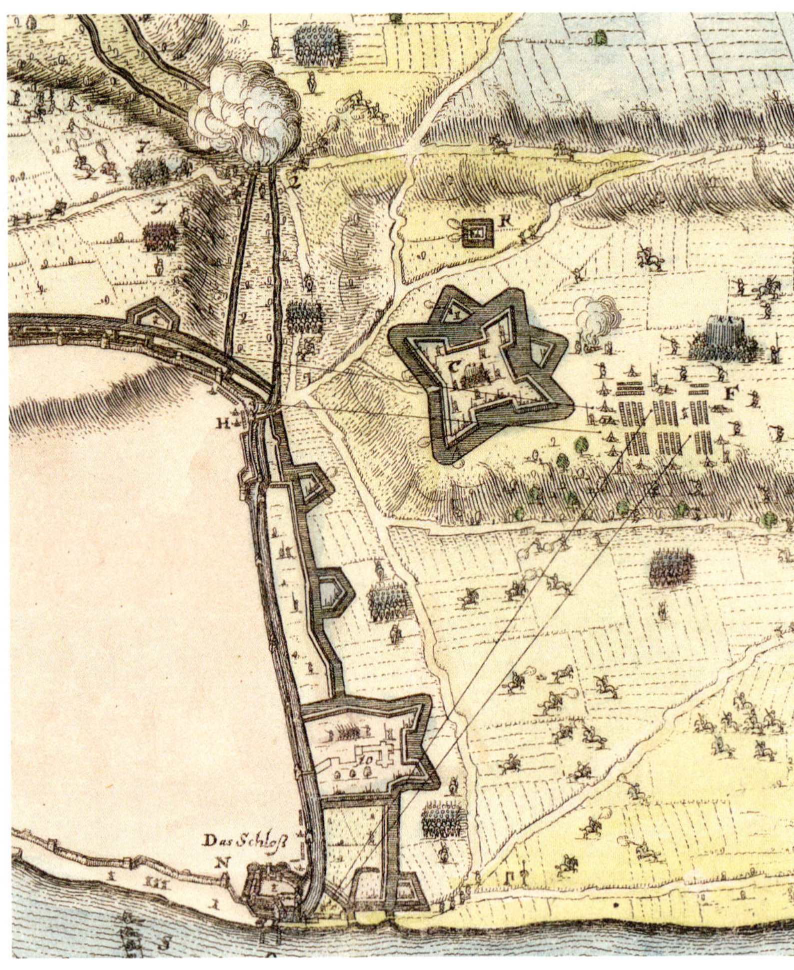


## Die Schanze auf dem Hauptstein

Die Befestigung des Hauptsteins begann mit den Schweden. Diese hatten erkannt, dass die Stadt von den Höhen aus beschossen werden konnte und deshalb gesichert werden musste. Die schwedische Schanze auf dem Hauptstein hatte die Form einer Zitadelle und war ein reines Erdwerk. Jede der vier Seiten war mehr als 200 m lang. Der Abstand zwischen den gegenüberliegenden Bastionen **(1)** betrug ungefähr 350 m. Zur Sicherung der Hauptangriffsseiten befand sich vor der Front und der linken Flanke jeweils ein Ravelin **(2)**. Zur Innenbebauung gehörten einfache Holzbauten und Zelte **(3)**. Nach der Rückeroberung von Mainz durch die kaiserlichen Truppen ließ der Kurstaat die Hauptstein-Schanze ebenso wie die anderen schwedischen Befestigungen verfallen.

**Abb. oben**
Die Hauptstein-Schanze **während der Belagerung von 1635** mit Stellungen und Schusslinien entlang des Gartenfeldes auf einem Ausschnitt des Kupferstiches von Matth. Merian.

**Abb. rechts**
Die Lage der schwedischen Schanze **im heutigen Stadtbild**.

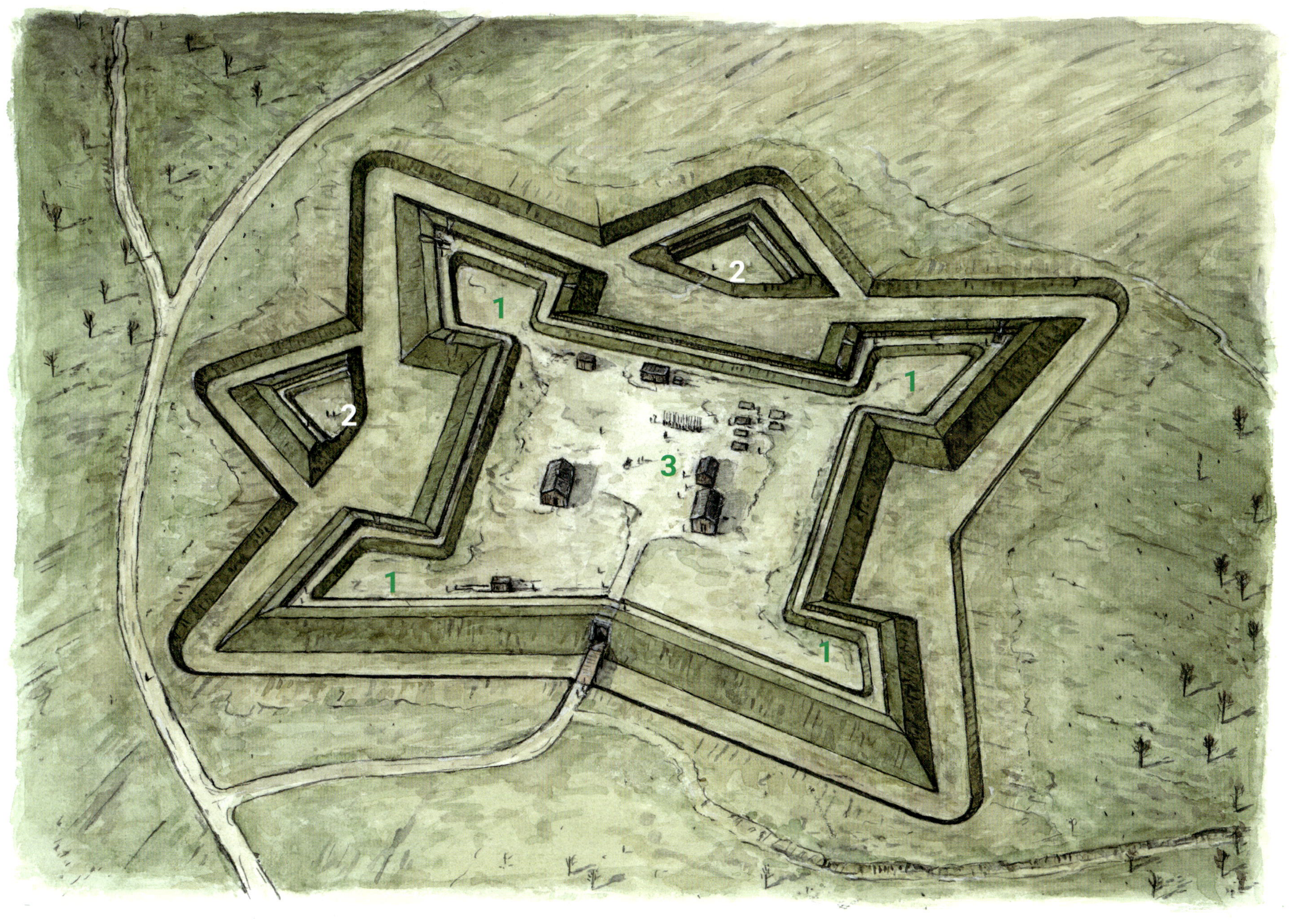


**Abb. oben**
**Schanze** auf dem Hauptstein um 1634.

**Abb. rechts**
Blick auf die Gustavsburg, Kostheim und das schwedische Lager auf einem **kolorierten Kupferstich von Matth. Merian, 1655**. Im Vordergrund ist die Kartaus und ein Teil von Weisenau zu sehen. Das Festungswerk trägt noch den ursprünglich vorgesehenen Namen *»Pfaffenraub«*, eine Spiegelung der religiös aufgeheizten Stimmung der damaligen Zeit.

**Abb. unten**
Burgpark auf dem Gelände der Gustavsburg mit einer **Rekonstruktion des Torturms**. Steingefüllte Drahtkästen zeichnen den Verlauf der ehemals aus Erde ausgeführten Bastionen nach.

## Die Gustavsburg auf der Mainspitze

Nach der Eroberung von Mainz bauten die Schweden auf der rechten Rheinseite innerhalb von einem Jahr die gewaltige Gustavsburg. Das 1633 vollendete Festungswerk wurde im Namen der schwedischen Königin Cristina nach dem in der Schlacht bei Lützen gefallenen König Gustav Adolf benannt. Die Gustavsburg war ein reines Erdwerk, bei dem lediglich der Torturm aus Steinen bestand. Durch den Torturm erfolgte der einzige Zugang zur Festung. Die Festungsanlage bestand aus sechs Bastionen, die zusammen einen sechszackigen Stern bildeten. Der Abstand zwischen zwei gegenüberliegenden Bastionsspitzen betrug über 680 m. Die Gräben vor den Bastionen waren 30 m breit, aber nicht mit Wasser gefüllt. Der Innenraum war für 600 Häuser und eine Kirche ausgelegt. Am 18. September 1635 räumten die Schweden Mainz. 1673 ließ der Mainzer Kurfürst die Anlage schleifen. Bis zum Ende des 19. Jahrhunderts zeichneten sich die Wälle noch deutlich in der Landschaft ab.

**Abb. oben**
Die Lage der schwedischen **Gustavsburg** auf der Mainspitze im heutigen Stadtbild.

## Feldbefestigungen auf der Höhe vor Weisenau

Die Werke der Feldbefestigungen waren reine Erdwerke mit Holzeinbauten. Ihr Grundprinzip war ein Wall-Graben-System, das einen besseren Schutz gegen Feuerwaffen bot als hohe Mauern. Die Erdbewegungen hierfür waren gigantisch. Die Soldaten mussten viele tausend Kubikmeter umfassende Erdmassen mit Hacke und Schaufel ausheben und in Körben abtransportieren. Die Brustwehren wurden mit Holzpfählen verkleidet, um ein Abrutschen der Erde zu verhindern. Wenn man berücksichtigt, dass für einen Kilometer Wall ca. 2.500 Pfähle und 1.500 Querstangen gebraucht wurden, müssen in Mainz und in seinem Vorland mehr als 10.000 Bäume gefällt worden sein. Die rheinhessische Landschaft hat sich dadurch nachhaltig verändert. Überall vor den Toren der Stadtmauer arbeiteten mehrere tausend Soldaten mit Hilfskräften aus der Mainzer Bevölkerung an einer Baustelle, wie sie die Stadt in ihrer Größe bis dahin noch nicht gesehen hatte.

**Abb. oben**
**Feldbefestigung mit schwedischem Wall-Graben-System** an der Ecke des heutigen Volksparks, bei der die Brustwehr mit einer Holzkonstruktion und Faschinen (Bündel aus Zweigen und Ästen) versehen war. Bei den Soldaten handelt es sich um schwedische Musketiere und Pikeniere mit 5,20 m langen Piken.

**Abb. links**
**Schwedische Redoute** oberhalb des Volksparks. Das Festungswerk verstärkte die dahinterliegende Befestigungslinie.

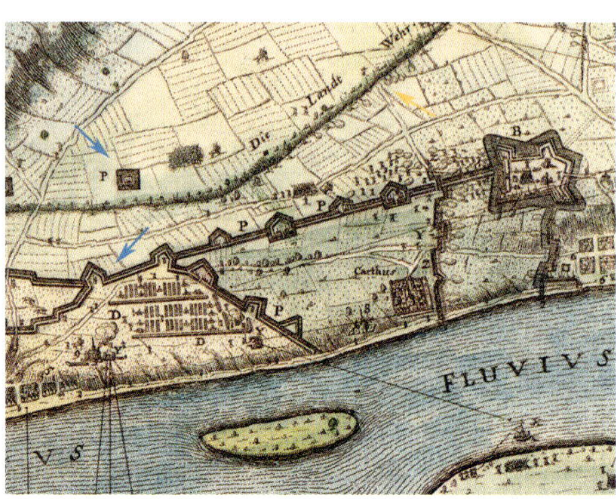


**Abb. links**
Ausschnitt eines Kupferstiches von Matth. Merian, der die Situation der **Belagerung von Mainz** durch die kaiserlichen Truppen im Jahr 1635 zeigt. Die beiden blauen Pfeile zeigen auf die in den Aquarellen rekonstruierten Festungsanlagen. Dazwischen die Mainzer Landwehr (oranger Pfeil).

**Abb. oben**
Verlauf der schwedischen **Festungslinie** in Weisenau im heutigen Stadtbild mit Redoute und Feldbefestigung.

# DIE BASTIONEN DES INNEREN FESTUNGSRINGS (1650 bis 1708)

Auf diesen Tag hatten die Menschen in Europa lange gewartet. Am 24. Oktober 1648 läuteten in Münster und Osnabrück die Glocken und die Einwohner stimmten laut den Choral *»Nun danket alle Gott, mit Herzen Mund und Händen«* an. In beiden Städten war gerade der Westfälische Friede verkündet und damit der Dreißigjährige Krieg beendet worden. Es war das Ende eines Krieges, der nicht mehr von stolzen Rittern, sondern von marodierenden Landsknechten geführt worden war.

Die Bevölkerung in Deutschland war durch den Krieg von 18 Millionen im Jahr 1618 auf 12 Millionen im Jahr 1648 geschrumpft. Die Landbewohner waren um mehr als 40 Prozent, die städtische Bevölkerung um mehr als 25 Prozent zurückgegangen. Besonders hart hatte der Krieg Mainz getroffen. Die Stadt hatte fast 44 Prozent ihrer Einwohner verloren.

Politisch hatte der Westfälische Friede die Machtverhältnisse in Europa verändert. Das Reich wurde durch den Friedensvertrag geschwächt und musste Gebiete an Frankreich und Schweden abtreten. Die neue Ordnung entsprach in erster Linie französischen Interessen. Und weil das Reich Jahrzehnte brauchte, um sich von den sozialen und wirtschaftlichen Folgen des Krieges zu erholen, löste Frankreich das Heilige Römische Reich Deutscher Nationen für die nächsten zweihundert Jahre als Führungsmacht in Europa ab.

Diese Machtverschiebung auf der europäischen Bühne spürte Mainz bereits am Ende des Krieges und war davon unmittelbar auch bis zur Niederlage von Napoleon in Leipzig und Waterloo betroffen. Als die Verträge in Münster unterzeichnet wurden, war Mainz eine von den Franzosen besetzte Stadt. Diese hatten Mainz vier Jahre vor dem Friedensschluss kampflos übernehmen können. Wie bereits während der schwedischen Besetzung herrschte auch diesmal wieder Not und Elend in der Stadt. Die französischen Soldaten mussten verpflegt werden und hohe Abgaben belasteten die Einwohner. Erst 1650 zogen die französischen Truppen wieder aus Mainz ab. Der Dreißigjährige Krieg war damit auch in Mainz zu Ende.

Endlich Friede. Endlich dauerhafter Friede, dachten die Mainzer. Die Hoffnung war allerdings vergebens. Ein Krieg, der alle bis dahin gekannten Kriegsgräuel noch übertreffen sollte, stand erst noch bevor. Und mitten im Kriegsgeschehen standen erneut das mächtige Frankreich und die Festungsstadt Mainz

Im Jahr 1688 und damit genau 40 Jahre nach dem Ende des Dreißigjährigen Krieges begann die neue Schreckenszeit. In der Mitte Europas

Spanische und niederländische Gesandte beim **Frieden von Münster** am 15. Mai 1648 auf einem Gemälde von Gerard ter Borch. Zusammen mit dem darauffolgenden Frieden von Osnabrück am 24. Oktober 1648 fand der Dreißigjährige Krieg damit sein Ende.

**Abb. rechts**
Mainz um das Jahr 1689

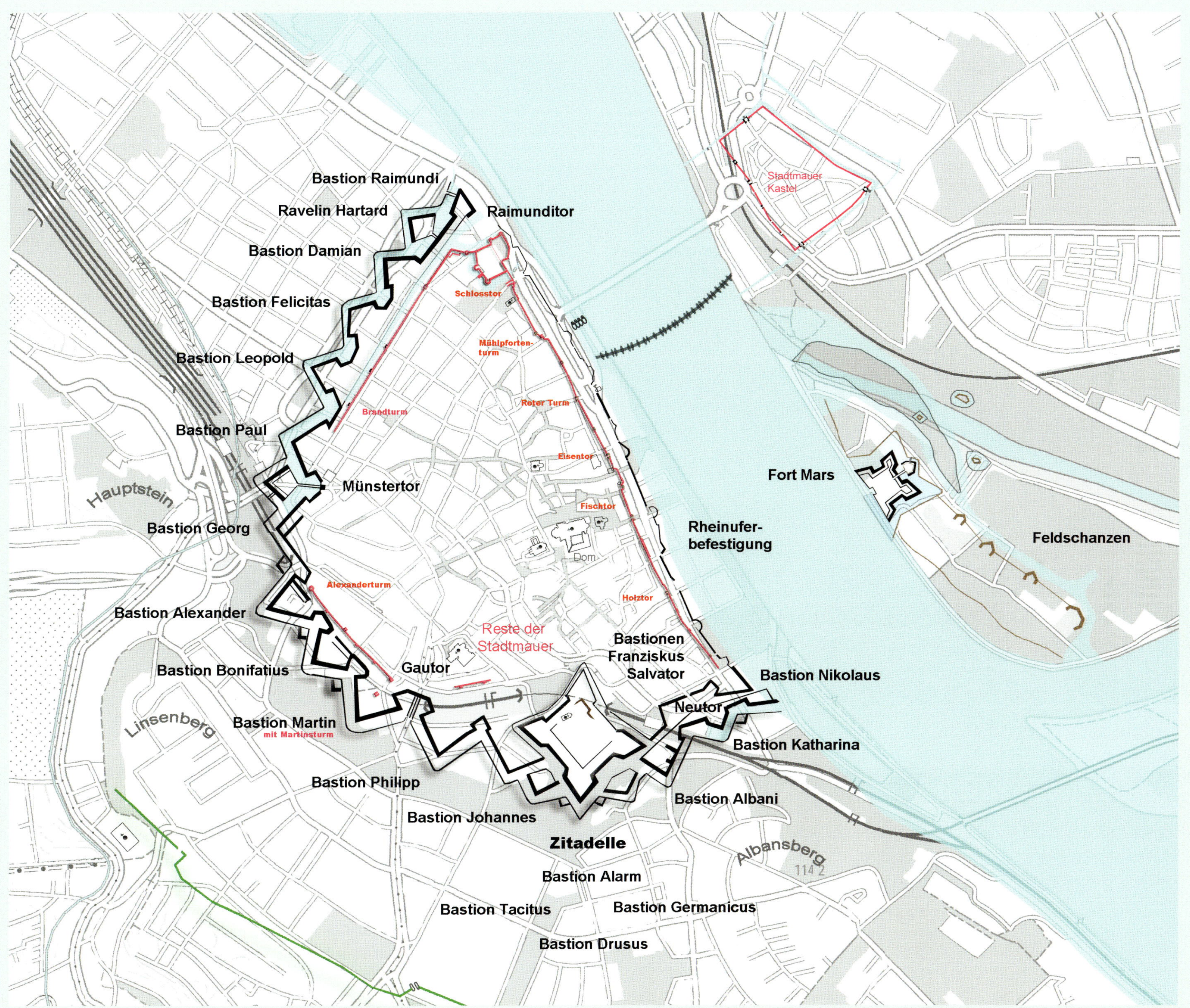
Bastion Raimundi
Ravelin Hartard
Raimunditor
Bastion Damian
Schlosstor
Bastion Felicitas
Mühlpforten-
turm
Bastion Leopold
Stadtmauer
Kastel
Roter Turm
Brandturm
Bastion Paul
Eisentor
Fort Mars
Münstertor
Hauptstein
Fischtor
Bastion Georg
Rheinufer-
befestigung
Feldschanzen
Dom
Alexanderturm
Holztor
Bastion Alexander
Reste der
Stadtmauer
Bastionen
Franziskus
Salvator
Gautor
Bastion Bonifatius
Bastion Nikolaus
Neutor
Linsenberg
Bastion Martin
mit Martinsturm
Bastion Katharina
Bastion Philipp
Bastion Albani
Bastion Johannes
Zitadelle
Albansberg
Bastion Alarm
Bastion Tacitus
Bastion Germanicus
Bastion Drusus

war der Pfälzische Erbfolgekrieg ausgebrochen, der mehr als zehn Jahre dauern sollte. Am 24. September 1688 hatten die Franzosen unter ihrem König Ludwig XIV. mit 40.000 Mann den Rhein bei Straßburg überquert. Die französischen Truppen eroberten in den ersten Kriegswochen die Festungen Philippsburg und Frankental sowie Mannheim und Heidelberg. Was folgte, war ein Krieg, wie ihn Europa selten erlebt hatte. Die Franzosen vermieden offene Feldschlachten. Ihre Taktik bestand vielmehr darin, den deutschen Reichstruppen durch gezielte Zerstörungen mit einer Politik der verbrannten Erde keine Operationsbasis zu bieten. Die Folgen dieses Krieges hat Gunter Mahlerweil in seinem Buch über die wechselvolle Geschichte von Rheinhessen eindrucksvoll beschrieben: *»Noch heute sichtbare Ruinen oder die Tatsache, dass in den Städten und Dörfern der Region nur sehr wenige Bauten (...) aus der Zeit vor 1700 zu finden sind, machen deutlich, wie sehr dieser Krieg die Geschichte des Raumes geprägt hat (...). Die Geschichte vieler Städte und Dörfer der Region kann in ein ›Vorher‹ und ›Nachher‹ geteilt werden«*. Und in der Tat. Nicht nur Worms, Oppenheim, Bingen und Alzey, sondern beispielsweise auch Ockenheim, Sprendlingen, Udenheim, Jugendheim, Schwabenheim, Sörgenloch, Ober- und Nieder-Ingelheim, Osthofen, Westhofen oder Nieder-Olm fielen den Flammen des *»französischen Attila, Ludovicus XIV.«* zum Opfer.

Eine Stadt hatte allerdings Glück. Oder besser gesagt: Glück im Unglück. Mainz blieb es als einer der ganz wenigen Städte erspart, vollständig niedergebrannt zu werden. Am 17. Oktober 1688 hatte die Stadt vor den Franzosen kapituliert und diese waren nach 1644 zum zweiten Mal durch das Gautor eingezogen. Doch anders als in Heidelberg, Speyer oder Worms überließen die Franzosen den Dom und das Schloss nicht dem Feuer, sondern sahen in der starken Festung mit ihren Mauern und Wällen einen sicheren Brückenkopf am Rhein. Auch wenn sich diese Hoffnung der Franzosen nach einer Belagerung durch kaiserliche Truppen zerschlagen sollte und die französischen Truppen am 11. September 1689 wieder abziehen mussten, war Mainz davor bewahrte worden, *»gäntzlich eingeäschert«* zu werden. Und der Grund hierfür war die Festung, die zu einer der modernsten in Europa gehörte.

**Ludwig XIV.** auf einem Gemälde von Nicolas-René Jollain. Der französische König begann 1688 den Pfälzischen Erbfolgekrieg, der für die Region um Mainz noch schrecklichere Folgen hatte als der Dreißigjährige Krieg. Innerhalb von zehn Jahren legten die Franzosen Heidelberg, Speyer und Worms sowie fast alle rheinhessischen Orte in Schutt und Asche. Nur Mainz blieb wegen seiner Festung von diesem Schicksal verschont.

Die Festung Mainz hatte in den vier Jahrzehnten zwischen dem Ende des Dreißigjährigen Krieges 1648 und dem Beginn des Pfälzischen Erbfolgekrieges 1688 ein völlig neues Gesicht erhalten. Die Stadtmauern des mittelalterlichen Mainz mit ihren Türmen und Toren waren ebenso wie die schwedische Festung durch einen bastionären, vielzackigen Festungsring ersetzt worden. Die Erfahrungen aus dem Dreißigjährigen Krieg hatten gezeigt, dass hochaufragende Stadtmauern keinen ausreichenden Schutz mehr gegen die moderne Kriegstechnik bieten konnten. Feuerwaffen, die mit Schießpulver geladen wurden, hatten die mittelalterliche Kriegführung verändert. Bei der Artillerie hatten Kanonen die alten Wurf- und Schleuderwaffen ersetzt. Vorderlader wie Arkebusen und Hakenbüchsen waren als Handfeuerwaffen an die Stelle von Pfeil und Bogen sowie der Armbrüste getreten. Dies hatte Einfluss auf die Verteidigungssysteme und damit auf die Festungsanlagen.

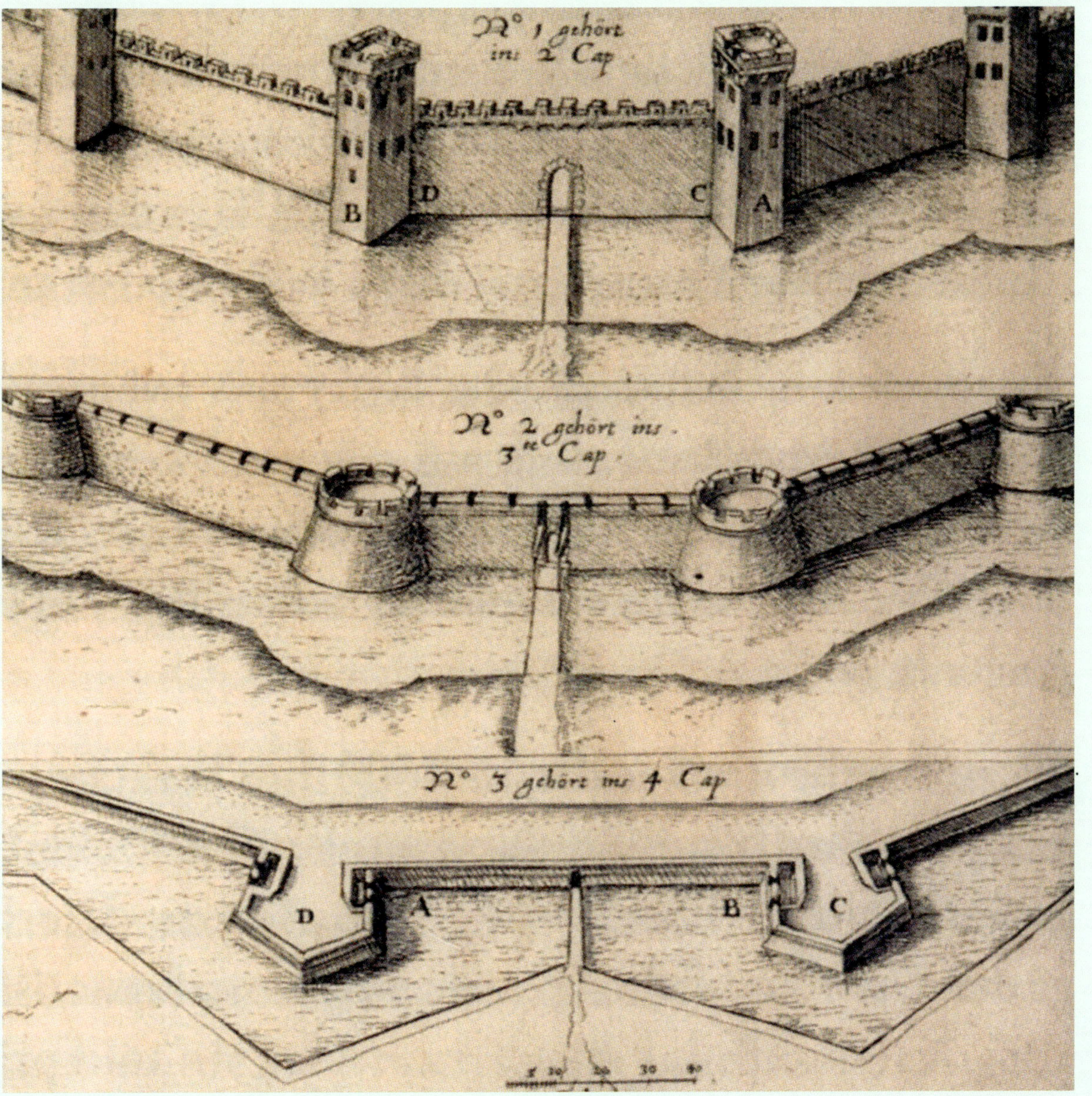


Die vielen Türme, die in Mainz noch beim Beginn des Dreißigjährigen Krieges die Stadtmauer in regelmäßigen Abständen überragt hatten, bildeten nun ideale Zielscheiben, die man selbst mit den anfangs sehr unpräzisen Kanonen kaum verfehlen konnte. Zudem waren die Mauern zu schmal und instabil, um darauf schweres Verteidigungsgeschütz aufzustellen. Man behalf sich, indem man die Türme kappte, sie zu Geschützstellungen umbaute und die Mauern rückseitig mit Erdwällen verstärkte, sie rempartierte.

Ein Problem blieb damit noch ungelöst: War es dem Feind gelungen, an den Fuß der Mauer vorzurücken, konnte er nicht mehr beschossen werden. Es entstanden tote Winkel, die man nicht verteidigen und die der Feind sich zunutze machen konnte.

Das Gesicht der modernen Festungen wurde nun von den Schusslinien bestimmt. Im Idealfall mussten alle Mauern vom eigenen Geschütz bestrichen werden können. Es kam zur Geometrisierung der Grundrisse, zu keilförmigen, pfeil-

**Entwicklung des Festungsbaus** von der römisch-mittelalterlichen Stadtmauer (oben) über die Rondelle (Mitte) bis zu den Bastionen im Barock (unten).

spitzenartig aus den Wällen hervortretenden Bastionen. Einen toten Winkel gab es durch deren Bauweise nicht mehr, weil die vordere Seite jetzt von den an den Flanken der benachbarten Bastionen postierten Geschützen geschützt werden konnte. Eine Bastion besaß auf der Feindseite zwei Vorderseiten (Facen), die sich spitz trafen, und auf den beiden Seiten je eine Flanke, die das Festungswerk mit dem Wall verband.

Erste Erfahrungen mit dem bastionierten Festungsbau gab es in Mainz bereits seit dem ersten Viertel des 17. Jahrhunderts. Mit der Schweikhardsburg war in Mainz zwischen 1620 und 1626 das erste bastionierte Festungswerk gebaut worden. Wenige Jahre später hatten die Schweden vor der Stadtmauer eine Stadtumwallung gebaut und diese mit bastionierten Erdschanzen versehen. Diese ersten Versuche mit den neuen Befestigungsformen endeten mit dem Abzug der Schweden. Das zerstörte Mainz hatte keine ausreichenden finanziellen Mittel mehr zum Ausbau der Festung und der Kurstaat verfügte nicht über eine ausreichende Garnison, um eine weitläufige bastionäre Festung verteidigen zu können. Die schwedischen Festungsanlagen verfielen. Und daran änderte auch der noch nicht zu Ende gegangene Dreißigjährige Krieg nichts.

Nach dem Krieg änderte sich alles. Die Mainzer sehnten sich nach Frieden. Diesem Friedenswunsch kam der Kurfürst durch einen verstärkten Festungsbau nach, der in Mainz und Würzburg in Angriff genommen wurde. Was auf den ersten Blick mehr als widersprüchlich erscheint, war tatsächlich jedoch das Ergebnis einer damals so verstandenen Friedenspolitik. So entsprach der Festungsbau dem allgemeinen, defensiv gestimmten Geist der Zeit. Er war ein wirksames Mittel, um sich mit geringen Kräften in fester Position zu behaupten. Eine moderne Festung konnte der Residenz des Kurfürsten und weiten Teilen des Kurstaates Schutz vor Überraschungsangriffen und Truppendurchzügen territorialer Gegner bieten. Ein weiteres kam hinzu: Machtpolitisch wollte der Mainzer Kurfürst mit einer neuen Festung seinem Amt als Erzkanzler des Reiches noch mehr Glanz verleihen. Frei nach dem Motto: Den Bürgern zur Wehr, dem Kurfürsten zur Ehr.

Den Auftrag für die Planungen einer neuen Festung erteilte Kurfürst Johann Philipp von Schönborn Anfang des Jahres 1653. Innerhalb mehrerer Jahrzehnte baute der Kurstaat eine steinerne Festung mit Bastionen und Ravelins zum Schutz vor feindlicher Artillerie. Dieser mächtige innere Festungsring sollte anschließend fast 250 Jahre die Stadt fest umschließen, die Macht der Kurfürsten mehren und der Stadt im 19. Jahrhundert jegliche Entwicklungs- und Ausbaumöglichkeit nehmen. Zunächst hatte die Mainzer Bevölkerung beim Beginn der Bauarbeiten noch nicht das Gefühl, durch den neuen Festungsring eingeschnürt zu werden. Im Gegenteil. Der Kurfürst hatte mit dem Bau des neuen Verteidigungsrings die erste Mainzer Stadterweiterung mit modernen Straßen vorgenommen. Ab 1663 entstand beispielsweise der Tiermarkt (heute: Schillerstraße) und durch Trockenlegung des Geländes vor dem Gartenfeld (heute: Neustadt) die drei Bleichen, die Platz für Gärten und Weinberge boten, bevor sie dann später im Laufe des 18. Jahrhunderts bebaut wurden. Eine Schiffsbrücke nach Kastel verband die Stadt mit dem anderen Rheinufer und diente bis zur Eröffnung der festen Straßenbrücke im Jahre 1885 auch militärischen Zwecken. Die Stadterweiterung war ein kluger Schachzug von Johann Philipp von Schönborn. Der Kurfürst nutzte das neue Land als Entschädigung für die Eigentümer, die für den Bau der neuen Bastionen ihren Grund und Boden abgeben mussten. Damit war nicht nur ein finanzieller Ausgleich verbunden, sondern die Stadt konnte sich auch wirtschaftlich und städtebaulich entwickeln. Nach den Zerstörungen und dem Bevölkerungsverlust im Dreißigjährigen Krieg hatte der Kurstaat ein überragendes Interesse daran, den Hausbau in der Stadt zu intensivieren und auswärtige Bürger anzuregen, sich in Mainz niederzulassen und Wirtschaftsbetriebe aufzubauen. Diese Ziele wären nicht zu erreichen gewesen, wenn es nicht gelungen wäre, die Bürgerschaft von der Notwendigkeit des Festungsbaus zu überzeugen und sie für die Verluste an Grundstücken, Gärten, Weinbergen und an Häusern angemessen zu entschädigen.

Der Flächenbedarf für die neue Festung war gigantisch. Überall in der Stadt gab es große Erdbewegungen und eine Vielzahl von Gebäuden mussten niedergelegt werden. Der schon im Schwedenkrieg zerstörte Vorort Vilzbach wurde jetzt ganz abgebrochen und beseitigt. Abgerissen wurden weiterhin entlang des Gartenfeldes mehrere Stifte, Kirchen und Klöster, weil sich die neuen Bastionen darüber hinwegzogen.

Auch große Teile der alten Stadtmauer wurden abgerissen. Nachdem bereits die Schweden erstmals für die Erweiterung der Schweikhardsburg die Stadtmauer durchbrochen hatten, wurde jetzt das über die einstige römische Mauer bei Altmünster hinausgehende Stück zwischen Altmünstertor und Alexanderturm (heute: Gebiet um den Hauptbahnhof) beseitigt. Den neuen Bastionen zum Opfer fiel weiterhin die alte innere Gaupforte, nachdem die Schweden bereits die mittlere Gaupforte niedergelegt hatten. Nur der Turm der äußeren Gaupforte blieb in der Martinsbastion stehen, der fast zweihundert Jahre später im Jahre 1857 bei einer verheerenden Explosion des benachbarten Pulvermagazins zerstört werden sollte. Ein weiteres Stück der alten Stadtmauer wurde für die Erweiterung und Begradigung der Neutorstraße geopfert. Unangetastet blieben von der alten Mauer die Gartenfeldfront von der Martinsburg bis an die Gärtnergasse, der Abschnitt am Kästrich vom Alexanderturm bis an das Gautor und schließlich noch ein Abschnitt unterhalb der Schweikhardsburg mit dem Frankenturm. Entlang des Rheins blieb die ganze Strecke der alten Stadtmauer vom Zollturm bis zur Martinsburg erhalten. Zur Verstärkung dieses Abschnitts waren hier verschiedene Ufer-Batterien (Bockstor, Bollwerk, Holztor, Gesenkte Flanke, Neuhäusel, Fischtor, Lauer, Neuwerk, Mühltor und Schloss- oder Anselmibatterie) gebaut worden. Wegen der Feuerkraft der Kanonen dieser Ufer-Batterien sowie der Absicht, bei einer Gefahr mehrere Schiffe in der Mainmündung zu versenken und diese somit unbefahrbar zu machen, erschien eine grundlegende Modernisierung der Rheinfront militärisch nicht nötig. Die Stadtmauer am Rhein blieb deshalb erhalten.

Vor den Resten der übrigen Stadtmauer entstand der bastionäre, igelförmige Festungsring. Bis 1689 gehörten hierzu auf der linken Rheinseite 14 Bastionen und 4 Bastionen der Zitadelle sowie rechtsrheinisch 4 Bastionen des Fort Mars.

Bauherren der Festung waren der Kurstaat und während des Pfälzischen Erbfolgekrieges die Franzosen. Die im Halbkreis um die Stadt verlaufenden 14 Bastionen verfügten über verhältnismäßig langgezogene Facen, zurückgenommene Flanken und kurze Kurtinen. Bastionen nach dieser sogenannte *»Mainzer Manier«* finden sich außer in Mainz und Würzburg in keiner anderen deutschen Festungsstadt aus früherer oder späterer Zeit. Unter den zeitgenössischen Fortifikationsingenieuren weckten diese Festungsbauten einiges Aufsehen. Der verantwortliche Architekt wurde wiederholt zur Begutachtung der Wehrbauten benachbarter Fürsten herangezogen. Selbst der französische Kommandant der Festung Luxemburg schickte 1671 Ingenieure nach Mainz, um die Werke zu besichtigen und kennenzulernen.

Es liegt auf der Hand, dass die neue Festung nicht innerhalb kurzer Zeit fertiggestellt werden konnte. Die wichtigsten Bauphasen unterteilten sich in fünf Zeitabschnitte, und zwar

- von 1655 bis 1662 (Zitadelle und Südseite),
- von 1668 bis 1673 (Westen und Norden mit Kästrichfront),
- von 1675 bis 1679 (Gartenfeldfront),
- von 1688 bis 1689 (zweite innere Verteidigungslinie und Fort Mars)
- von 1696 bis 1708 (Verlegung von Toren und Bau mehrerer Ravelins).

Die erste Bauphase begann 1655 an der Südfront der Stadt, die am meisten gefährdet war. In diesem Abschnitt konnte die Geländefrage schnell geklärt werden, da zahlreiche Grundstücke schon vorher beansprucht worden waren. Hier befand sich mit dem Jakobsberg auch der höchste Punkt vor der Stadt, von dem aus die größte Gefahr bei einer Belagerung ausging. Deshalb wurde zwischen 1659 und 1661 als wichtigste Baumaßnahme die Schweikhardsburg zur Zitadelle umgebaut. Für die Zitadelle verschwanden die Wälle und Gräben der alten Befestigungsanlage fast vollständig. Das neue Bollwerk auf dem Jakobsberg war eine Festung in der Festung, da die Besatzung der Zitadelle sich selbst dann immer noch verteidigen konnte, wenn der Feind die eigentliche Stadtbefestigung überwunden hatte.

Die heute noch erhaltene Zitadelle erhielt eine rechteckige Gestalt und vier Eckbastionen mit jeweils zwei Frontmauern (Facen) sowie zwei

Flanken. Sie ist umgeben von Mauern mit einer Gesamtlänge von mehr als 2 km. Die trockenen Gräben sind an Front und Flanke auf Höhe der Bastionen zwischen 20 und 25 m breit. Der Höhenunterschied zwischen Grabensohle und Feuerlinie beträgt 15 m. Die Bastionen sind nach den Himmelsrichtungen ausgerichtet: Die Bastionen Germanicus (früher: Scharfeneck) gegen Osten, Drusus (früher: Eichelstein) gegen Süden, Tacitus (früher: Pantaleon, Kalt-Loch) gegen Westen und Alarm (früher: St. Jakob) gegen Norden.

Als die Zitadelle 1661 fertiggestellt war, hatte sie noch nicht ihr heutiges Aussehen. Den beiden in Richtung Stadt liegenden Bastionen Tacitus und Alarm fehlten Aufbauten und Feuerstellungen. Diese Ausstattungen erhielten sie erst fast zweihundert Jahre später in der Zeit des Deutschen Bundes. Veränderungen während dieser Zeit gab es auch bei der Bastion Drusus. Diese war ursprünglich gestaffelt aufgebaut und hatte an ihren Flanken zwei übereinanderliegende Feuerstellungen. Die untere Feuerstellung war mit einem heute noch erhaltenen Durchgang mit dem Hof verbunden. Nach 1845 wurden die unteren Ebenen erhöht und erweitert, womit die Bastion Drusus ihr heutiges Aussehen erhielt.

Die Zitadelle war Hauptstützpunkt der bastionären Umwallung. Gleichzeitig unterbrach sie den neuen Festungsring, da ihre Bastion Drusus weit ins Feld vorsprang und damit eine Bastion der Umwallung ersetzte. Zwischen der Zitadelle und dem Rhein entstand aufgrund des abfallenden Geländes eine unregelmäßige Front aus den Bastionen Nikolaus (genannt nach der in der Nähe gestandenen Nikolai-Pfarrkirche), Katharina (genannt nach dem früheren Katharinen-Hospital) und Albani (benannt nach dem benachbarten St. Albansstift). In diesem Bereich trafen sich mehrere wichtige Straßen. Anstelle der mittelalterlichen Tore wurde hier zwischen den Bastionen Nikolaus und Katharina die Neutoranlage gebaut, vor der für einen zusätzlichen Schutz noch ein Wassergraben verlief.

Der Kurfürst sorgte dafür, dass mit den neuen Bastionen auch die Festungsartillerie vermehrt wurde. Der Zeugwart der Festung, Jost Conrad Fischer, konnte stolz berichten, dass sich *»auff den Bollwerken und die Statt Dreissig und Sechs«* Stück Artillerie befunden hatten. Hierzu gehörten beispielsweise *»die dreivierthels Carthaun, so 30 Pf. Eisen schießt, 21 Caliber lang und mit dem Bildniss des heil. Martini, auch Cardinals Alberti Wappen, gezeichnet [...] ist«*. Hervorgehoben in dem Bericht wurde auch *»die 28 Pf. Eisen schießende 18 Caliber lange, wohlmundirte halbe Carthaun, samt guter Ladung«*.

1673 kamen die Arbeiten an der Südfront zum Stillstand. In Ungarn hatte der Krieg zwischen dem Reich und den Türken begonnen. Der Mainzer Kurfürst musste starke Truppenkontingente, die bis dahin für den Festungsbau eingesetzt waren, zur Verstärkung der kaiserlichen Armee entsenden.

Erst der Einmarsch von Frankreich in das Herzogtum Lothringen war 1668 der Startschuss für die zweite Phase im bastionären Festungsbau. Bis 1673 wurde die Süd- und Bergfront entlang des Kästrich vollendet. Von der Zitadelle aus in Richtung Westen entstanden die Bastionen Johannes (benannt nach dem ersten Vornamen von Kurfürst Johann Philipp von Schönborn), Philipp (benannt nach dem zweiten Vornamen des Kurfürsten) und Martin (benannt nach dem Patron des Mainzer Erzstifts), zwischen denen 1670 das neue Gautor gebaut wurde. Die Kästrichfront begann bei der Bastion Martin, die um die Bastionen Bonifatius (benannt nach dem ersten Mainzer Erzbischof), und Alexander (benannt nach dem damals regierenden Papst Alexander VII.) ergänzt wurde. Nach dem Abstieg in das Zahlbacher Tal folgte schließlich die Bastion Georg (benannt nach dem Festungsbaumeister Georg Joseph Spalla), an die sich das Münstertor anschloss.

Die am Münstertor beginnende Gartenfeldfront blieb in Richtung des Rheins zunächst unbefestigt. Das lag daran, dass 1673 mit dem Tod von Kurfürst Johann Philipp von Schönborn die Bauarbeiten erneut beendet worden waren. Wegen der dauernden französischen Bedrohung musste in Mainz eine große Garnison unterhalten werden, die hohe Kosten verursachte. Für den weiteren Ausbau der Festung hatte der Kurstaat keine Mittel mehr zur Verfügung.

Das änderte sich im Frühjahr 1675. Kaiserliche Offiziere drangen darauf, dass die Festung weiter ausgebaut werden musste. Sie stellten mit Einverständnis des im Juli 1675 gewählten Kurfürsten Damian Hartard von der Leyen ihre Soldaten als Schanzleute zur Verfügung und beriefen den kaiserlichen Ingenieur Johann Joseph Spalla nach Mainz. Dieser legte kurze Zeit später einen Plan vor, der heute noch erhalten ist, aber nicht in seiner Gesamtheit verwirklicht wurde.

Im Herbst 1675 begann die dritte, vier Jahre dauernde Bauphase, an deren Ende die Vollendung der Gartenfeldfront stand. In diesem Abschnitt entstanden die Bastionen Paul (benannt nach der in der Nähe gestandenen St.-Paulus-Pfarrkirche), Leopold (benannt nach dem damals regierenden deutschen Kaisers Leopold), Felicitas, Damian (benannt nach dem ersten Vornamen von Kurfürst Damian Hartard von der Leyen), Hartard (benannt nach dem zweiten Vornamen des Kurfürsten) und Raimundi sowie das Raimunditor als Nachfolger der Peterspforte. Ungefähr zehn Jahre später zeigte sich allerdings, dass die drei zu kleinen und zu eng beieinanderliegenden Bastionen Damian, Hartard und Raimundi umgebaut werden mussten. Die Hartardbastion wurde durchschnitten und als Ravelin ausgebaut, die rechte Flanke der Damianbastion hinausgezogen und eine längere Kurtine für zwei Artilleriestellungen zur Raimundibastion gezogen.

Die Gartenfeldlinie war ab der Altmünsterpforte durch einen von Zeybach und Grabbrunn gespeisten nassen Graben geschützt. Dieser Wassergraben stellte mit den dahinterliegenden Bastionen eine kaum zu überwindende Barriere für mögliche Angreifer dar. Deshalb verzichteten die Ingenieure darauf, alle neuen Bastionen mit Steinmauern zu versehen. Ab der Bastion Paul war die Linie bis zum Rhein aus Erde ausgeführt.

Mit dem Abschluss der Befestigungsarbeiten entlang der Gartenfeldfront verfügte Mainz im Jahr 1679 über einen geschlossenen Festungsring, der im Halbkreis um die Stadt verlief. Auch wenn es noch mehrere Jahre dauern sollte, bis diese Festungslinie mit Ravelins und Contregardes endgültig ausgebaut sein sollte, so verfügte die Stadt Mainz bereits zu diesem Zeitpunkt über eine zeitgemäße Festung. Diese wäre mit einer entsprechenden Besatzung und der notwendigen Unterhaltung in der Lage gewesen, eine Belagerung lange durchzustehen. Es kam aber anders.

Kaum war der Festungsring fertig geworden, zeigte sich schon, dass der Mainzer Kurstaat nicht imstande war, ihn auch zu verteidigen. Es mangelte an der nötigen Garnison. Zur erfolgreichen Verteidigung der weitläufigen Anlagen wären mindestens 10.000 Mann erforderlich gewesen. Tatsächlich verfügt der Kurfürst in Mainz über deutlich weniger Soldaten.

Als 1688 der mit seinen Folgen bereits oben beschriebene Pfälzische Erbfolgekrieg begann und die französischen Truppen innerhalb kürzester Zeit von Sieg zu Sieg eilten, hatte die schwach besetzte Mainzer Garnison den 20.000 Franzosen mit ihren 25 Kanonen und 12 Mörsern nichts entgegenzusetzen. Diese konnten ohne Gegenwehr am 17. Oktober 1688 in Mainz einziehen. Eine der modernsten Festungen Europas war kampflos gefallen. Für die Franzosen war sofort klar, so einfach würden sie sich die Festung Mainz nicht wieder abnehmen lassen.

Sie versetzten die Festung sofort nach der Eroberung in den Verteidigungszustand und bauten sie über den Winter 1688 weiter aus. Auf der rechten Rheinseite errichteten sie auf der Maaraue mit dem Fort Mars an Stelle der schwedischen Brückenkopfschanze ein Erdwerk mit zwei ganzen und zwei halben Bastionen. In ihrer Ausdehnung war diese Schanze nur wenig kleiner als die Mainzer Zitadelle.

Auf der linken Seite des Rheins bauten die Franzosen hinter dem schwachen Südabschnitt mit den Bastionen Nikolaus, Katharina und Albani eine zweite innere Verteidigungslinie mit der Kapuzinerbastion (später: Bastion Franziskus), dem inneren Neutor und der Bastion de la fonderie, die später in Bastion Salvator umbenannt wurde. Weiterhin brachen sie auf der Zitadelle im Drususstein eine Treppe ins Innere, um ihn besteigen und als militärischen Wartturm benutzen zu können. Schließlich verstärkten die Franzosen die Landtore mit Ravelins.

Im Ergebnis nutzte dieser Aufwand den Franzosen nichts. Sie mussten am 11. September 1689 wieder aus Mainz abziehen. Der deutsche Kaiser hatte auf die französische Bedrohung mit der Erklärung des Reichskrieges reagiert und ein Bündnis mit England, Savoyen und den Niederlanden geschlossen. Unter Führung von Herzog Karl von Lothringen zwang ein kaiserliches Heer die französische Besatzung zur Kapitulation. Dem vorangegangen waren verlustreiche Kämpfe, an denen auch Prinz Eugen von Savoyen teilgenommen hatte und der dabei zweimal verwundet worden war. Die Rückeroberung von Mainz war dadurch begünstigt worden, dass die Stadt von den Höhen des Albansberges mit der Artillerie beschossen werden konnte, ohne dass die Franzosen dies ausgleichen konnten. Dadurch war es den Reichstruppen gelungen, bei der Bastion Germanicus eine Bresche zu schießen. Mainz wäre hierüber erobert worden, wenn nicht gleichzeitig der Angriff auf die Bastionen Bonifatius und Alexander auf dem Kästrich zum Erfolg geführt hätte. Bei aller Freude hinterließ der Sieg einen Schatten auf der Festung Mainz. Die Belagerung hatte eine Schwachstelle des bastionären Festungsrings offenkundig gemacht, nämlich die unbefestigten Anhöhen vor der Stadt.

Es sollte noch mehrere Jahre dauern, bis diese Achillesferse im Mainzer Verteidigungssystem geschlossen werden konnte. Nach dem Rückzug der Franzosen beseitigten die kaiserlichen Truppen zunächst die schweren Belagerungsschäden. Sie schleiften ihre für die Belagerung angelegten Batteriestellungen im Vorgelände der Stadt und reparierten die durch Artilleriebeschuss beschädigten Bastionen. Auf der rechten Rheinseite ließ man das Fort Mars verfallen, so dass in den darauffolgenden Jahrzehnten die Wälle durch die alljährlichen Hochwasser weggeschwemmt wurden.

Durch die Eroberung von Mainz durch Ludwig XIV. und die anschließende Belagerung hatte die Festung im Denken der kaiserlichen Heerführer und der Generale der Reichsarmee die Bedeutung des wichtigsten Bollwerks im Westen des Reiches erhalten. Die Ereignisse von 1688 und 1689 hatten gezeigt, dass derjenige, der die Festung Mainz besaß, den Raum bis zum Hunsrück und dem Pfälzer Wald beherrschen oder ungehindert in das Innere des Reiches vorstoßen konnte.

Und ein solches Bollwerk brauchte das Reich. Die Franzosen hatten zwar Mainz verlassen müssen, waren jedoch in Rheinhessen geblieben und zerstörten dort einen Ort nach dem anderen. Die Festung Mainz hatte jetzt für das Reich eine herausragende Bedeutung, da sie den Reichstruppen als wichtige Operationsbasis diente. Die Festung war immer wieder Ausgangspunkt für militärische Initiativen gegen die das Umland weitgehend kontrollierenden französischen Truppen. Gleichzeitig dienten die Mauern der Festung vielen Einwohnern des

**Prinz Eugen von Savoyen** auf einem Gemälde von Jacob van Schuppen. Auf Seiten der kaiserlichen Truppen wurde er 1689 zweimal bei der Rückeroberung von Mainz verwundet.

Umlandes nach der Rückeroberung als Schutz vor den Gräuel des Krieges. 1697 endete der Pfälzische Erbfolgekrieg. Zwei Jahre später nahm der Kurstaat die Bauarbeiten zur Erweiterung der Festung wieder auf. Zwischen 1699 und 1708 wurde die vorhandene Stadtumwallung verstärkt. Zwischen den Bastionen errichtete Kurfürst Lothar Franz von Schönborn mehrere neue Ravelins. Von diesen ist heute noch das Ravelin Martin-Bonifaz erhalten. Aufgrund der Erfahrungen während der kaiserlichen Belagerung ließ der Kurstaat darüber hinaus zwei Tore vollständig umbauen, damit sie nicht dem Feuer des Belagerers ausgesetzt waren. Das zwischen der Damian- und Raimundibastion gelegene Raimunditor wurde an das Rheinufer verlegt und in die Schulter der Bastion Raimundi eingebaut. Auch das Neutor erhielt einen neuen Platz. Es wurde aus dem Wall zwischen den Bastionen Nikolaus und Katharina herausgenommen und in die linke Flanke der Bastion Katharina verlegt, um diesen empfindlichen Punkt vor dem Beschuss einer feindlichen Artillerie zu schützen.

In Mainz war zwischen 1655 und 1708 ein Festungsring entstanden, der dem damals modernsten Stand der Militärtechnik entsprach. Insbesondere die Erfahrungen bei der Belagerung von 1689 hatten allerdings gezeigt, dass die Bastionen alleine nicht mehr zum Schutz der Stadt ausreichten. Es war eine vorgelagerte Umwallungslinie notwendig geworden. Diese sollte nicht nur für Mainz, sondern auch für Europa ein neues Kapitel für den Festungsbau aufschlagen.

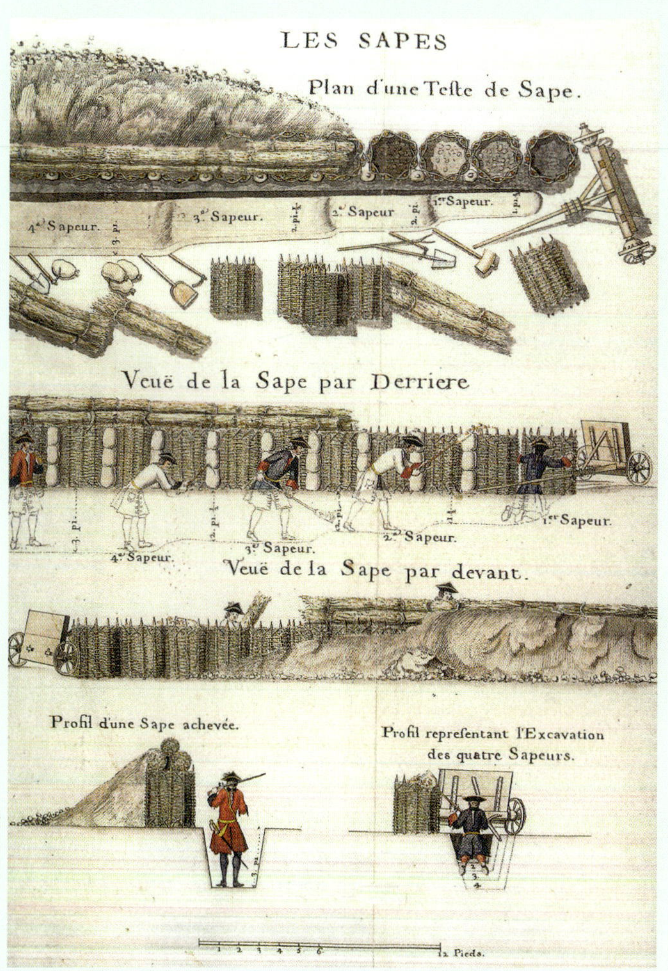


**Die Belagerung der Festung Mainz** im Jahre 1689 war mit gewaltigen Erdarbeiten verbunden. Mehrere tausend Soldaten (Sappeure und Mineure) legten auf dem Kästrich und vor der Zitadelle oberirdische Lauf- und Annäherungsgräben (Sappen) sowie unterirdische Stollen (Minen) an. In einer Zeichnung beschreibt der bekannte Festungsbaumeister Vauban, wie eine oberirdische Sappe angelegt werden musste und vor Mainz auch von den kaiserlichen Truppen angelegt wurde. Die Abbildung oben zeigt die Aufsicht auf eine Sappe mit Schanzkörben, Faschinen und Schanzwerkzeugen. Auf den beiden Bildern darunter ist ein sich im Bau befindlicher Annäherungsgraben sowohl von der Angriffs- als auch von der Verteidigungsseite zu sehen. Gut zu erkennen ist die ausgehobene Erde, die vor die Schanzkörbe angehäuft werden musste. Die beiden unteren Bilder zeigen links einen Querschnitt durch eine Sappe und rechts einen fahrbaren Schutzschild, der an der Spitze des Sappenvortriebes eingesetzt wurde. Bei der Belagerung von Mainz wurden auf diese Weise viele Kilometer Lauf- und Annäherungsgräben angelegt. Aus diesen erfolgte am 6. September 1689 der Angriff der kaiserlichen Truppen, der zur Kapitulation der Franzosen und zur Übergabe der Festung Mainz führte.

## Die Bastion Martin mit Martinsturm

Seit der zweiten Hälfte des 17. Jahrhunderts ersetzten bastionierte Festungsanlagen mit ihren faszinierenden Sterngebilden die alten Stadtmauern als vordere Verteidigungslinie. Sie prägten in Mainz für zweieinhalb Jahrhunderte das Gesicht der Stadt. Die Bastion Martin **(1)** lag auf dem Kästrich und schützte mit den angrenzenden Bastionen Philipp und Bonifatius **(2)** die gefährdete Landseite. Die Bastionen hatten auf der Feindseite zwei Vorderseiten **(3 – Facen)**, die sich spitz im Bastionswinkel **(4 – Saillant)** trafen. Von den Ecken der beiden Facen verliefen zwei kurze Flanken **(5)**, die das Festungswerk mit dem Hauptwall **(6 – Kurtine)** verbanden. Das in unmittelbarer Nähe liegende neue barocke Gautor ersetzte die mittelalterliche Gaupforte. Deren äußerer Gaupfortenturm blieb innerhalb der Bastion Martin stehen **(7)** und wurde als Martins- oder später als Pulverturm bezeichnet. Vor den Bastionen befanden sich der zur Verteidigung, vom Feind nicht einsehbare, gedeckte Weg **(8)**, der Waffenplatz als Sammelplatz für die Truppen und als Ausgangspunkt für Ausfälle **(9)** sowie das zur Bestreichung des Vorgeländes leicht abfallende Glacis **(10)**.

**Abb. oben**
**Kartusche**, die sich ursprünglich an der Bastion Martin befand.

**Abb. links**
**Grabenwand der Bastion Bonifatius** (bis ungefähr Bildmitte), ursprünglich 8 m hoch. Dahinter freie Rekonstruktion des Festungsabschnitts der Bastion Martin.

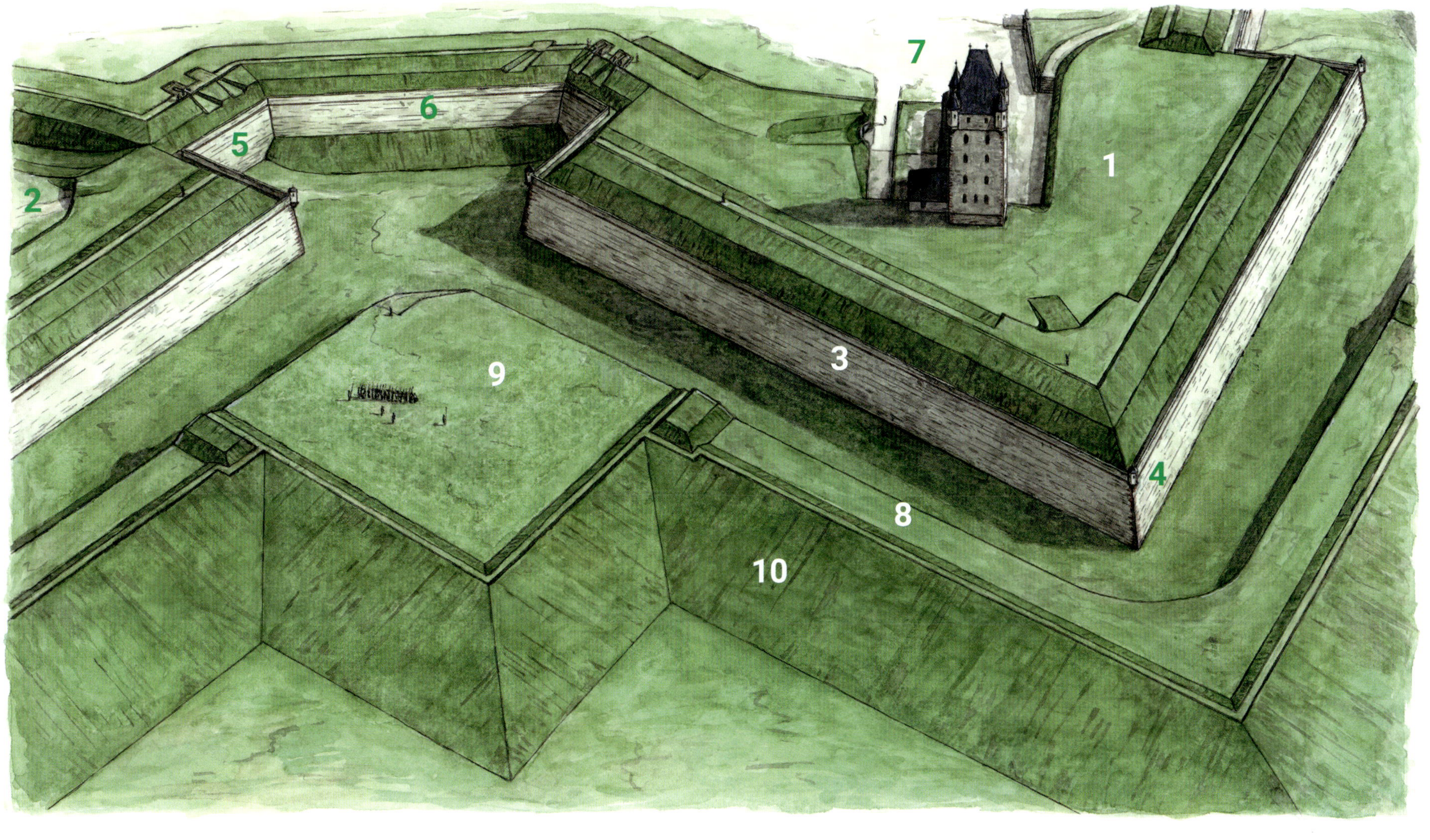


**Abb. oben**
**Die Bastion Martin** mit Martinsturm um 1685.

# Die Bastionen Alexander und Bonifatius im Krieg

Am 17. Oktober 1688 besetzten die Franzosen kampflos die Festungsstadt Mainz. Ein halbes Jahr später begannen kaiserliche Truppen mit der Rückeroberung der Stadt. Der entscheidende Angriff erfolgte am 6. September 1689 auf dem Kästrich gegen 16 Uhr. Dabei feuerten 100 Geschütze, 48 Mörser und sämtliche Musketiere in den Laufgräben fast gleichzeitig. Danach begannen insgesamt 10.000 kaiserliche Soldaten die Mainzer Festungsanlagen zu stürmen. Kurz nach 17 Uhr hatten die Angreifer die Mauern der Bastion Bonifatius **(1)** und die Geschütze der Franzosen größtenteils zerstört. Auch die Mauer der Bastion Alexander **(2)** war beschädigt. Zur Verstärkung der Verteidigungsanlagen hatten die Franzosen Palisaden **(3)** und Stellungen am gedeckten Weg errichtet **(4)**. Auf den Wällen befanden sich flankierende Geschützstellungen zur Sicherung des Hauptgrabens **(5)** und der Durchgang unter dem Hauptwall in den Graben **(6)** war für Ausfälle vorbereitet worden. Der Angriff der kaiserlichen Truppen erfolgte aus den vorderen Laufgräben **(7)**. Weitere Truppen befanden sich in den parallelen Laufgräben **(8)**. Nach hohen Verlusten gelang es den Kaiserlichen, in den gedeckten Weg einzudringen **(9)**. Französische Soldaten zündeten im Vorgelände Minen **(10)**. Trichter von Minensprengungen **(11)** überzogen den Kästrich. Nach einem dreistündigen Kampf, bei dem auch Prinz Eugen verwundet wurde, hatten sich die kaiserlichen Truppen im gedeckten Weg festgesetzt. Am 8. September um 9 Uhr hissten die Franzosen die weiße Fahne und einen Tag später unterzeichneten sie die Kapitulation.

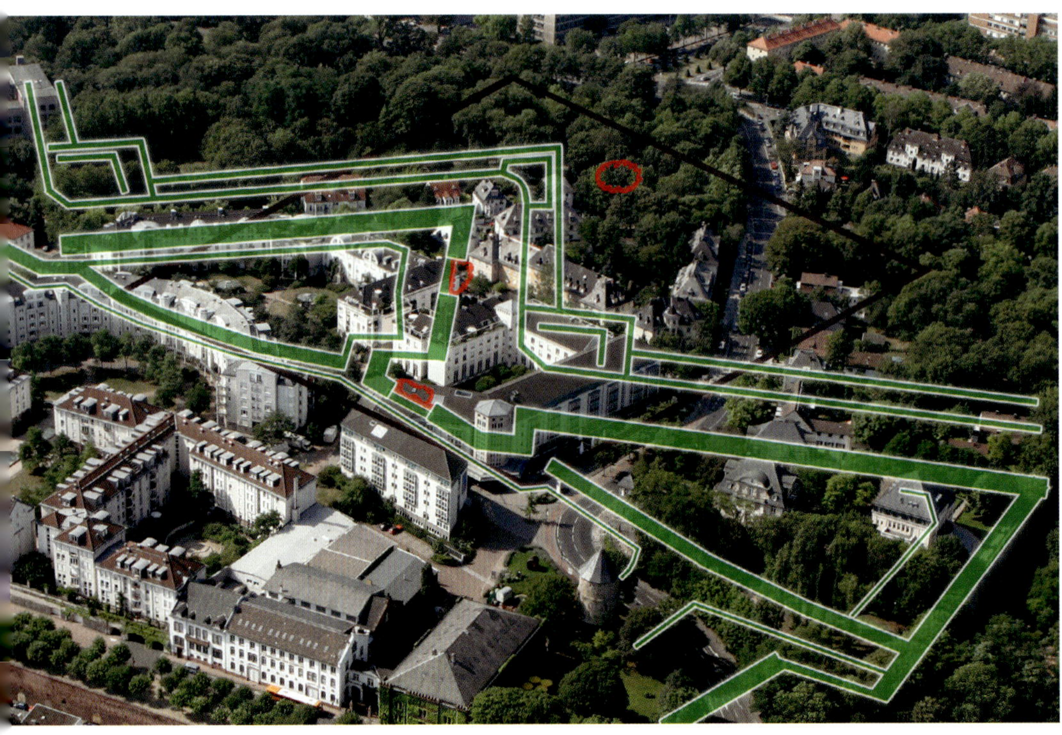

**Abb. oben**
Die Lage der Bastionen Alexander und Bonifatius im **heutigen Stadtbild**. Die Stellen mit Beschädigungen der Mauer und der Ort einer Minensprengung sind rot eingezeichnet.

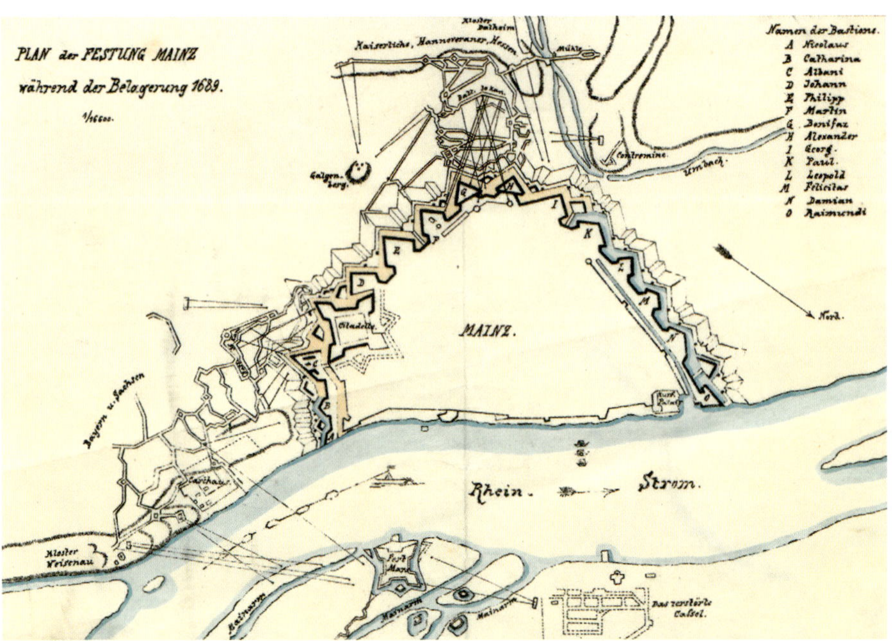


**Abb. oben**
Plan der Festung Mainz während der **Belagerung 1689**. Er zeigt die von den kaiserlichen Truppen angelegten Stellungen mit Laufgräben, Parallelen und Belagerungsbatterien. Die Bastionen Alexander (auf dem Plan: H) und Bonifatius (G) befinden sich oben in der Mitte. Der ebenfalls umkämpfte Bereich vor der Zitadelle hielt den Angriffen bis zum Ende stand.

**Abb. oben**
Situation der von den Franzosen besetzten **Bastionen Alexander und Bonifatius** kurz nach dem Angriff der kaiserlichen Truppen am 6. September 1689.

# DER ÄUSSERE FESTUNGSRING VOR DEN BASTIONEN (1713 bis 1792)

Der Kaiser des Heiligen Römischen Reiches Deutscher Nationen hatte ihn nicht gewollt. Trotz der fehlenden Empfehlung von Kaiser Leopold I. hatte er es geschafft. Im Jahr 1695 wurde Lothar Franz von Schönborn zum Mainzer Kurfürsten gewählt. Mit 40 Jahren war er jetzt Erzkanzler des Reiches und präsidierte den Reichstag. Es war eine gute Wahl. Sowohl für Mainz als auch für das ganze Reich. In den folgenden 35 Jahren stieg Kurfürst Lothar Franz von Schönborn zu einem der einflussreichsten Fürsten auf.

Seine Amtszeit verband Lothar Franz mit einem ausgeprägten Interesse an repräsentativen Bauvorhaben. Seinem Neffen berichtete er, dass ihm angesichts dessen Schilderungen über die Bauten in Wien *»das Wasser im Maule zusammenlaufe«*. Deshalb überrascht nicht, dass er in Mainz etwas Vergleichbares schaffen wollte. Mit ihm an der Spitze, setzte unter Adel, Geistlichkeit und Bürgerschaft eine eifrige Bautätigkeit ein, die auch im 18. Jahrhundert noch anhielt. Für die durch Kriege ausgeblutete und ausgeplünderte Bevölkerung in Stadt und Land bedeuteten die vielen Bauvorhaben eine Initialzündung für Wirtschaftswachstum und Arbeitsbeschaffung. Und die Ergebnisse konnten sich sehen lassen. Während der Amtszeit des Kurfürsten erreichte in Mainz die Zahl der Häuser wieder den Stand von vor dem Dreißigjährigen Krieg. Auch das Stadtbild verwandelte sich. Mainz entwickelte sich zu einer barocken Stadt, deren glanzvolle Bauten teilweise heute noch zum Stadtbild gehören. Fünfzig herrschaftliche Höfe und prachtvolle Paläste zählte eine Liste aus der damaligen Zeit. Die Goldene Stadt – es gab sie wieder.

Lothar Franz war ein Fürst des Absolutismus wie aus dem Bilderbuch. Bereits sein pompöser Einzug in seine neue Residenz hatte den Mainzern nicht nur ein barockes Schauspiel geboten, sondern ihnen zugleich sein absolutistisches und auf Repräsentation bedachtes Herrscherverständnis demonstriert. Politisch suchte er die Nähe zum Kaiserhaus. Im Gegensatz zu seinen Vorgängern hielt er nichts von einer wankelmütigen Neutralitätspolitik. Er setzte ganz auf Kaiser und Reich

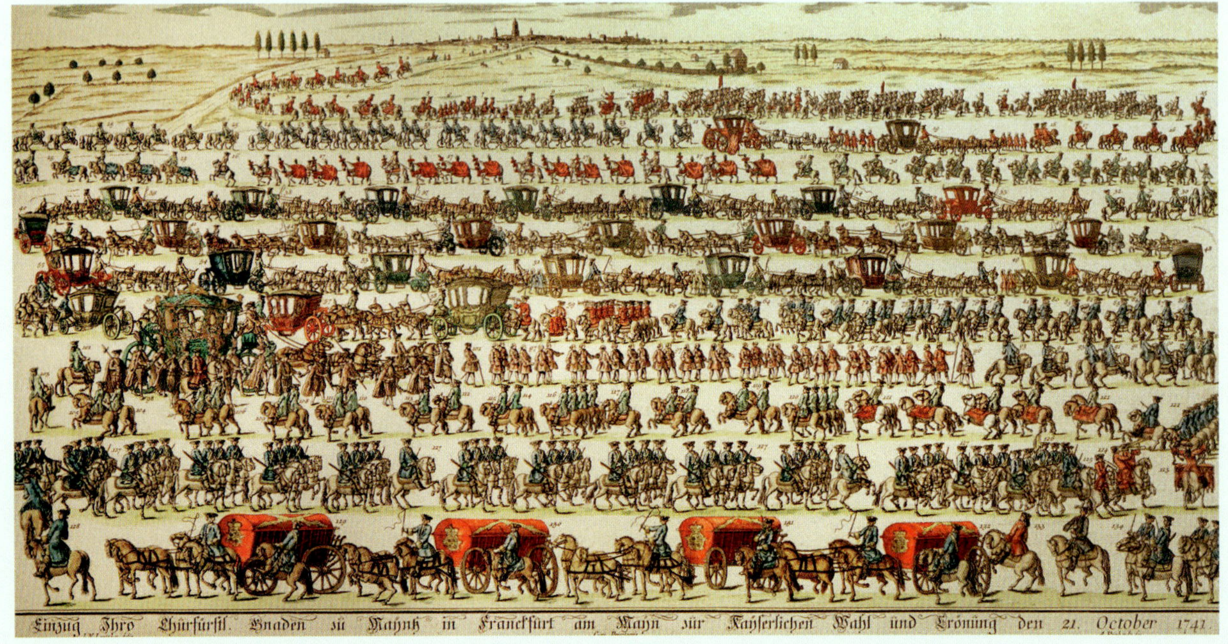


Glanzvoller Einzug des Mainzer Kurfürsten zur Wahl **Karls VII**. in Frankfurt am Main am 21. Oktober 1741 auf einem Stich von Wolfgang Albrecht und Heinrich Ostertag. In der Pracht und endlosen Größe seines Einzugs zeigte der Kurfürst selbstbewusst seine Macht und seinen Geltungsanspruch. Der Mainzer Kurfürst zog aufgrund seines Amtes als Reichserzkanzler, der die Wahl zu leiten hatte, immer als Erster in den Wahl- und Krönungsort ein.

**Abb. rechts**
Mainz um das Jahr 1784

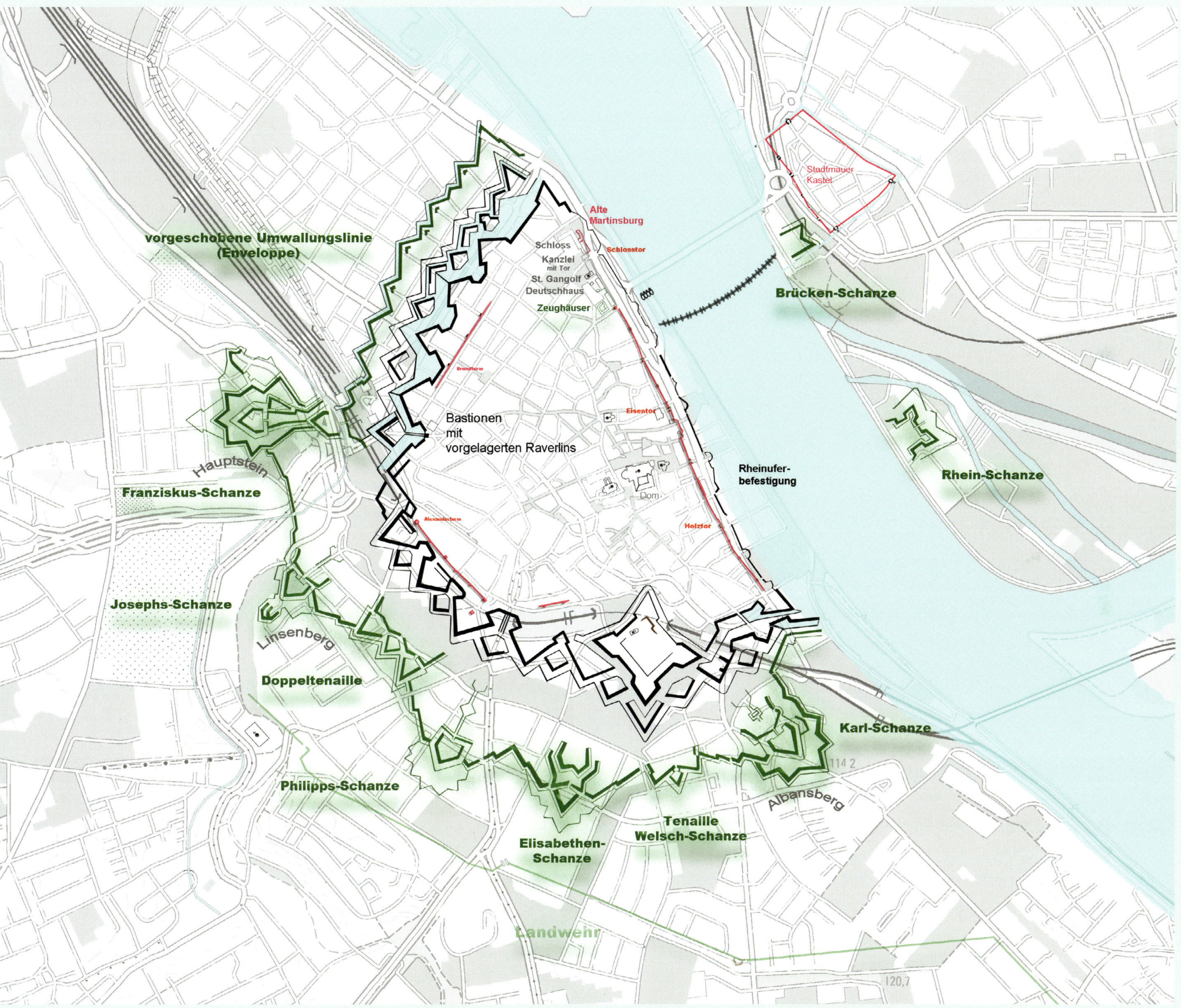
vorgeschobene Umwallungslinie
(Enveloppe)
Alte
Martinsburg
Schloss
Schlosstor
Kanzlei
mit Tor
St. Gangolf
Deutschhaus
Zeughäuser
Stadtmauer
Kastel
Brücken-Schanze
Bastionen
mit
vorgelagerten Raverlins
Eisentor
Rheinufer-
befestigung
Rhein-Schanze
Hauptstein
Franziskus-Schanze
Dom
Holztor
Josephs-Schanze
Linsenberg
Doppeltenaille
Karl-Schanze
Philipps-Schanze
Albansberg
Tenaille
Welsch-Schanze
Elisabethen-
Schanze
Landwehr

und stärkte dadurch politisch die Macht seines Kurstaates. Für jeden sichtbar zeigte sich dieser Machtanspruch an der strategisch bedeutsamen Festung. Dem gewaltigen Bollwerk am Rhein. Die Stadt Mainz war ein barockes Schmuckstück mit stolzen Bürgern, gleichzeitig aber auch eingeengt innerhalb mächtiger Festungsmauern. Anders als im späten 20. Jahrhundert war dies im 18. Jahrhundert noch kein Gegensatz, sondern es waren zwei Seiten der gleichen Medaille.

Kurfürst Lothar Franz von Schönborn knüpfte beim Festungsbau an die Tradition seines Onkels, Kurfürst Johann Philipp, an. Dieser hatte 1659 die Zitadelle gebaut und die Stadt nach dem Ende des Dreißigjährigen Krieges mit einem sternförmigen Festungsgürtel umschlossen. Damit war Mainz zur wichtigsten Festung Deutschlands am Rhein aufgestiegen.

Die Rolle der Festung als eine *»Reichsbarriere«* gegen Westen wurde im Spanischen Erbfolgekrieg offensichtlich, in dem Frankreich mit kleineren Verbündeten den übrigen europäischen Mächten gegenüberstand. In diesem 1701 begonnenen Krieg fand Prinz Eugen mit seiner am Oberrhein operierenden Reichsarmee in der Festung Mainz einen nördlichen Stützpunkt, der seine Flanke sicherte und die der Franzosen bedrohte. Als der Krieg im März 1714 endete, war die Festung Mainz ihrer strategischen Aufgabe gerecht geworden. Die Festung war jetzt politisch und militärisch der *»Schlüssel«*, die *»Vormauer des Römischen Reiches«*. Diese Vorstellung sollte das ganze 18. Jahrhundert über nicht nur lebendig bleiben, sondern von den Mainzer Kurfürsten auch gepflegt und öffentlich verbreitet werden.

Mit der barocken Festungsstadt Mainz konnte Lothar Franz von Schönborn seine Position innerhalb des Reiches stärken. Er baute die Festung nach den modernsten Gesichtspunkten und mit den besten Ingenieuren immer weiter aus. Anders als in der Vergangenheit wurde der Kurstaat dabei finanziell nachhaltig durch den Kaiser unterstützt. Der Festungsbau war endgültig zu einem Instrument der deutschen Militärpolitik und der Mainzer Außenpolitik geworden, womit der Kurfürst seinen politischen Aktionen gegenüber Reich und Nachbarn immer wieder Nachdruck verleihen konnte.

Die Notwendigkeit eines weiteren Ausbaus der Festung Mainz hatte sich bereits Ende des 17. Jahrhunderts abgezeichnet. Bei der Belagerung von Mainz im Jahre 1689 war eine Schwachstelle im Verteidigungssystem offenbar geworden. Die Stadt konnte von den Höhen mit der Artillerie beschossen werden, ohne dass die Verteidiger dies ausgleichen konnten. Die Reichweite und die Treffgenauigkeit der Artillerie hatte sich in den Folgejahren immer weiter verbessert, so dass die nicht befestigten Anhöhen mit dem Linsenberg, dem Hauptstein und dem vor der Zitadelle liegenden Albansberg eine immer größer werdende Gefahr für die Stadt bildeten. Dieser Gefahr konnte nur dadurch begegnet werden, indem diese Anhöhen in den Festungsbereich einbezogen wurden, um sie damit dem Zugriff des Feindes zu entziehen. Gleichzeitig konnten damit auch die Angreifer in möglichst weiter Entfernung von der Hauptumwallung gehalten und im Falle einer förmlichen Belagerung gezwungen werden, die Laufgräben weit vor der Festung zu eröffnen.

Für die Sicherung der Mainzer Höhen setzte sich neben dem Mainzer Kurfürsten und dem Stab der Reichsarmee auch Prinz Eugen ein. Mit dessen Unterstützung gelang es dem Mainzer Kurfürsten, den Festungsbaumeister Johann Maximilian von Welsch als verantwortlichen Architekten zu gewinnen. Dieser entwickelte eine vorgeschobene zweite Umwallungslinie (Enveloppe), die von mehreren selbstständigen Außenwerken unterbrochen wurde. Maximilian von Welsch bezeichnete

**Lothar Franz von Schönborn**, Erzbischof und Kurfürst von Mainz. Nach seiner Wahl wurde er zu einem der einflussreichsten Fürsten des Heiligen Römischen Reiches. Mainz baute er zu einer prächtigen barocken Residenz- und Festungsstadt aus.

diese Außenwerke als *»detachirten Bastions«* oder als *»les Forts«*. Bei diesen Festungswerken handelte es sich um gemauerte Schanzen, die mit der dahinterliegenden Hauptbefestigungszone verbunden blieben. Das von Maximilian von Welsch entwickelte System von vorgeschobenen Schanzen war zu seiner Zeit etwas Neues, weshalb der Mainzer Baumeister später häufig *»als der Vater des modernen Festungsbaus«* bezeichnet wurde. Die vorgelagerten Schanzen wurden mit der Zeit immer weiter ausgebaut und in Mainz während der Zeit des Deutschen Bundes schließlich gänzlich *»detachiert«*, d. h. losgelöst, und zu selbstständigen, eigenständig zu verteidigenden Forts ausgebaut. Die Arbeiten für die neue Festungslinie dauerten von 1710 bis 1743. Zu ihr gehörten vom Albansberg bis zum Hauptstein fünf Schanzen, eine Schanze, die einer Tenaille glich, und ein Doppelzangenwerk (Doppeltenaille). Diese sieben Außenwerke waren durch eine Enveloppe, also eine Umwallung, verbunden, die am Rhein vor der Bastion Nikolaus begann, dort nach vorne sprang und die vorgeschobenen Außenwerke bis zum Hauptstein verband. Von dort lief sie vor den Bastionen der Gartenfeldfront bis zum Rhein. Die gesamte Enveloppe bestand aus einem Wall-Graben-System, bei dem die inneren Grabenwände auf etwa drei Meter Höhe gemauert waren.

Fünf der zwischen der Enveloppe vorhandenen Schanzen hatten einen vergleichbaren Aufbau. Sie bestanden aus Kernwerken mit zwei hölzernen Blockhäusern, gemauerten Grabenwänden und Feuerstellen an den Front- und Flankenseiten. Außen verliefen Wall-Graben-Systeme, die genauso wie die Umwallungslinie aufgebaut waren. In Richtung Stadt führten von fast allen Schanzen unterirdische Verbindungsgänge. Oberirdisch waren die Schanzen durch gestaffelte Werke mit der inneren Stadtumwallung verbunden.

Mit diesem Aufbau entstanden in einer ersten Bauphase von 1713 bis 1725 auf dem Albansberg die Karl-Schanze, auf dem Linsenberg die

**Blick auf Mainz** nach einem Kupferstich von Alexander Gläßer von 1748. Das Bild zeigt die barocke Stadt mit den Bastionen Katharina (1 – oben links) und Nikolaus (2 – unten am Rhein), der Zitadelle (4) mit Drususdenkmal und Benediktinerkloster (5) sowie mit dem Fort Karl (3) als vorgeschobenem Festungswerk auf dem Albansberg.

Josephs-Schanze und vor dem Münstertor auf dem Hauptstein die Franziskus-Schanze (später Fort Franz und Fort Hauptstein). Damit waren die gefährlichsten Höhen, von denen aus die innere Umwallung bedroht werden konnte, gesichert.

Die zweite Bauphase leitete Kurfürst Philipp Karl von Eltz-Kempenich im Jahr 1733 ein. In diesem Jahr hatte der Polnische Erbfolgekrieg begonnen und Mainz wurde erneut durch ein französisches Heer bedroht. Angesichts dieser Kriegslage und der Eroberung von Philippsburg durch die Franzosen entschied der kaiserliche Hof, die Lasten des Ausbaus der Festung Mainz zu übernehmen, um den letzten verbliebenen Brückenkopf an Mittel- und Oberrhein zu sichern und die Feldzugpläne des nunmehr siebzigjährigen Prinzen Eugen auf den Besitz der Festung zu gründen. Mit ausreichenden Geldmitteln ausgestattet, versammelte der Kurfürst die hervorragendsten Festungsbaumeister in Mainz. Darunter befand sich erneut Maximilian von Welsch. 1734 begannen die Bauarbeiten für die Enveloppe und für neue Schanzen. Entlang der Linie mit den drei bereits fertiggestellten großen Schanzen wurde zunächst in Verlängerung des barocken Gautors die Philipps-Schanze gebaut. Um eine Flankierungsmöglichkeit zwischen den Schanzen Karl und Philipp zu schaffen, legten die Ingenieure mit der Elisabethen-Schanze ein weiteres Außenwerk an. Entlang des Walls entstand anschließend zwischen den Schanzen Elisabethen und Karl die als Zangenwerk (Tenaille) ausgestaltete Welsch-Schanze. Ebenso wie die Elisabethen-Schanze war die Welsch-Schanze nicht mit der Stadt verbunden.

Der Mainzer Fürstbischof **Friedrich Karl Joseph von Erthal** auf einem Gemälde von Georg Anton Urlaub. Mit diesem Erzbischof verbinden sich Glanz und Untergang des Kurfürstentums. Im Juli 1792 fand anlässlich des Fürstenkongresses in Mainz mit Kaiser und König das letzte rauschende höfische Fest in der Favorite statt. Ein Jahr danach lag das Schloss nach der Belagerung von Mainz in Schutt und Asche. Und nochmals neun Jahre später gab es den Kurstaat nicht mehr.

Auf dem Gelände der heutigen Universitätskliniken entstand ein doppeltes Zangenwerk. Diese Doppeltenaille verstärkte die frontale Feuerwirkung an der Bergfront und diente gleichzeitig zur flankierenden Unterstützung der Philipps- und Josephs-Schanze.

Entlang der Gartenfeldfront verzichtete der Kurstaat auf den Bau weiterer Außenwerke, da er zwischen dem Hauptstein und dem Rhein die Bastionen zum Schutz der Stadt als ausreichend erachtete. Auch ohne die Außenwerke entstand so entlang des Gartenfeldes eine beeindruckende Festungsfront. Die erste und die zweite Umwallungslinie lagen beispielsweise bei der Bastion Felicitas insgesamt 310 Meter auseinander. Die Wassergräben vor den Bastionen waren 30 Meter breit. Der Höhenunterschied von der Wasseroberfläche bis zur Wallkrone der Bastionsspitze betrug 12 Meter.

Die Wassergräben entlang der Gartenfeldfront waren durch zwei Dammbauwerke (Batardeaux) unterbrochen, die der Regulierung des Wasserstandes im nassen Graben dienten. Um das Überqueren des Festungsgrabens zu verhindern, waren die Mauerkronen spitz ausgeführt. In der Mitte der Dammbauwerke befanden sich zylindrische Türme mit einer kegelförmigen Spitze, die weitere Hindernisse darstellten. Da der Feind während einer Belagerung der Festung durch eine Zerstörung der Dammbauwerke den Wasserstand im nassen Graben verringern oder über die Trümmer auf die Bastionen gelangen konnte, waren diese an den bestmöglich geschützten Stellen des Festungsabschnitts errichtet worden. Entlang der Gartenfeldfront befanden sich diese vor den Ecken der Bastionen Felicitas und Paul. Mitte des 19. Jahrhunderts kam schließlich vor der Bastion Damian noch ein drittes Dammbauwerk hinzu.

Spätesten 1740 war linksrheinisch das neue Verteidigungssystem mit seinen zwei Festungslinien fertiggestellt. Auch innerhalb der Stadt war die militärische Infrastruktur verbessert worden. So war beispielsweise zwischen 1738 und 1740 unmittelbar vor dem Alten Zeughaus das neue Zeughaus am Rhein gebaut worden, das heute als Staatskanzlei dient. Zusammen mit dem Deutschhaus, der Kanzlei und dem 1752 fertiggestellten Kurfürstlichen Schloss hatte die Rheinfront ihr beeindruckendes barockes Gesicht bekommen.

In den Blickpunkt des Festungsbaus geriet Mitte des 18. Jahrhunderts die rechte Rheinseite. Maximilian von Welsch hatte bereits 1714 und 1736 die Befestigung von Kastel gefordert. Für den Festungsbaumeister war klar, dass eine noch so mächtige linksrheinische Befestigung immer gefährdet bleiben musste, solange nicht ein starker Brückenkopf auf der anderen Rheinseite die Festung deckte. Mit der Einnahme von Kastel durch den Feind konnte die Verbindung der Festung Mainz vom Inneren des Reichs abgeschnitten und die Stadt über den Rhein mit Artillerie beschossen werden. Auf der Grundlage dieser Überlegungen hatte Maximilian von Welsch vorgeschlagen, in Kastel sechs oder sieben große Bastionen zu bauen.

Diese Planungen wurden nicht umgesetzt. Der Kurstaat sah eine Bedrohung der Festung nur von Westen und stellte für die Befestigung des rechten Rheinufers keine ausreichenden Geldmittel zur Verfügung. Es wurde lediglich am Ende der über den Rhein führenden auf 47 Schiffen ruhenden Brücke, eine kleine Tenaille errichtet. An der Stelle, wo 1688 das von den Franzosen erbaute und über die Jahre verfallene Fort Mars gestanden hatte, wurde ein neues Festungswerk gebaut. Es hatte einen fast identischen Grundriss wie der französische Vorläufer, bekam aber als *»Rhein-Schantz«* einen neuen Namen. Das Werk verfügte über vier Bastionen, bei denen die beiden dem Rhein zugewandten Bastionen häufig bei Überschwemmungen zur Hälfte weggeschwemmt wurden. Die Arbeiten an den rechtsrheinischen Festungswerken dauerten insgesamt vier Jahre.

Mit neuen Festungswerken auf beiden Rheinseiten war in Mainz eine große und hochmoderne Festung entstanden. Die Stadt verfügte mit ihren Bastionen, den vorgelagerten Schanzen und der Enveloppe über zwei starke Festungslinien. Die Festung wurde zu einem Vorbild für den Festungsbau in ganz Europa. Friedrich der Große baute nach dem Mainzer Vorbild die Befestigung von Schweidnitz aus und Maximilian von Welsch sicherte sich durch seine Arbeiten in Mainz den Ruf eines herausragenden Festungsbaumeisters.

Die Festung wurde nach ihrer Fertigstellung bis zu den Revolutionskriegen nicht mehr wesentliche verändert. Die Einwohner der Stadt konnten innerhalb der Festungsmauern sicher und gut leben. Für Mainz begann eine Zeit des Friedens. Und allen war bewusst, dass hieran nicht alleine die Politik der Mainzer Kurfürsten, sondern vor allem die Festung einen großen Anteil hatte.

Auch während der langen Friedensjahre blieb die Festung ein machtpolitisches Instrument. Der Mainzer Kurfürst war Besitzer der bedeutendsten deutschen Festung (meilleure forteresse de l'Allemagne) und die Stadt war der wichtigste Waffenplatz des Reiches. Vor diesem Hintergrund wählte der Fürstenbund 1788 unter Führung Preußens den ein Jahr vorher in das Amt gewählten Kurfürsten Friedrich Karl Joseph von Erthal an die Spitze der Streitmacht des Bundes. 1792 wurde die Festung für alle sichtbar zum *»Bollwerk des Römischen Reiches«* geadelt, als Friedrich Karl von Erthal in Anwesenheit des deutschen Kaisers und des preußischen Königs der Gastgeber eines Fürstentages sein durfte.

Während dieser Julitage im Jahre 1792 erstrahlte die barocke Festungsstadt in vollem Glanz. Friedrich Karl Joseph von Erthal schien sein Ziel erreicht zu haben, einer der mächtigsten Fürsten seiner Zeit zu sein. Doch die Freude währte nur kurz. Bereits ein Jahr nach dem Fürstentag waren der Mainzer Kurstaat und das prächtige Mainz mit seinen vielen barocken Bauwerken nur noch Geschichte und im Pulverrauch von deutschen Kanonen untergegangen.

## Die Planungen von Maximilian von Welsch

Plan der Stadt und Festung mit Umland von Maximilian von Welsch, um 1735. Er zeigt vor den Bastionen die Karl-Schanze auf dem Albansberg, die Philipp-Schanze, die Josef-Schanze auf dem Linsenberg und die Franziskus-Schanze auf dem Hauptstein. Eingezeichnet ist weiterhin die Mainzer Landwehr. Die Josef-Schanze und die Franziskus-Schanze sind bereits durch eine Umwallung verbunden. Im späteren Endausbau bestand der neue Festungsring aus sieben vorgeschobenen Schanzen mit einer geschlossenen Umwallungslinie, die vom Gartenfeld über die Landseite bis zum Fort Karl verlief.

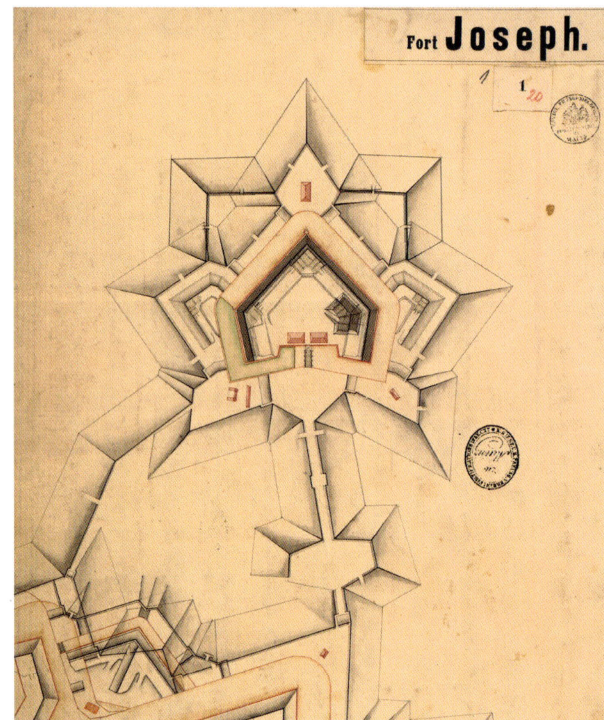


Abb. links und oben

**Detailpläne für die Franziskus-Schanze** (später: Fort Franz und Fort Hauptstein) und die **Josephs-Schanze** (später: Fort Josef). Der Plan der Franziskus-Schanze trägt unten rechts die Unterschrift des Baumeisters. Die Beschriftungen oben rechts wurden erst im 19. Jahrhundert aufgeklebt.

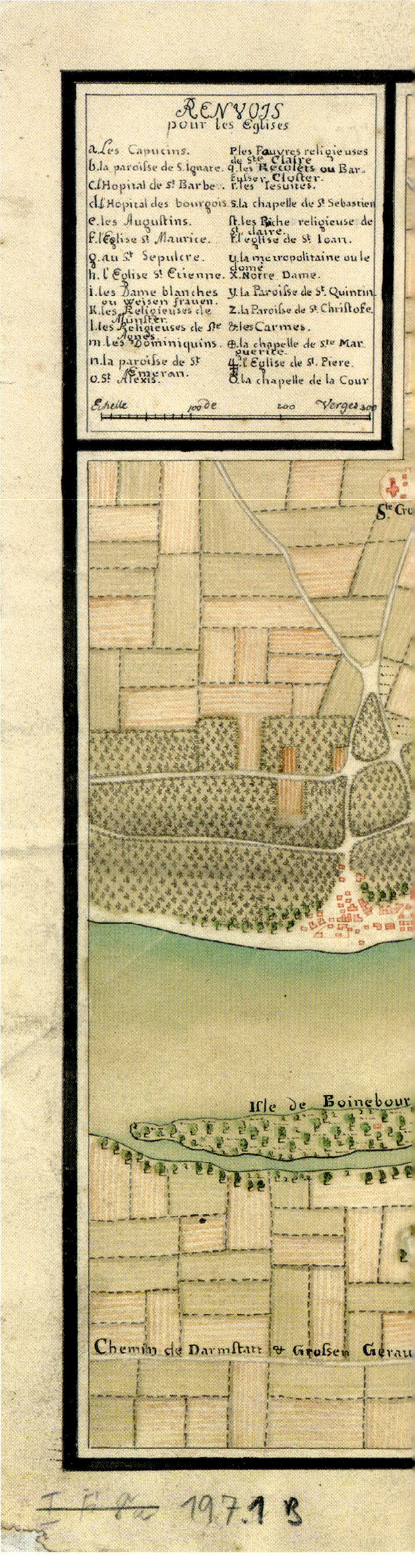

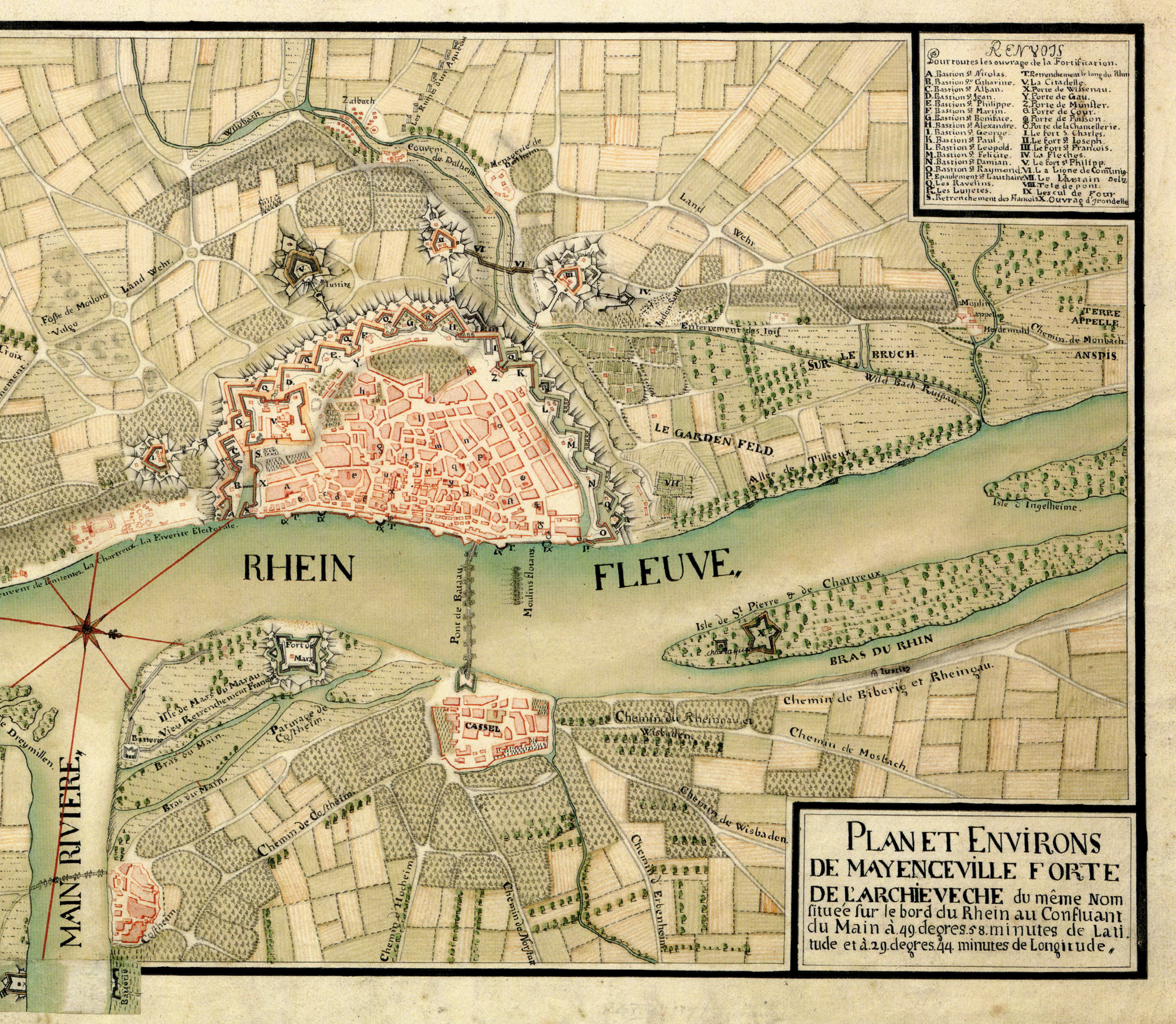
RENVOIS
Pour toutes les ouvrage de la Fortification.
A. Bastion St Nicolas.
B. Bastion Ste Catharine.
C. Bastion St Alban.
D. Bastion St Jean.
E. Bastion St Philippe.
F. Bastion St Martin.
G. Bastion St Boniface.
H. Bastion St Alexandre.
I. Bastion St George.
K. Bastion St Paul.
L. Bastion St Leopold.
M. Bastion St Felicite.
N. Bastion St Damian.
O. Bastion St Raymond.
P. Epaulement St Lauthaire.
Q. Les Ravelins.
R. Les Lunetes.
S. Retrenchement des François.
T. Retrenchement le long du Rhin
V. La Citadelle.
X. Porte de Wissenau.
Y. Porte de Gau.
Z. Porte de Münster.
Porte de Cour.
Porte de Poisson.
Porte de la Chancellerie.
I. Le fort S. Charles.
II. Le fort St Ioseph.
III. Le fort St François.
IV. La Fleches.
V. Le fort St Philipp.
VI. La Lione de Comunig.
VIII. Tete de pont.
IX. Les cul de Four
X. Ouvrag d'grondelle
RHEIN
FLEUVE
MAIN RIVIERE
Isle de St Pierre & de Chartreux
BRAS DU RHIN
Isle d'Ingelheime
LE GARDEN FELD
SUR LE BRUCH
CASSEL
Fort Mars
Pont de Bateau
Chemin de Biberig et Rheingau.
Chemin de Mosbach.
Chemin de Wisbaden
Chemin de Costheim
Costheim
Land Wehr
Zalbach
PLAN ET ENVIRONS
DE MAYENCEVILLE FORTE
DE L'ARCHIEVECHE du même Nom
située sur le bord du Rhein au Confluant
du Main à 49 degres 58 minutes de Latitude et à 29 degres 44 minutes de Longitude.

## Die Bastionen der Süd- und Bergseite mit dem Gautor

Die Grundrisse von bastionierten Festungsanlagen waren von dem jeweiligen Gelände und von den Schusslinien bestimmt. Das ermöglichte, Angreifer an jeder beliebigen Stelle der Mauer von mehreren Seiten unter Feuer zu nehmen (Beispiele für Schussrichtungen: orange Line – Gewehr, blaue Line – Kanonen). Die Mainzer Bastionen verfügten über verhältnismäßig langgezogene Facen **(1)**, zurückgenommene Flanken **(2)** und kurze Kurtinen **(3)**, denen Ravelins **(4)** vorgelagert waren. Die Festungswerke umschloss ein gedeckter Weg **(5)** mit Waffenplätzen **(6)** und dem Glacis **(7)**. Im gedeckten Weg befanden sich 2 m hohe hölzerne Palisaden, die meist erst im Kriegsfall gestellt wurden **(8)**. Das Bild zeigt den Abschnitt entlang des Eisgrubes mit den Bastionen Martin **(9)**, Philipp **(10)** und Johann **(11)**, zwei Ravelins **(4)**, der mittelalterlichen Gaupforte **(12)** sowie dem barocken Gautor mit seinem mehrfach gesicherten Zugangsweg **(13)**. Hinter den Bastionen sind die Gebäude der Blauen und der Roten Kaserne **(14)**, ein Stück der alten Stadtmauer mit dem Frankenturm **(15)** sowie eine aufmarschierte Kompagnie der Kurmainzer Infanterie zu sehen.

**Abb. oben**
**Palisaden** im gedeckten Weg (8) um 1759, davor Offizier und Füsilier vom Infanterieregiment v. Riedt in blauen Regimentsfarben. Die Palisaden waren in einem Abstand von etwa 10 cm gestellt, damit durch die Lücken geschossen werden konnte.

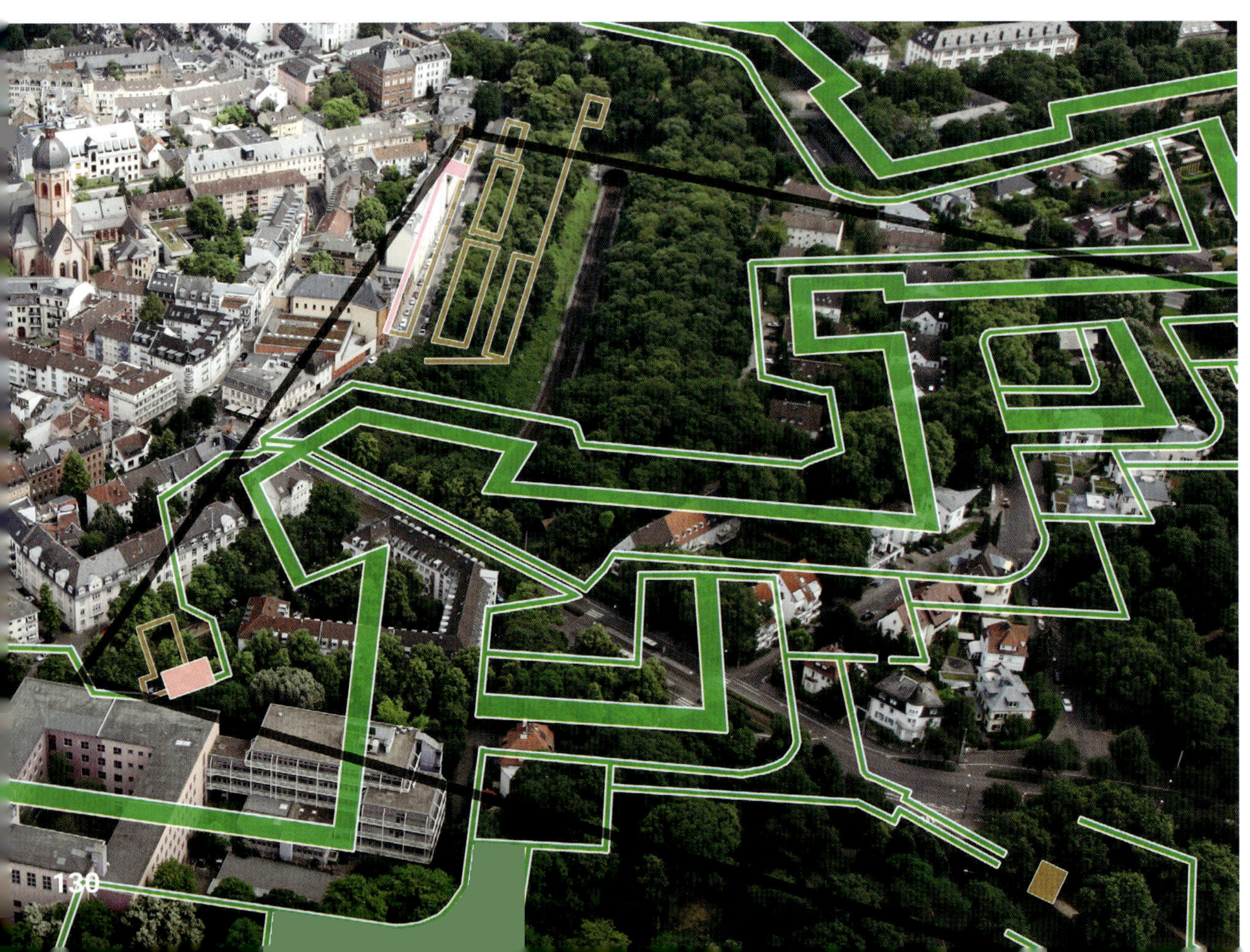

**Abb. oben**
**Äußere Ansicht** des 1670 gebauten Gautors nach dem Umbau 1880. Im Hintergrund die Stephanskirche. Die erhalten gebliebene äußere Schaufassade befindet sich heute in der Nähe des ursprünglichen Standorts.

**Abb. links**
**Die Lage der Bastionen Martin, Philipp und Johann mit Gautor** im heutigen Stadtbild.

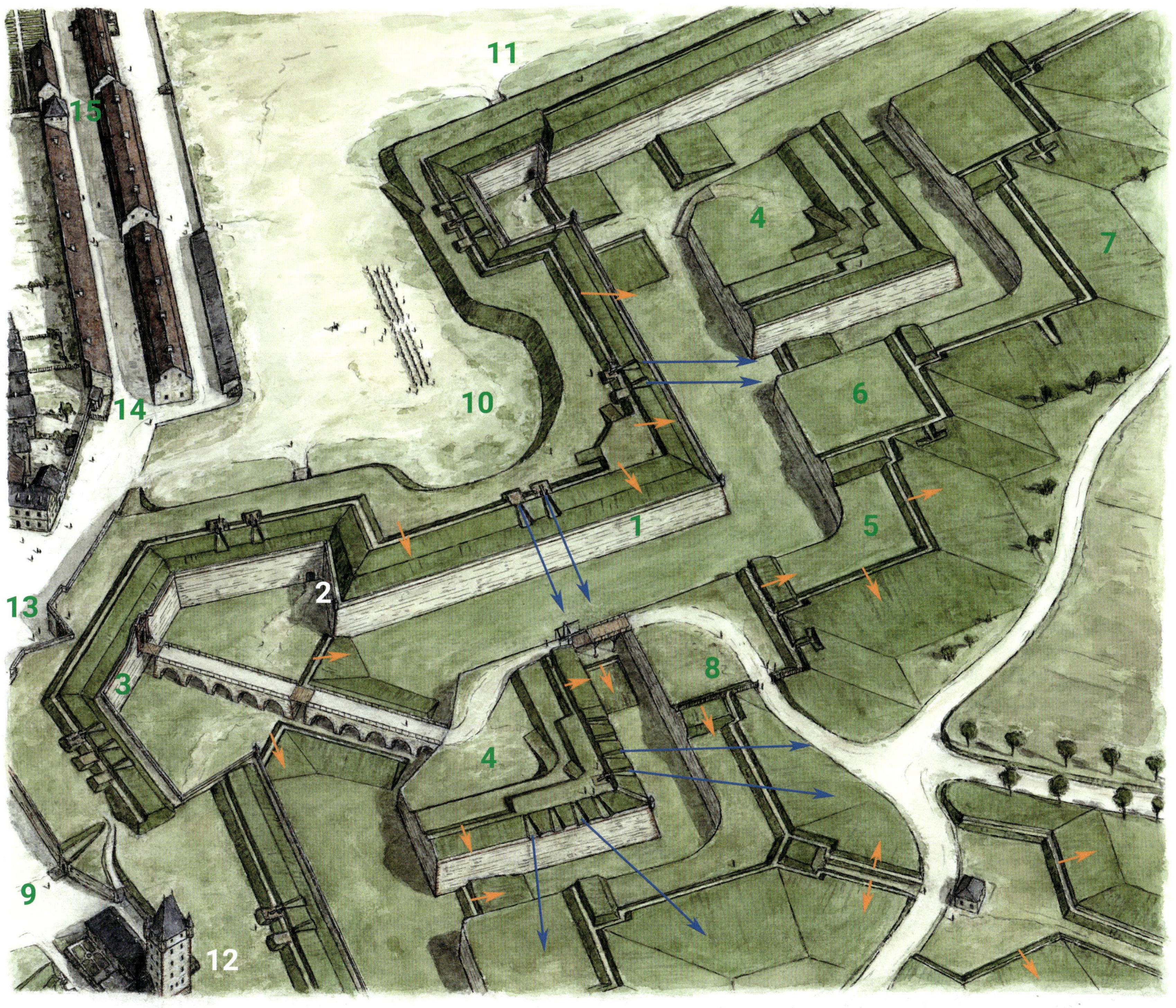


**Abb. oben**
Abschnitt zwischen den Bastionen Martin und Johann mit dem Gautor um 1780.

## Die Franziskus-Schanze auf dem Hauptstein

Das auffälligste Werk des zweiten Festungsgürtels war die Franziskus-Schanze auf dem Hauptstein. Sie befand sich auf demselben Gelände, wo ungefähr 90 Jahre zuvor die schwedische Schanze gebaut worden war. Bei der neuen barocken Schanze verlief außen ein zickzackförmiges Wall-Graben-System **(1)**. Innen bestand sie aus einem Kernwerk **(2)** mit zwei hölzernen Blockhäusern **(3)** und einem unterirdischen Munitionsraum **(4)**. Die innere Grabenwand war 7 m, die äußere war 5 m hoch. Am Fuß der äußeren Grabenwand befanden sich Hohlgänge **(5)**, von wo aus der Graben beschossen werden konnte. Diese Hohlgänge waren auch die Ausgangspunkte der unterirdischen, in das Vorgelände verlaufenden Minengänge. Die Feuerstellungen befanden sich an den Front- und Flankenseiten **(6)**. Die hintere Kehlseite hatte in Richtung Stadt keine Feuerstellung und war insoweit offen. Von hier aus war die Schanze durch direkt dahinterliegende gestaffelte Werke **(7)** mit den Bastionen des inneren Festungsrings verbunden. Dadurch war es den Verteidigern möglich, das Innere der Schanze nach möglichen Eroberungen unter Beschuss zu nehmen. Erst im 19. Jahrhundert entwickelte sich nach umfangreichen baulichen Veränderungen aus der barocken Schanze das von den Bastionen losgelöste, zur selbstständigen Kampfführung eingerichtete Fort Hauptstein.

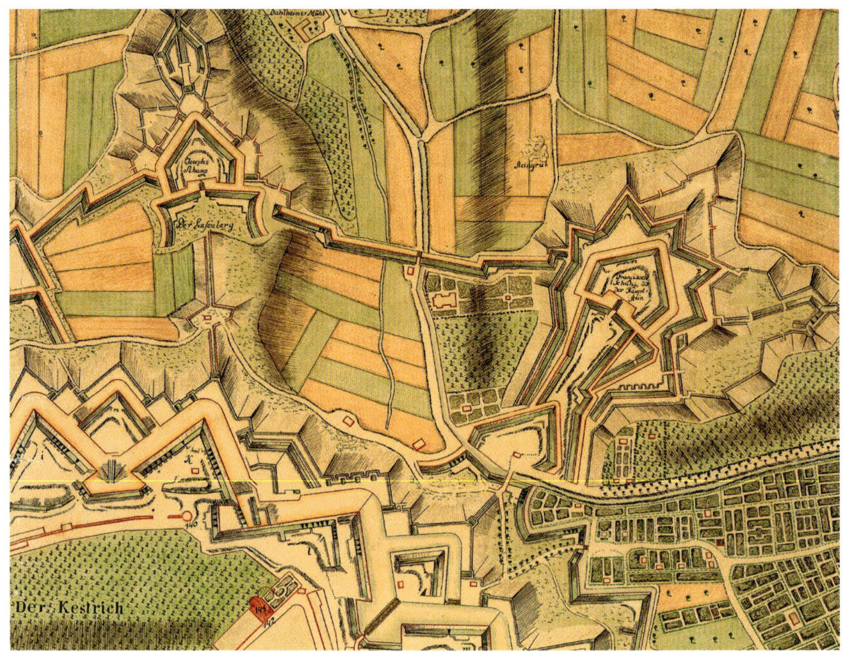


**Abb. oben**
**Fanziskus-Schanze und Josef-Schanze** auf einem Stadt- und Festungsplan von Johan Peter Schunck, 1784. Sie hatten einen vergleichbaren Aufbau. Reste beider Schanzen sind heute noch erhalten.

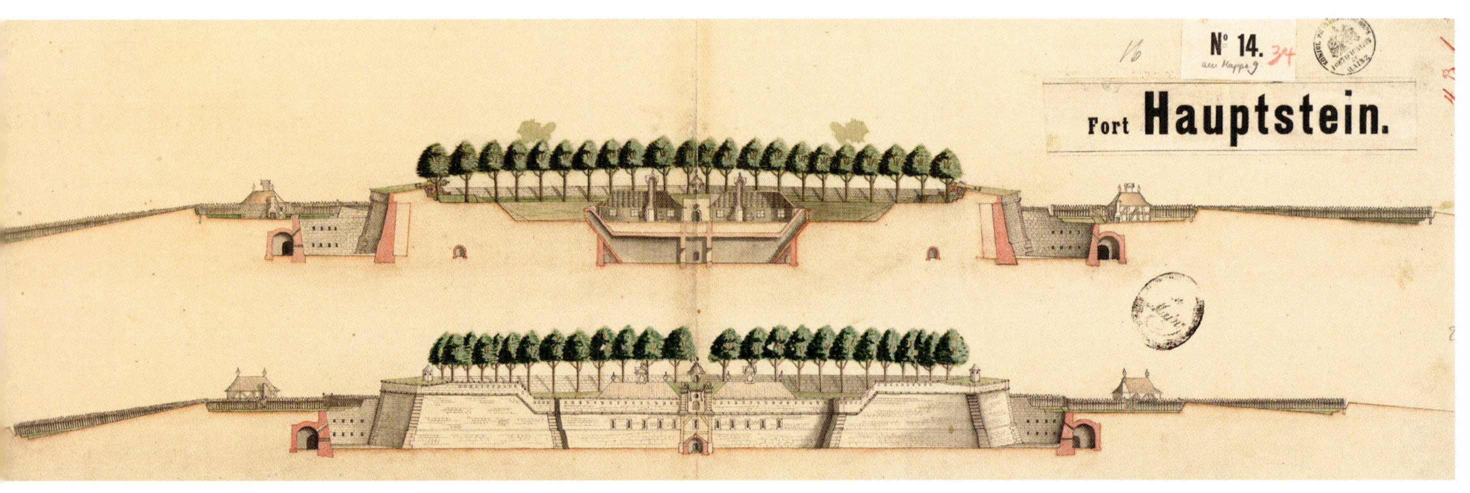


**Abb. oben**
**Plan der Franziskus-Schanze** vom Beginn des 18. Jahrhunderts, der mit Ausnahme der Baumreihe ausgeführt wurde.

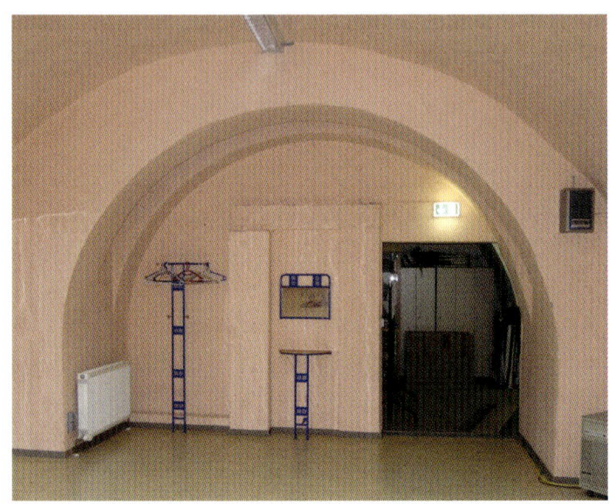

**Abb. oben**
Heute noch vorhandene **Kasematte** im Kernwerk der barocken Franziskus-Schanze, dem späteren Fort Hauptstein.

**Abb. oben**
**Franziskus-Schanze** auf dem Hauptstein um 1780.

**Abb. oben**
**Häuser in der Hinteren Bleiche** Nr. 20 und 22 aus dem 17. Jahrhundert. Das mit seiner Giebelfront in die Neubrunnenstraße vorstoßende Haus Nr. 20 markiert die ursprüngliche barocke Baulinie.

**Abb. rechts**
**Die Lage der Bastionen** entlang des Gartenfelds im heutigen Stadtbild.

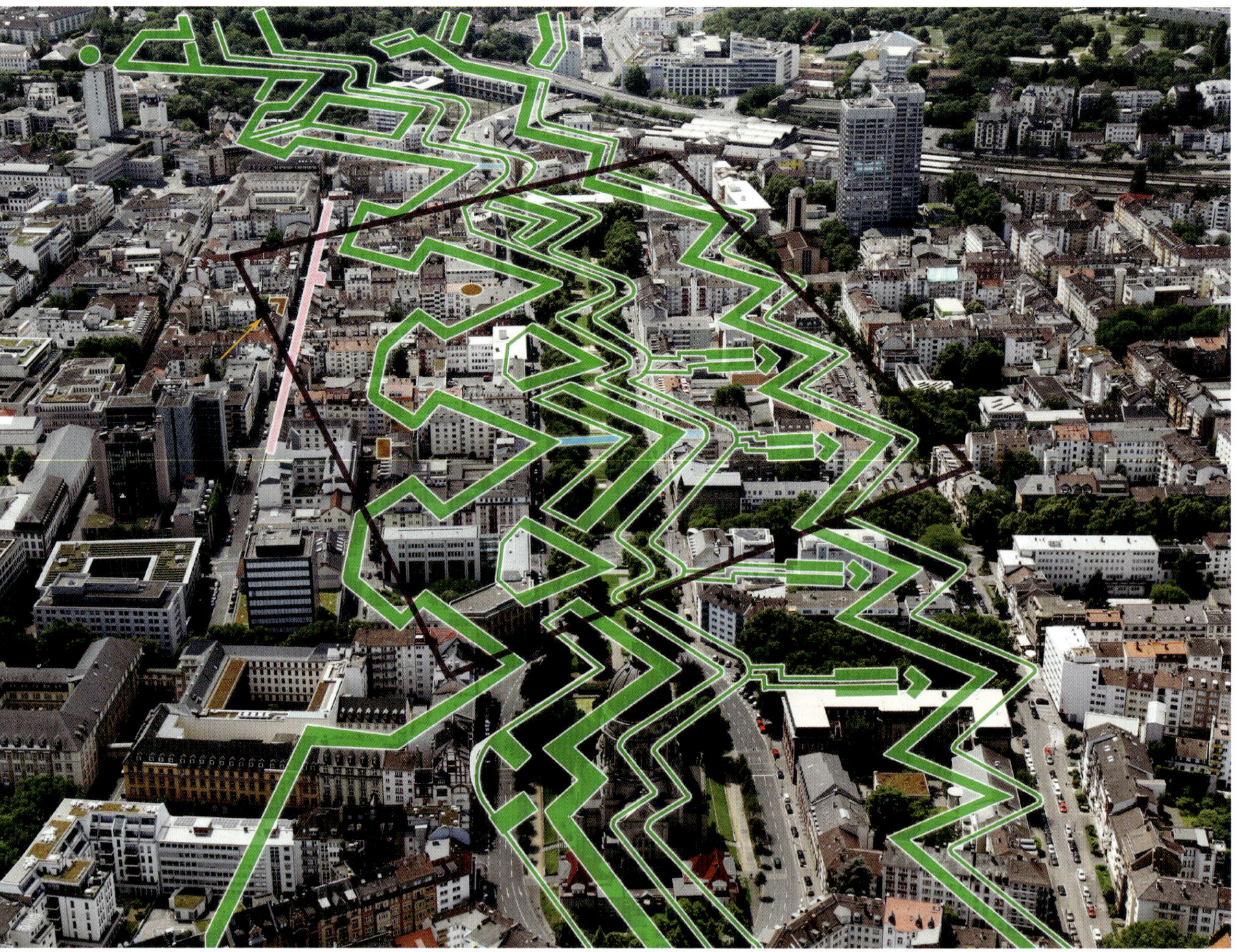

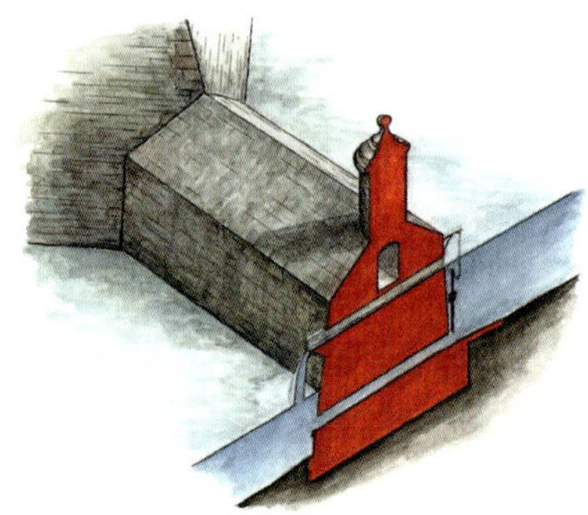

**Abb. oben**
**Stauwerk zur Regulierung des Wasserstandes** der Bastion Paul im Graben. Entlang der Gartenfeldfront gab es vor den Bastionen Paul, Felicitas und Damian insgesamt drei dieser Werke.

## Die gestaffelten Befestigungslinien vor dem Gartenfeld

Vom Hauptstein bis zum Rhein war der Bau von neuen Außenwerken nicht nötig. Hier wurde eine andere Lösung gefunden. Die Sicherung des Gartenfeldes erfolgte durch eine vorgeschobene, im Zickzack angelegte Umwallungslinie, die zusammen mit den dahinterliegenden Bastionen sowie den drei Wassergräben eine tief gestaffelte Verteidigung ermöglichte. Das Bild zeigt die Bastionen Felicitas **(1)** und Leopold **(2)**, drei Ravelins **(3)**, eine Contregarde **(4)**, den gedeckten Weg **(5)**, die Verbindungswerke zwischen der Hauptumwallung und der Enveloppe **(6)**, die Enveloppe **(7)**, die Wassergräben **(8)** sowie ein Stauwerk **(9)**. Hinter den Bastionen befanden sich ein Abschnitt der Stadtmauer mit dem Brandturm **(10)** und die barocke Stadtbebauung, von der die Häuser Neubrunnenstraße 20 und 22 heute noch erhalten sind **(11)**. Rechts das Gartenfeld **(12)**.

**Abb. oben**
**Bastionen Felicitas und Leopold** mit den drei Wassergräben und der vorgeschobenen Umwallungslinie um 1780. Der Wassergraben vor den Bastionen war 30 m und die Festungsfront insgesamt war bis zu 310 m breit.

**Abb. oben**
**Reste des Ravelins Martin-Bonifaz** mit Graben und gemauerten Grabenwände.

## Die Bastion Martin im barocken Endausbau

Im Zusammenhang mit dem Ausbau des zweiten Festungsrings wurden auch die dahinterliegenden Bastionen modernisiert. Hierzu gehörte auch die Bastion Martin. Der frühere Waffenplatz wurde zum heute noch erhaltenen Ravelin Martin-Bonifaz **(1)** umgebaut. Dieses neue Festungswerk schützte den Hauptwall und flankierte die Vorderseiten der Bastionen. Der um das Ravelin verlaufende Graben **(2)** konnte durch Kanonen **(3)** auf den Wallkronen der Bastionen Martin **(4)** und Bonifatius **(5)** beschossen werden. Weitere Kanonen **(6)** flankierten die Gräben der Bastionen **(7)**. Vor dem Ravelin wurde ein gedeckter Weg **(8)** mit Waffenplatz **(9)** angelegt. Die blauen Pfeile zeigen die Schussrichtung der Kanonen zur Flankierung der Gräben.

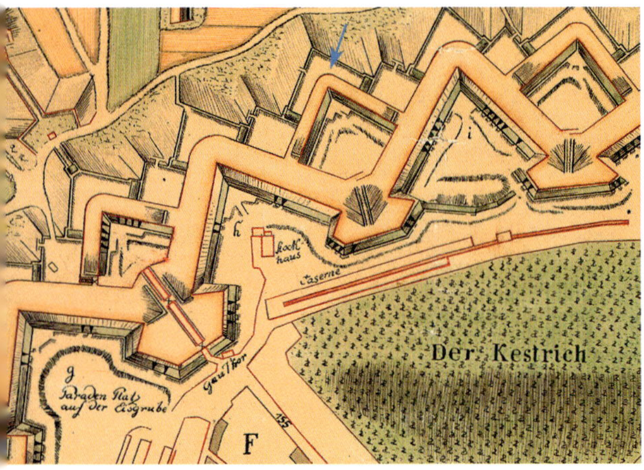


**Abb. oben**
**Bastionen Bonifatius (i)** und **Martin (h)** mit dem dazwischen liegendem Ravelin Martin-Bonifaz (blauer Pfeil). Der Martinsturm ist als *»Stockhaus«* bezeichnet. Links daneben das Gautor und die **Bastion Philipp (g)** auf dem Stadt- und Festungsplan von Johan Peter Schunck, 1784.

**Abb. oben**
Die Lage der Bastion Martin mit dem vorgelagerten Ravelin im **heutigen Stadtbild**. Rechts daneben der Zugang in die Stadt mit dem Gautor.

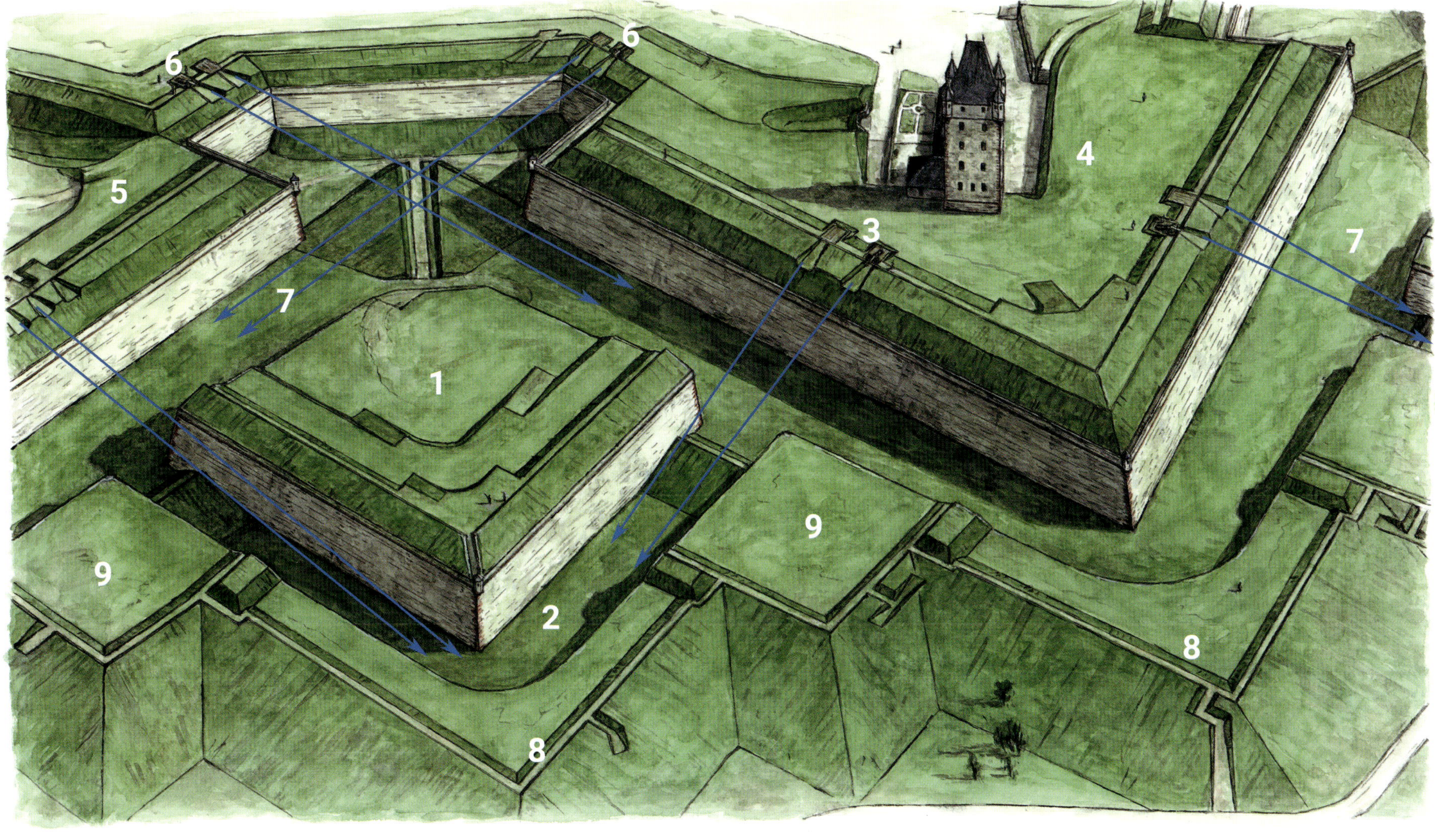


**Abb. oben**
Die **Bastionen Bonifatius** (links angeschnitten) und **Martin** mit dem vorgelagerten Ravelin Martin-Bonifaz im barocken Endausbau um 1780.

## Die unterirdischen Befestigungen

Eine wichtige Verteidigungsfunktion bildeten unterirdische Verteidigungs- und Kampfführungsanlagen. Minengalerien und weitverzweigte Stollengänge reichten bis weit vor die Festungsmauern. Diese konnten gesprengt werden, um dadurch die unterirdische Annäherung eines Gegners zu verhindern. Neben diesen Minengalerien gab es noch unterirdische Gänge, durch die Soldaten geschützt zu unterschiedlichen Kampfstellungen gelangen konnten. Insbesondere die heute noch vorhandenen unterirdischen Gangsysteme der Zitadelle und von Fort Josef können bei Führungen besichtigt werden und entwickeln sind zu immer beliebteren Touristenattraktionen.

**Abb. oben**
**Minengang** unter Fort Josef.

**Abb. links**
**Kasematte und gedeckter Gang** unter der heute noch vorhandenen äußeren Mauer des Hauptgrabens von Fort Josef.

**Abb. unten**
**Schnitt durch die Minengänge von Fort Josef**. Der Plan vermittelt einen Eindruck davon, wie die Gänge ungefähr acht Meter unter dem Gelände vor dem Fort (Glacis) verliefen. Auf der linken Seite verläuft ein Verbindungsgang in Richtung der inneren Stadtumwallung. Unter der Brücke ist der hier teilweise oberirdisch verlaufende Gang zur Sicherung des Grabens mit Schießscharten versehen. Unter dem Gebäude befindet sich die heute noch erhaltene Kasematte. Auf der rechten Seite verläuft ein achtzig Meter langer Minengang.

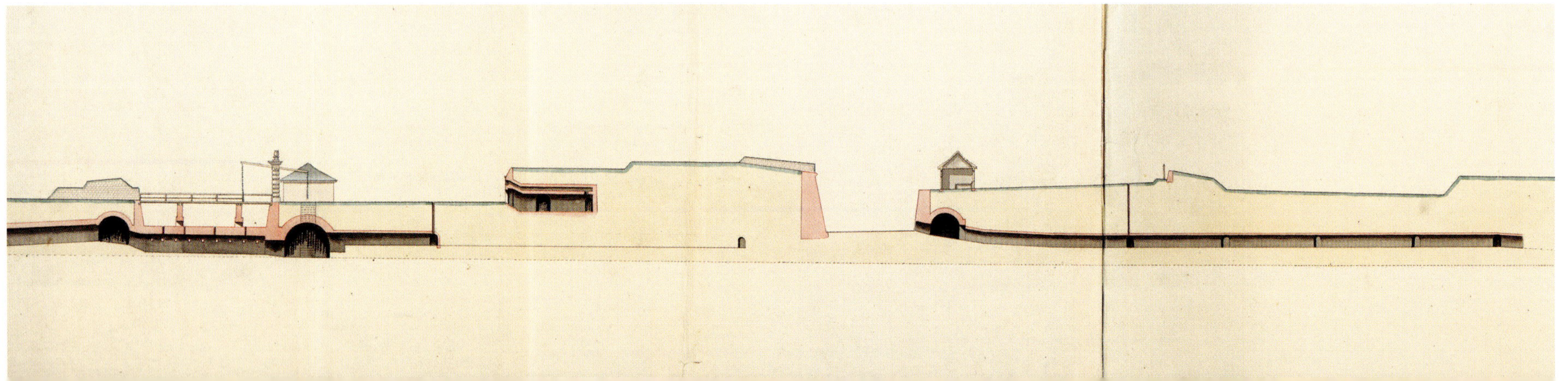

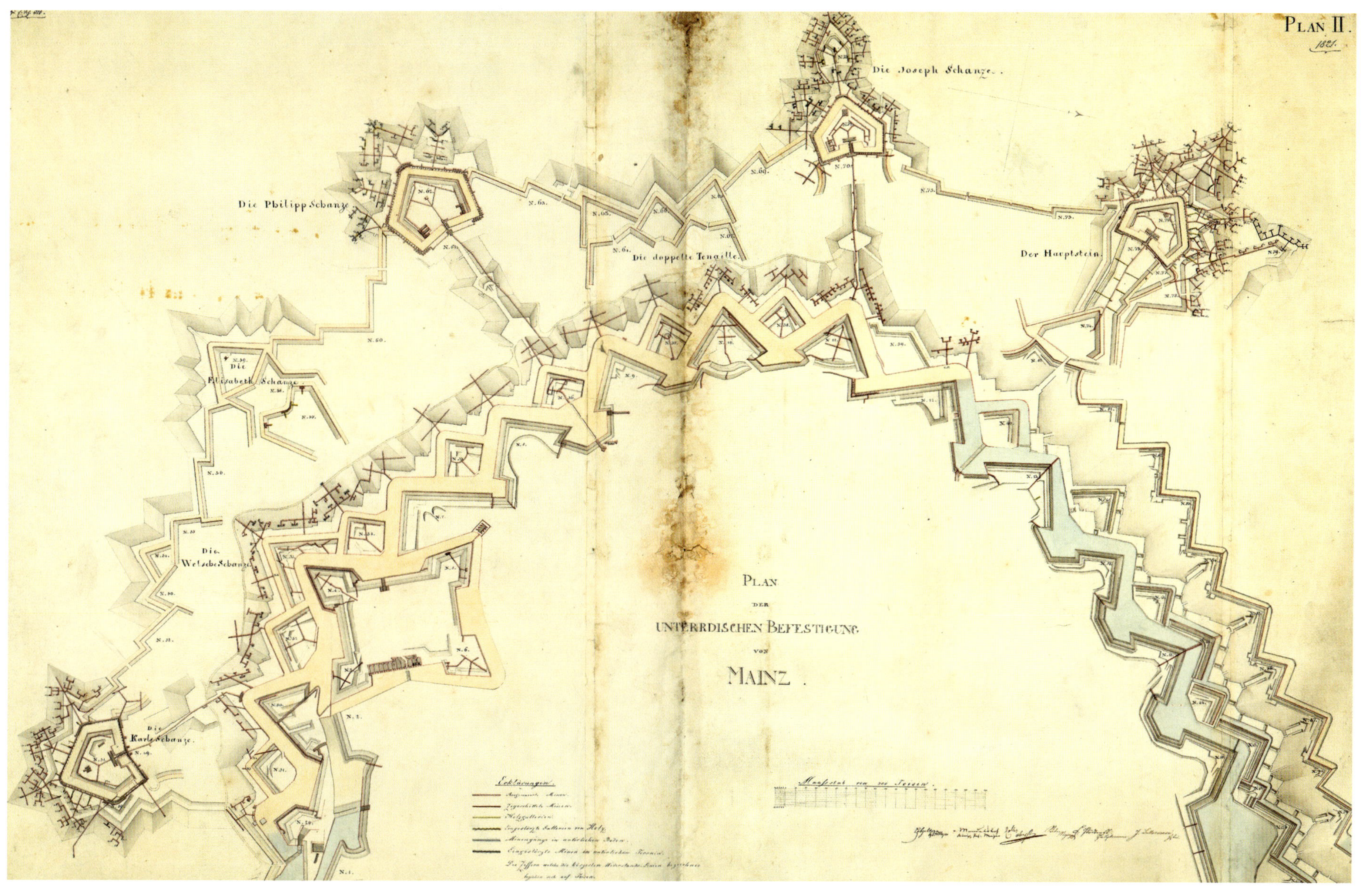


**Abb. oben**
**Plan der unterirdischen Befestigung** von Mainz von1821.

4

# MAINZ IN DER FRANZOSENZEIT UND IM DEUTSCHEN BUND

(1792 bis 1871)

**Bild auf der linken Seite:**
**Mainz im Deutschen Bund**
Gemälde mit Blick vom Kasteler Reduit um 1850.

# DIE FESTUNG ALS »BOULEVARD DE LA FRANCE« (1792 bis 1814)

Am 14. Juli 1789 begann in Paris die Französische Revolution mit dem Sturm auf die Bastille. Es war der bedeutendste Einschnitt in die abendländische Geschichte seit dem Untergang des West-Römischen Reiches. Die europäischen Staaten blieben allerdings zunächst gelassen und zeigten wenig Neigung, militärisch einzugreifen. Das Gleichgewicht der Mächte schien durch die Ereignisse in Frankreich nicht gestört zu sein. Das änderte sich erst nach dem gescheiterten Fluchtversuch Ludwig XVI. aus dem revolutionären Paris im Juni 1791. Österreich und Preußen forderten eine vollständige Restauration der Monarchie in Frankreich und drohten mit Vergeltung bis hin zur völligen Zerstörung von Paris, wenn der König auch nur die *»geringste Beleidigung«* erfahren sollte.

Der Krieg zwischen Frankreich und den europäischen Mächten begann am 20. April 1792 mit der französischen Kriegserklärung an den König von Böhmen und Ungarn, den späteren Kaiser Franz II. Es zeigt sich, dass die französischen Revolutionstruppen den gut ausgebildeten österreichischen und preußischen Soldaten nichts entgegenzusetzen hatten. Augenzeugen berichteten, dass sich die französischen Truppen *»in wilder Unordnung über die Grenze zurückgezogen hätten«*. Für Preußen und Österreich schien ein schneller Sieg in greifbarer Nähe zu sein. Es kam jedoch ganz anders. Und dabei spielte Mainz eine der Hauptrollen.

Am 14. Juli 1792 fand in Frankfurt am Main die Kaiserkrönung von Franz II. statt. Der neu gekrönte Kaiser des Heiligen Römischen Reichs Deutscher Nation reiste danach schnell nach Mainz weiter. Dort wurde in der Favorite, dem nach französischem Vorbild gebauten Schloss der Mainzer Kurfürsten, vom 19. bis 21. Juli 1792 ein prunkvoller Fürstentag abgehalten. Daran nahmen neben dem deutschen Kaiser und dem preußischen König Friedrich Wilhelm II. zahlreiche weitere deutsche Fürsten und Diplomaten teil. Gastgeber war der Kurfürst von Mainz, Friedrich Karl Joseph von Erthal.

Bei diesem Fürstentag ging es darum, Reichseinheit zu bekunden und nach den leicht erkämpften Siegen gegen die französische Revolutionsarmee die baldige Zerschlagung des revolutionären Frankreich vorzubereiten.

Mainz wurde mit seiner Festung von den damaligen Medien zum *»Bollwerk des Römischen Reiches«* erhoben. In Sichtweite der gewaltigen Festungswerke symbolisierte der Fürstentag nach außen die militärische Macht von Kaiser und König sowie der versammelten

**Kurfürstliche Favorite** mit Blick auf Mainz auf einem Stich von Salomon Kleiner, um 1726. Vor der Stadt sind die Bastionen und oberhalb des Schlosses ist auf dem Albansberg die Karl-Schanze zu sehen. Auf dem Fürstentag in der Favorite demonstrierten Kaiser, König und Fürsten im Juli 1792 letztmalig die Macht und den Glanz des Heiligen Römischen Reiches Deutscher Nationen.

**Abb. rechts**
Mainz um das Jahr 1814.

Lünetten
Ingelheimer Aue
Befestigung
Petersau
Zangenwerk
Fort Montebello
Inondations-
schanze
Redoute
Raimundi-
schanze
Lünette Nr. 9
Lünette Nr. 10
Bastion
Nr. 3
Bastion
Nr. 4
Bastion
Nr. 5
Bastion
Nr. 6
Halbbastion
Nr. 7
Lünette Nr. 11
Fort Gibraltar
Brücken-
schanze
Anschlusslinie
Nr. 8
Lünette Nr. 12
Feldbefestigung
Zwischenschanze
am Judensand
Fort Mars
Rheinschanze
Der Kopf
Befestigungen
Bleiaue
Klubisten - Schanzen
Stahlberg - Schanzen
Reduit
Karthaus
Heilig-Kreuz-Schanze
Weisenauer Lager

Fürsten des alten Europas. Mit seinen *»Festen, Schmäusen, Konzerten, Bällen, Erleuchtungen und Feuerwerken«* war der große Fürstentag aber gleichzeitig auch eine prachtvolle Inszenierung und ein persönlicher Triumph des Mainzer Kurfürsten. Am Ende waren die Weichen für den erwarteten Sieg gegen Frankreich gestellt. Was aber noch niemand ahnte, in Wirklichkeit war dieses letzte glänzende Fest der Stadt Mainz, so formulierte es Heinrich von Treitschke später, die *»Henkersmahlzeit des Heiligen Römischen Reiches«* und führte zum Untergang des Kurfürstentums Mainz.

Nach dem Fürstentag setzten Österreich und Preußen den Revolutionskrieg mit Frankreich fort. An deren Seite kämpfte jetzt auch Kurmainz, dem Frankreich zwei Wochen nach dem Fürstentag am 4. August 1792 den Krieg erklärt hatte. Ziel der Koalitionstruppen unter Führung Preußens war Paris und es schien nur eine Frage der Zeit zu sein, wann sie in die französische Hauptstadt einziehen würden. Es war die Rede von einem *»Spaziergang nach Paris«*, der dem Spuk der französischen Revolution ein Ende machen sollte. Doch dann passierte das Unfassbare. Die Revolutionsarmee hielt am 20. September 1792 mit der Kanonade von Valmy erstmalig den Angriffen der Koalitionstruppen stand. Die Soldaten zweier europäischer Großmächte mussten sich zurückziehen. Die Kanonade von Valmy wurde zum Mythos, der bis in die Gegenwart andauert. Für Johann Wolfgang von Goethe begann mit dem Erfolg der Revolutionsarmee *»eine neue Epoche der Weltgeschichte«*. Napoleon Bonaparte erklärte das Ereignis später zum Beginn des französischen Siegeszugs in Europa. Für die deutschen Staaten leitete die Niederlage der Koalitionstruppen den Untergang des alten Europas ein. Und sichtbar wurde dies für alle in Mainz.

Noch während des Rückzugs aus Valmy war eine französische Armee unter Adam-Philippe de Custine zum Gegenangriff übergegangen und war bei Landau in Deutschland eingedrungen. Die Franzosen eroberten in kurzer Zeit Speyer und Worms und standen am 21. Oktober 1792 vor den Toren von Mainz. Einen Tag später zogen sie in Mainz ein und besetzten die Stadt. Das Jahr 1792 mit dem Glanz des Main-

**Kapitulation des Mainzer Kriegsrates** gegenüber General Custine in der Nacht vom 21. zum 22. Oktober 1792 auf einem Stich nach dem Werk von Victor Adam. Am Tag darauf zogen französische Revolutionstruppen in die Stadt ein.

zer Fürstentages im Juli und der Übergabe der Festung an die Franzosen im Oktober war plötzlich zu einer tiefen Zäsur für die deutsche Geschichte geworden. In Mainz blieb nichts wie es vorher war. Die Ereignisse der Jahre 1792 und 1793 bedeuteten das Ende der Rolle von Mainz als eine Herrschaftszentrale des Reichs. War Mainz *»als Sitz des Reichskanzlers, vor einigen Jahren noch einer der mächtigsten Orte des Reiches – mutierte sie in den folgenden Jahrhunderten zu einer Festung mit provinzial anmutender Zivilstadt«*, so Matthias Dietz-Lenssen in seinem 2016 erschienenen Buch zur Geschichte von Kurmainz. Diese Entwicklung war nach der kampflosen Übergabe von Mainz als *»wichtigste und stärkste Reichsfestung«* zunächst in ihrer vollen Tragweite noch nicht absehbar. In ganz Deutschland hatten die Ereignisse zwar große Bestürzung hervorgerufen und eine breite mediale Aufmerksamkeit erzeugt. Von einer Untergangsstimmung war aber noch nichts zu spüren. Überall wurde die Frage gestellt, wie eine Festung mit den *»vortrefflichsten Wercken innerhalb und außerhalb«* kampflos an den Feind fallen konnte. Man wollte sich in Deutschland die Eroberung seiner stärksten Festung nicht anders erklären, als dass es dabei nicht mit rechten Dingen zugegangen sein könnte. Wie bereits bei der Eroberung von Mainz durch Adolf von Nassau im Jahre 1462 lieferte ein möglicher Verrat auch diesmal eine nachvollziehbare Erklärung. Es sei *»Leichtsinn, ja die Verrätherey«* gewesen, *»wodurch diese Reichsfestung den Franzosen in die Hände gespielt worden war; eine Verrätherey, welche (...) offen und klar bewiesen ist«*, beschrieb bereits 1793 ein unbekannter Verfasser die damaligen Ereignisse. Ob die Festung tatsächlich verraten worden ist, ist heute mit Sicherheit nicht zu belegen. Peter Lautzas hat sich 1973 in seiner Dissertation zur Festung Mainz u. a. während der französischen Zeit mit dieser Frage ausführlich auseinandergesetzt und ist dabei zu dem Ergebnis gekommen, dass es *»über das Ziel hinausschießen würde«* die damaligen Ereignisse Verrat zu nennen. Der Fall von Mainz ist für Peter Lautzas vielmehr ein *»eindrucksvolles Beispiel für die Wirksamkeit psychologischer Faktoren auf die militärische Kriegsführung«*, wobei er in diesem Zusammenhang an den überraschenden Misserfolg von Valmy und an die in den damaligen Medien verbreitete *»officiellen Panique«* erinnert. Auch mit weiteren Legenden räumt Lautzas auf. So gibt er zwar alle denen Recht, die vom *»erbärmlichen Zustand«* der Festungswerke sprechen. Daraus könne aber nicht gefolgert werden, die Festung hätte deshalb keinen erfolgreichen Widerstand leisten können. Denn nur die innere, bastionäre Umwallung habe sich in einem schlechten Zustand befunden, nicht aber der äußere Festungsgürtel mit seinen vorgelagerten Schanzen. Diese hätten keine Schäden aufgewiesen und die Festung Mainz sei *»im Ganzen gesehen (...) immer noch eine der stärksten im Reich gewesen«*. Auch die Hinweise auf eine schlechte Bewaffnung und eine zu schwache Garnison für die Verteidigung einer so großen Festung wie in Mainz überzeugen Peter Lautzas nicht. Mit seinen 184 Kanonen und 9 Haubitzen sei die Festung ausreichend bestückt gewesen. 6.000 Mann hätten es wagen können, sich gegenüber den 13.000 französischen Soldaten zu verteidigen und die Festung bis zum Eintreffen einer aus Koblenz kommenden preußischen Armee zu halten. Für Lautzas steht deshalb fest, dass ein entschlossener, nüchtern denkender und in seinem Handwerk erfahrener Kommandant die Festung vor der Kapitulation hätte bewahren können. Diesen hat es leider aber nicht gegeben, ganz im Gegensatz zu dem angreifenden General Adam-Philippe de Custine.

Die Eroberung von Mainz war für die französische Revolution nach der Kanonade von Valmy ein weiterer großer Erfolg. Auch wenn damit keiner gerechnet hatte. In Paris wusste man deshalb mit der Rheinfestung zunächst nichts anzufangen, da dem Feldzug von Custine kein strategisches Konzept zugrunde gelegen hatte. So versäumten es die Franzosen, rechtzeitig die im Oktober 1792 noch unbesetzte Festung Ehrenbreitstein zu erobern, um dadurch die Festung Mainz auf der linken Flanke zu decken. Die Folge davon war, dass die Alliierten im November 1792 in Koblenz ungehindert den Rhein überschreiten und an den Main vorstoßen konnten. Bereits am 2. Dezember 1792 eroberten sie Frankfurt zurück. Am Tage darauf waren sie bis Kastel vorgerückt und schlossen es ein. Um Mainz zog sich ein immer stärker werdender Belagerungsring zusammen.

Mit der Zeit erkannten die Franzosen, dass die glücklich gewonnene Festung ein unerwartetes Geschenk war, um die seit Ludwig XIV. erstrebte Sicherung der französischen Ostgrenze zu verwirklichen. Custine versetzte Mainz deshalb *»in den fürchterlichsten Verteidigungszustand«* und rief seine Soldaten auf, die Festungsstadt mit allen Mitteln zu behaupten.

Kurze Zeit später begann Custine mit dem Ausbau der Festung. Er errichtete oberhalb des Zahlbacher Tals auf dem Höhenrand des Linsenbergs die beiden Klubistenschanzen Stahlberg und Dalheim. Dies waren die ersten Festungswerke eines dritten Mainzer Festungsrings, den später Napoleon weiter ausbauen und vollenden sollte. Auf der rechten Rheinseite legte Custine den Brückenkopf Kastel (tête de pont de la Cassel) an und leitete damit einen neuen Abschnitt der Kasteler Festungsgeschichte ein. Innerhalb von vier Wochen entstand mit Unterstützung von 5.000 Soldaten und 2.500 Zivilisten eine ganz Kastel umfassende Erdwallanlage. Als die Arbeiten abgeschlossen waren, setzte sich die Stadtumwallung von Kastel aus drei ganzen und zwei halben Bastionen an den Flügeln sowie vier Ravelins und einem halbrunden Werk zusammen. Als verschanztes Lager (camp retranché) war es für 3.000 Mann Besatzung ausgelegt, zu dessen Belagerung 20.000 Mann erforderlich sein sollten. Wie es den Franzosen gelungen war, ohne vorbereitete Pläne in wenigen Wochen ein so umfängliches Festungssystem zu bauen, hat der Wiesbadener Festungsforscher Peter Klein untersucht. Er hat festgestellt, dass sich die französischen Ingenieure des Grundrisses der Gustavsburg bedienten, welchen sie geometrisch so verschoben, dass der Ort Kastel hineinpasste.

Im Vorgelände der Maarau und bei Kostheim legten die Franzosen eine Reihe von Erdschanzen an. Eine Schanze auf der Mainspitze deckte die Mainmündung. Zum Schutz der rechten Flanke von Kastel wurde die kurfürstliche *»Rhein-Schantz«* auf der Maaraue ausgebessert und als Fort Mars mit zehn Kanonen bestückt. Die linke Flanke von Kastel deckte ein mit neun Geschützen versehenes Werk auf der stromaufwärts gelegenen Spitze der Insel Petersau, das gleichzeitig eine Verbindung zur linksrheinischen Festung herstellte. Zu diesem Zweck wurde auch die stromabwärts gelegene Ingelheimer Au mit starken Verschanzungen versehen.

Anfang 1793 war das französische Mainz mit einer beeindruckenden Verteidigungslinie und einer Artillerie mit 270 Geschützen, davon 90 in den rechtsrheinischen Werken, für die bevorstehenden Kämpfe vorbereitet.

Am 14. April 1793 begann die Rückeroberung von Mainz durch preußische, österreichische, sächsische, hessische sowie pfalzbayrische Truppen. Die Blockade dauerte 69 Tage und die Belagerung 35 Tage. Die Stadt war in ihrer Geschichte häufig belagert, erobert, geplündert, besetzt oder später wieder zurückerobert worden. Germanische Stämme und die Hunnen hatten Mainz erobert und waren dann wieder abgezogen, Otto der Große hatte die Stadt 953 erfolglos belagert. Schweden und Franzosen hatten Mainz im 17. Jahrhundert besetzt und waren dann durch deutsche Truppen nach heftigen und verlustreichen Kämpfen zum Abzug gezwungen worden. Die Auswirkungen dieser Ereignisse für die Stadt waren jedoch mit den Folgen der Rückeroberung von Mainz im Jahr 1793 nicht zu vergleichen. In der Vergangenheit war es den Mainzern immer wieder gelungen, die Stadt wiederaufzubauen und ihr ein neues, häufig auch prächtigeres Gesicht zu geben. Nach 1793 wurde aber alles anders. Die Besetzung und Belagerung von Mainz bedeutete das Ende des barocken Mainz und gleichzeitig den *»Untergang einer Reichshauptstadt«*, so der Titel eines 2007 erschienenen Buches.

Das Goldene Mainz des Barock ging 1793 in einem Inferno aus Feuer und Flammen unter. Auch wenn nur 17 Zivilisten bei der Belagerung ihr Leben verloren hatten, waren die Folgen für die Menschen in der Stadt eine Katastrophe. Für andere war es dagegen ein großes Medienereignis. Der Adel bestaunte hinter den deutschen Linien die bunten Uniformen. Die feine Frankfurter Gesellschaft machte ihre Sonntagsausflüge auf die Hochheimer Höhen, um das brennende Mainz bei einem kleinen Imbiss zu genießen. Auch Johann Wolfgang von Goethe, der die Belagerung von Mainz als Kriegsberichterstatter verfolgte, konnte sich der Faszination des Krieges nicht entziehen. In seinem fiktiven Tagebuch gab er zu, sich *»an diesem Schauspiel (...) nicht satt sehen«* zu können. Ein Schauspiel, bei dem *»die Feuerkugeln (...) mit den Himmelslichtern wetteiferten«* und Schuss für Schuss *»in einer gewissen Höhe parabolisch«* zusammenfielen und verkündeten, dass sie *»ihr Ziel zu erreichen gewusst«*. Goethe beschrieb ausführlich, wie am 28. Juni nach einem *»fortgesetzten Bombardement«* der Turm und das Dach vom Dom abbrannten, wie kurze Zeit später *»nach Mitternacht die Jesuitenkirche«*, von Artilleriegeschossen getroffen wurde, anschließend *»Häuser und Paläste in Flammen«* aufgingen oder *»man in der Nacht vom 14. zum 15. Juli das Benediktinerkloster auf der Zitadelle in Flammen brachte«*

Am 23. Juli 1793 war Mainz wieder in deutscher Hand. Die 18.000 französischen Soldaten erhielten freien Abzug. Trotz der Kapitulation wurde die Verteidigung von Mainz in Frankreich als Erfolg angesehen. Der französischen Besatzung war es gelungen, die preußische Armee lange vor der Festung Mainz zu binden, so dass die große Offensive nach Frankreich im Jahr 1793 nicht mehr unternommen werden konnte. Damit hatte die französische Revolutionsarmee wichtige Zeit gewonnen, um wieder zu Kräften zu kommen.

Für Frankreich blieb Mainz mit seiner Festung ein strategisch bedeutsamer Punkt. Deshalb hatten sie bereits bei ihrem Abzug laut verkündet: *»Wir kommen wieder«*! Und das taten sie, wenn auch militärisch ohne Erfolg. Trotz der beiden Belagerungen in den Jahren 1794/95 und 1796 gelang es den Franzosen nicht, Mainz erneut zu erobern. Für Österreich hatte Mainz mit seinem rechtsrheinischen Brückenkopf eine herausragende Bedeutung erlangt, da die Festung den Franzosen Offensiven ins Innere Österreichs ermöglichen würde. *»Die Festung Mainz ist jetzt gleichsam der Mittelpunkt, nach welchem alle Kriegsoperationen hinströmen«*, beschrieb Erzherzog Karl die Doppelfunktion der Festungsstadt als starkes Bollwerk in der Defensive und als Ausfallstor für eine Offensive gegen Frankreich.

Der Kampfeswille zur Behauptung des linksrheinischen Deutschlands und der berühmt gewordene Sturm des österreichischen Reichs-Generalfeldmarschalls Clerfait auf die Mainzer Linien, der zum Rückzug der Franzosen führte, machte Mainz zum Symbol des Widerstands gegen die Revolution. Nach der Katastrophe von 1792 wurde die Festung Mainz nach den Belagerungen zwischen 1793 und 1796 stärker als je zuvor zum *»Hauptschlüssel des Römischen Reiches«* und gewann ein bis dahin nicht gekanntes Maß an öffentlichem Ansehen und Prestige. Die inneren Ereignisse dieser Zeit sowie die damit verbundenen militärischen und wirtschaftlichen Fragen hat Elmar Heinz in seiner Dissertation *»Doppelrad und Doppeladler«* ausführlich beschrieben und die Zeit als einen der *»packendsten Abschnitte der Stadtgeschichte«* lebendig gemacht.

Dieser Abschnitt der Mainzer Stadt- und Festungsgeschichte endete am 17. Oktober 1797 nicht mit einer militärischen Entscheidungsschlacht, sondern auf dem diplomatischen Parkett. In Geheimartikeln

**Auszug der Franzosen** nach der deutschen Belagerung von 1793 auf einem Gemälde im Garnisonsmuseum. Es war kein Abschied von Dauer. Nach dem Frieden von Campo Formio marschierten französische Truppen 1797 wieder in Mainz ein. Es war linksrheinisch das Ende von Kurmainz und der kurfürstlichen Residenzstadt.

des Friedensvertrages von Campo Formio trat Kaiser Franz II. die Stadt und die Festung Mainz an Frankreich ab. Diese spektakuläre Entwicklung war ebenso für das Reich wie auch für den Mainzer Kurstaat unbegreiflich, da Österreich über mehrere Jahre die französischen Belagerungen abgewehrt hatte. Die öffentliche Meinung, die Mainz jetzt noch lauter zur *»Schlüsselfestung des Reichs«* ausrief, nutzte im Ergebnis aber nichts. Am 30. Dezember 1797 marschierten wie im Oktober 1792 wieder französische Truppen über das Gautor in Mainz ein. Mit Marschmusik stimmten die Franzosen das Ende des Kurstaates ein. Dieser *»hatte nur noch dafür zu sorgen, dass die französischen Truppen gereinigte Quartiere vorfanden, ihre Generalität aus der Stadtkasse großzügige Tafelgelder gezahlt bekam und die Feiern zur Einnahme der Stadt vorbereitet wurden, dann wurde er aufgelöst«*, beschrieb Elmar Heinz das unrühmliche Ende des linksrheinischen Kurmainz und der kurfürstlichen Residenzstadt. Für große Teile des Adels und des Klerus war der jähe Abschied vom Feudalismus und vom Absolutismus eine Katastrophe. Für andere war das System der Krummstabsregierungen schon lange nicht mehr zeitgemäß gewesen und die neue Zeit versprach, dass endlich Begriffe wie Menschenrechte und Toleranz in den Mittelpunkt politischer Diskussionen gerückt würden.

Nicht nur die politischen Rahmenbedingungen wiesen in eine neue Richtung. Napoleon Bonaparte hatte auch die Kriegsführung grundlegend verändert. Anders als noch die Generale des 18. Jahrhunderts manövrierte Napoleon den Gegner nicht mehr durch vorsichtiges Taktieren unter Vermeidung einer Entscheidungsschlacht aus, sondern strebte die völlige Niederwerfung und Vernichtung des Gegners an. Sein Grundgedanke war immer, seine Feinde entscheidend und schnell zu besiegen. Die französische Armee zeichnete sich dabei durch eine hohe Beweglichkeit der Truppen und schnelle Operationen aus. Damit konnte Napoleon alle Mittel und Kräfte zum gegebenen Zeitpunkt an den entscheidenden Stellen konzentrieren und die Schlachten dort austragen, wo die Umstände oder das Gelände für ihn besonders günstig waren. In dieser Hinsicht waren die Truppen der Republik, die sich vor allem aus dem durchmarschierten Gebiet ernährten, den Truppen nach Art des Ancien Régime mit ihrem großen Tross deutlich überlegen. Die konservativen Feldherren der Gegner mit ihren inzwischen längst überholten Kriegstechniken wurden schlichtweg überrannt.

Es liegt auf der Hand, dass die neue und moderne Art der Kriegsführung auch Auswirkungen auf die Bedeutung von Festungen hatte. Zu Beginn der Revolutionskriege waren Festungen noch als wichtigster Faktor eines Feldzuges betrachtet worden. Diese Einschätzung veränderte sich spätestens nach Napoleons Erfolgen in Italien grundlegend. Der rein lokale Besitz einer strategischen Position verlor an Wichtigkeit und seine Bedeutung als Unterstützungspunkt für die Feldarmee rückte in den Mittelpunkt. Festungen nahmen wegen der neuen weiträumigen und beweglichen Kriegsführung als lokaler Defensivpunkt keine dominierende Rolle mehr ein, sondern dienten ganz der Unterstützung der Feldarmee und sicherten die Nachschublinien oder die Etappenstraßen. In den Festungen konnte Napoleon seine Armeen zusammenziehen, einberufen und ausbilden. Hier konnte er den ganzen Nachschub konzentrieren, wodurch die Soldaten bei ihren schnellen Märschen mit langsamen und langen Nachschubkolonnen nicht mehr belastet waren. Damit bekamen Festungen für die Kriegsführung einen weiteren wichtigen strategischen Wert. Sie waren

**Napoleon auf einem Gemälde von Jacques-Louis David von 1812.** Für den Kaiser der Franzosen war die Festung Mainz eine strategisch günstige Ausgangsbasis für militärische Operationen nach Westen wie nach Osten. Mainz wurde die zentrale Schlüsselfestung an der Ostgrenze des französischen Reiches.

nicht mehr allein auf die Defensive, sondern auch auf die Offensive ausgerichtet. *»Les places fortes sont utiles pour la guerre défensive comme poure la guerre offensive«*, beschrieb Napoleon die Aufgaben seiner Festungen.

Auch Mainz musste sich mit seiner Festung den neuen Anforderungen anpassen. Das linke Rheinufer war mit dem Frieden von Lunéville vom 8. Februar 1801, und die rechtsrheinischen Gebiete Kastel, Kostheim sowie die Petersau waren mit einem Vertrag vom 12. März 1806 rechtlich endgültig französisch geworden. Auf diesen Grundlagen baute Frankreich Mainz und Kastel zur *»Forteresse de Mayence«* und einem *»boulevard de la france«*, zu einem Bollwerk gegen Deutschland aus.

Auf dem rechten Rheinufer modernisierten die Franzosen die Festungswerke in Kastel. Bereits vor 1805 hatten sie die Wälle der Erdwerke mit Bekleidungsmauern versehen. Jetzt vergrößerten sie den Brückenkopf und bauten ihn noch stärker aus. Dabei verwendeten sie große Teile des Mauerwerks der 1793 zerstörten Favorite. Selbst der reiche Figurenschmuck wurde in den Festungsmauern verbaut. Was einst eines der prächtigsten Schlösser in Deutschland war, liegt heute unter der Erde des rechtsrheinischen Kastels verborgen.

Welche Bedeutung die Festungsanlagen in Kastel für Napoleon hatten, wird an den hierfür erforderlichen Finanzmitteln deutlich. *»Die zwischen 1798 und 1813 für die Befestigungen von Mainz und Kastel*

**Napoleon bei der Überquerung des Rheins von Mainz in Richtung Kastel am 30. Oktober 1806** auf einer Zeichnung im Schloss von Versailles. Bei seinen teilweise mehrtägigen Inspektionsreisen ordnete Napoleon zur Sicherung der Rheingrenze den großzügigen Ausbau der Festung Mainz auf beiden Rheinseiten an und besichtigte regelmäßig den Baufortschritt der neuen Festungsanlagen.

*vorgenommenen [...] Ausgaben beliefen sich auf ca. 9,3 Mio. FF, wovon 2,6 Mio. FF auf Mainz und 6,7 Mio. FF, also 72 % auf Kastel entfielen«*, so Peter Klein in einem Beitrag zu den rechtsrheinischen Befestigungen von Mainz.

Die Stadtumwallung von Kastel behielt die Form eines flachen Halbkreises mit drei ganzen und zwei halben Bastionen. Davor wurden zur Verstärkung der Bastionen anstelle der früheren Ravelins noch vier Lünetten zur Aufnahme von Artillerie und ein sehr breites Glacis angelegt. Auf dem Hauptwall befanden sich schon Erdtraversen, die auf der anderen Rheinseite erst in der Zeit des Deutschen Bund zu finden sind. Die Festungswerke der Stadtumwallung hatten eine große Tiefengliederung. Der Graben vor den beiden Toren wies eine Breite von 50 m auf. Der Frontgraben vor den Bastionen war mit Wasser gefüllt. Die beiden Flankengräben blieben trocken, da sie einige Meter höher als der entlang der Front verlaufende Graben lagen, womit ein Wasserzulauf verhindert wurde. Wasser in den Flankengräben gab es nur bei Hochwasser, wenn das Wasser des Rheins in die Festungsanlagen strömen konnte. Entlang des Rheins war Kastel durch eine Mauer mit Gewehrscharten abgeschlossen.

Zum beiderseitigen Flankenschutz von Kastel bauten die Franzosen auf der einen Seite gegenüber der Petersau das Fort Montebello (später: Fort Großherzog von Hessen) in Form eines unregelmäßigen Kronwerkes. Auf der anderen Seite entstand auf der Maaraue das zusammenhängende System der oberen, mittleren und unteren Rheinschanzen. Darüber hinaus überlegten die Franzosen lange Zeit, die alte Schwedenfestung Gustavsburg wiederaufzubauen. Dieser Plan wurde ebenso wenig verwirklicht wie der Plan, den Main um die neuen Festungswerke umzuleiten.

Auch auf der linken Rheinseite verstärkten die Franzosen die Festung, indem sie die von Custine angelegte dritte Verteidigungslinie erweiterten. Sie erneuerten die beiden jenseits des Zahlbachertals gebauten Klubistenschanzen und bauten davor mit der Zahlbacher Schanze (später Fort Zahlbach) ein neues Werk. Beiderseits der neuerbauten großen Heeresstraße nach Westen, der Pariser Straße, entstanden die beiden Stahlberger Schanzen (später: Fort Hechtsheim und Mariaborn). Vor dem Fort Welsch bauten die Franzosen das kleine Werk Heilig-Kreuz (später: Fort Heiligkreuz). Auf den Ruinen des Lustschlosses Favorite verstärkten die Franzosen schließlich eine bis dahin stark gefährdete Seite der Festung. Im Süden zwischen dem Fort Karl und dem Rhein wurde das bereits von der österreichischen Garnison errichtete Weisenauer Lager (später: Fort Weisenau) mit dem Reduit Kartaus (später: Fort Karthaus) ausgebaut. Damit konnte der Gegner weit von der Hauptfestung entfernt gehalten und die Schifffahrt auf dem Rhein gesichert werden.

Eine weitere, noch wichtigere Verstärkung des Mainzer Festungsrings betraf die Gartenfeldfront. Die Belagerungen hatten gezeigt, dass dies der schwächste Abschnitt der Festung war. Die Franzosen führten hier mehrere Baumaßnahmen durch. Auf dem Gelände der heutigen Schott-Werke entstand in den Mombacher Sümpfen die von einem Wassergraben umgebene Inondationsschanze. Zu ihren Aufgaben gehörte der Schutz des Stauwerks, das im Kriegsfall das aus dem Zahlbacher Tal herbeifließende Wasser des Wildgrabens bis zur Überflutung – Inondation – zurückhalten konnte. Als rückwärtige Verbindung dieses weit vorgelagerten Festungswerks diente die Raimundischanze. Auf der Spitze des Hartenberges wurde auch als Flankenschutz für die Gartenfeldfront das Fort Gibraltar (später: Fort Hartenberg) gebaut, das durch eine kleine Zwischenschanze über dem Judensand (später: Fort Judensand) mit dem Hauptstein verbunden war. Ein besonderes Augenmerk richteten die französischen Ingenieure auf die Petersau und die Ingelheimer Aue. Diese stellten nach ihrer Einschätzung den *»Schlüssel von Mainz«* dar. Mit Festungswerken auf diesen beiden Inseln war es möglich, nicht nur die Gartenfeldfront, sondern auch den rechtsrheinischen Brückenkopf Kastel zu schützen. Die Petersaue wurde deshalb am Kopf mit einer Redoute und in der Mitte mit einem Zangenwerk gesichert. Auf der benachbarten Ingelheimer Aue entstanden drei Lünetten.

1813 war der französische Ausbau der Festung im Großen und Ganzen abgeschlossen. Auch wenn in Kastel noch gebaut wurde, verfügte

Mainz jetzt auf beiden Rheinseiten über eine mächtige Festungsfront. Für ihre Verteidigung waren mehr als 432 Geschütze vorhanden, davon 300 in Mainz und 132 in Kastel. Napoleon war mit seiner neuen Festung zufrieden. *»Ces sont les grands boulevards de la France«*, sagte er während einer Festungsinspektion am 20. April 1812. An den folgenden Tagen wurde dieser Ausspruch in fast allen Zeitungen und Zeitschriften des Reichs abgedruckt.

Ihre erste und gleichzeitig letzte Bewährungsprobe unter Napoleon bestand die Festung Mainz nach der Völkerschlacht von Leipzig. Nach der Schlacht im Oktober 1813 hatten sich 27.000 Soldaten der geschlagenen französischen Armee nach Mainz zurückgezogen. Bereits am 3.Januar 1814 schlossen 30.000 russische und 9.000 deutsche Soldaten die Festung Mainz weitgehend ein. Da die Hälfte der eingeschlossenen französischen Truppen krank und kampfunfähig in der Stadt lag, wurden Teile der Bürger zur Unterstützung der Armee hinzugezogen. Die Belagerer mussten allerdings mit einem schweren Mangel leben. Wegen des schnellen Aufmarsches und der notwendigen Rheinüberquerung besaßen sie keine schwere Artillerie. Für Mainz hat das einen unschätzbaren Vorteil, da die Stadt von erheblichen Zerstörungen verschont blieb und sich das Trauma von 1793 nicht wiederholte. Im Schutz der Festungsmauern leisteten die Franzosen mehrere Monate erfolgreich Widerstand. Erst nach dem Fall von Paris, der Abdankung Napoleons und der Vereidigung auf den neuen König Ludwig XVIII. zogen die Franzosen am 4. Mai 1814 ehrenvoll aus Mainz und dem rechtsrheinischen Brückenkopf Kastel ab.

Bis zum Ende seiner Herrschaft war die Festung Mainz von Napoleon zu einem der ersten Waffenplätze des französischen Kaiserreichs erhoben worden. Dabei hatte sich das Gesicht der Stadt grundlegend verändert und die in Jahrhunderten gewachsene Pracht der Stadt war verloren gegangen *»Der Bewohner von Mainz darf sich nicht verbergen, dass er für ewige Zeiten einen Kriegsposten bewohnt«*, so beschrieb Goethe das neue Mainz. Und so war es. Aus der Goldenen Stadt am Rhein war eine schmucklose Festungsstadt geworden. Nicht mehr die Entfaltung von Macht und Pracht, sondern der kontinuierliche Ausbau der Festung bestimmte in den folgenden einhundert Jahren die Entwicklung von Mainz.

An **Fleckfieber (Kriegstyphus)** erkrankte und sterbende französische Soldaten in Mainz. Nach der verlorenen Völkerschlacht bei Leipzig waren Teile der französischen Armee nach Mainz geflüchtet und hatten die ansteckende Krankheit mitgebrachte, die sich sich epidemieartig unter den Soldaten und der Bevölkerung ausbreitete. Es gab tausende Tote, darunter 10 % der Einwohner von Mainz. Trotz dieser Katastrophe hielten die Franzosen im Schutze der Festungsmauern einer Belagerung russischer und deutscher Truppen stand und zogen erst im Mai 1814 aus Mainz ab. Die französische Herrschaft war damit zu Ende.

## Die Belagerungen von Mainz

Im Oktober 1792 eroberte der französische General Custine ohne Gegenwehr die als uneinnehmbar geltende Festung Mainz. Von April bis Juli 1793 eroberten deutsche Truppen das besetzte Mainz zurück. Große Teile der Stadt wurden dabei zerstört. In den darauffolgenden Belagerungen von 1794/95 und 1796 versuchten die Franzosen vergeblich, Mainz erneut einzunehmen. Die Region wurde während dieser Zeit zu einem hart umkämpften Schlachtfeld. Als die Franzosen 1796 schließlich abrückten, war die Festung Mainz zu einem Symbol gegen die französische Revolution geworden. Ein Jahr später endete dieser Zeitabschnitt auf diplomatischem Wege, als Mainz mit dem Frieden von Campo Formio französisch wurde.

**Abb. oben**
**Blick von der Hochheimer Höhe** auf den brennenden Dom und die Liebfrauenkirche während der ersten Belagerung von Mainz in der Nacht des 28. Juni 1793 auf einer Radierung von Johann Georg Schütz.

**Abb. oben**
**Mainz von Marienborn** aus während der Belagerung von 1793 auf einem Kupferstich von Georg Melchior Kraus. Im Vordergrund des Bildes breitet sich das militärische Lager der Alliierten mit Zelten und Soldaten aus. In der Mitte ist, rechts neben den Kriegstouristen, in der Zweiergruppe Goethe als Zivilist mit einem Fernrohr zu erkennen. Dahinter der Ort Marienborn mit der heute noch stehenden Kirche und die belagerte Stadt Mainz.

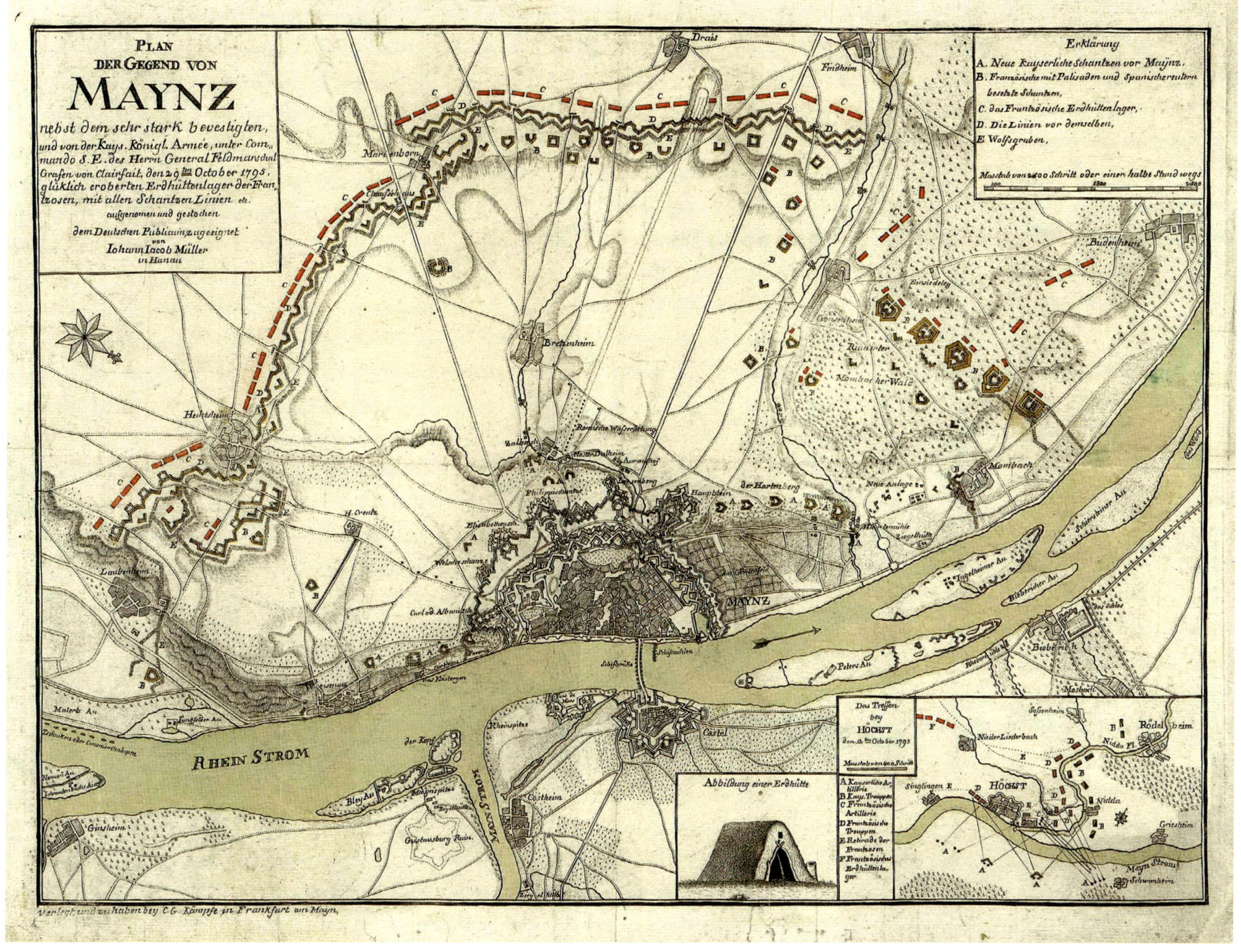


**Abb. oben**
**Karte der zweiten Belagerung von Mainz** zwischen Herbst 1794 und Oktober 1795. Gut zu erkennen sind oben die Mainzer Linien, die von den Franzosen mit Erdwällen und Schanzen im weiten Bogen um die Stadt gebaut worden waren und in ihren Ausmaßen die Werke der Festung Mainz übertrafen. Der österreichische General Clerfait durchbrach die Mainzer Linien in einem berühmt gewordenen Angriff und zwang die Franzosen zum Rückzug.

**Abb. oben**
**Abtsbau des einstigen Klosters.** Dieser diente ebenso wie der Fremdenbau ab 1793 als Kaserne. Beide Baulichkeiten wurden 1912 abgebrochen. Das Portal des Abtsbaus sowie einige Fenstergewände fanden in der gegenüberliegenden, neugebauten Doppelkompaniekaserne (heute: Gebäude der Stadtverwaltung) eine neue Verwendung.

## Die Zerstörung der barocken Zitadelle

In der Nacht vom 14. zum 15. Juli 1793 beschossen preußische und österreichische Koalitionstruppen von der Mainspitze die französischen Stellungen auf der Zitadelle. Nach einem fürchterlichen Bombardement explodierte dort ein Munitionslager und das gegenüberliegende Benediktinerkloster ging in Flammen auf. Übrig blieben die Ruinen der Kirche und der Abts- und Fremdenbau des Klosters. Unbeschadet überstanden zunächst der prächtige Klostergarten und der Drususstein den Beschuss. Die Zitadelle wurde später nicht wieder in ihrer barocken Anmutung hergestellt. Ohne das Kloster und seinen Garten erhielt die Zitadelle ab Mitte des 19. Jahrhunderts ein rein militärisches Gesicht, das heute noch gut zu erkennen ist. Von den barocken Aufbauten sind nur noch die beiden gegenüberliegenden Tore und der Kommandantenbau erhalten.

**Abb. unten**
**Fremdenbau** des 1793 zum größten Teil zerstörten Benediktinerklosters.

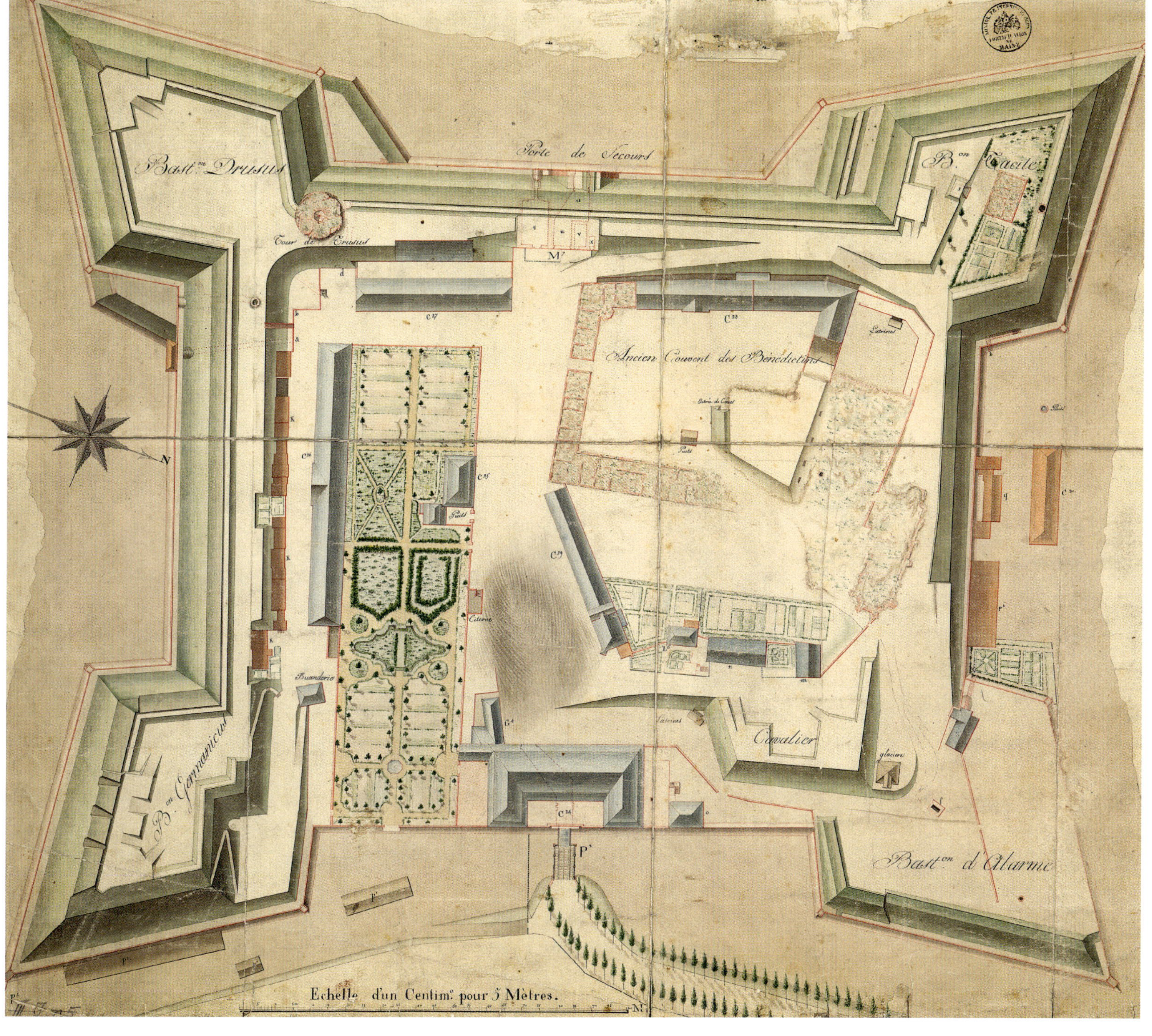


**Abb. oben**
**Plan der Zitadelle aus napoleonischer Zeit von 1801.** Zu erkennen sind oben rechts die Reste des Benediktinerklosters sowie rechts neben dem Kommandantenbau das zu einem Kavalier umgebaute alte Adolphus-Bollwerk der Schweikhardsburg, dessen Reste heute noch vorhanden sind.

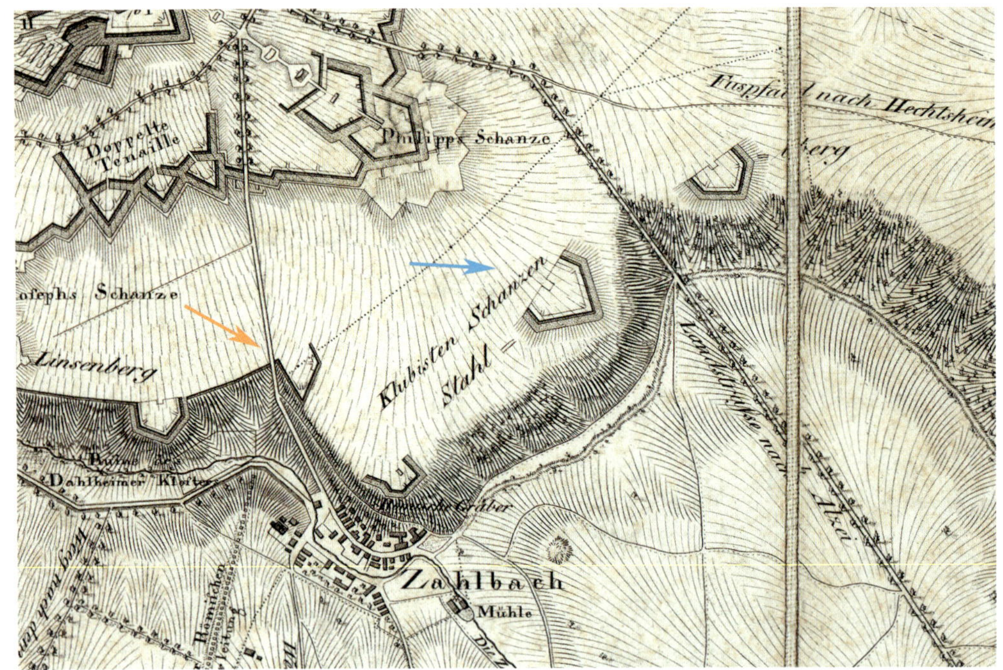


## Die Stahlberg- und Klubisten-Schanzen

Mayence, wie Mainz von 1798 an hieß, wurde für Napoleon zur wichtigsten Festung am Rhein. Zur Sicherung der neuen Ostgrenze bauten die Franzosen mehrere vorgeschobene Schanzen, die zusammen einen neuen dritten Festungsring bildeten. Diese Linie zog sich vom Höhenrand des Linsenbergs über das Zahlbacher Tal und die Ruine des ehemaligen Klosters Heiligkreuz bis nach Weisenau. Beiderseits der Pariser Straße erstanden die beiden Stahlberg-Schanzen (später: Forts Hechtsheim und Mariaborn). Daneben befanden sich die Klubisten-Schanzen (später: Fort Stahlberg und Dalberg-Schanze). Die französischen Schanzen waren reine Erdwerke, die erst später vom Deutschen Bund zu gemauerten Forts umgebaut wurden.

**Abb. oben**
**Ausschnitt eines Plans von B. Hundeshagen**, 1815, mit den Stahlberg- und Klubisten-Schanzen im dritten Festungsring. Die Stahlberg-Schanze (blauer Pfeil) sowie die von General Custine 1792 gebauten und 1793 hart umkämpften Klubisten-Schanze (oranger Pfeil) sind mit Kreisen gekennzeichnet.

**Abb. rechts**
Die **Klubisten-Schanze** wurde 1845 zum Fort Stahlberg umgebaut, um 1890 mit Beton verstärkt und diente ab 1910 als katholisches Lehrlingshaus. Auf dem Bild von 2009 sind Reste der um das Fort verlaufenden Grabenmauern (blauer Pfeil), des Reduits (oranger Pfeil) und Teile der Poterne (lila Pfeil) noch zu erkennen. Der markante ehemalige Aussichtsturm (grüner Pfeil) wurde erst um 1932 gebaut und dient heute als Wohnturm.

**Abb. oben**
**Stahlberg-Schanze** neben der Landstraße nach Alzey auf der Anhöhe über dem Wildgrabental um 1813. Es war ein typisch französisches Erdwerk mit umlaufendem Graben **(1)**, das auf der Rückseite mit Palisaden **(2)** gesichert war. In der Spitze, wo ein kleines Pulvermagazin **(3)** eingebaut war, und an den beiden Flanken befanden sich Stellungen für Kanonen **(4)**. Die Schanze wurde später im Deutschen Reich als Fort Mariaborn zu einem der stärksten Werke der Festung Mainz ausgebaut.

## Die Befestigung von Kastel

Napoleon ersetzte ab 1802 die von General Custine in den Jahren 1792/93 errichteten Erdwerke in Kastel durch neue Festungswerke. Auf dem Aquarell sind die umgebauten Bastionen 3 **(1)** und 4 **(2)** sowie die Lünette 9 **(3)** mit vorgelagertem Wassergraben vor dem Wiesbadener Tor **(4)** zu sehen. Auf den Festungsanlagen standen Kanonen zur Flankierung der Gräben und zum Fernkampf. Gedeckte Wege **(5)** mit Palisaden verliefen hinter dem Glacis **(6)**. Ein Wassergraben vor dem vorderen Glacis bildete eine dritte Verteidigungslinie **(7)**. Der Hauptgraben war bis zur Ecke der Bastion 4 **(2)** mit Wasser gefüllt **(8)**. Von dort floss nur noch ein kleiner Wassereinschnitt zum Rhein. Die französischen Festungsanlagen von Kastel unterschieden sich im Aufbau erheblich von den Verteidigungsanlagen der linksrheinischen Werke. Auf den Bastionen befanden sich beispielsweise Erdtraversen **(9)**, die der deutsche Festungsbau zu dieser Zeit so noch nicht kannte. Seine Bewährungsprobe bestand der Brückenkopf Kastel bei der Belagerung russischer und deutscher Truppen Anfang 1814 nach der Niederlage von Napoleon in Leipzig.

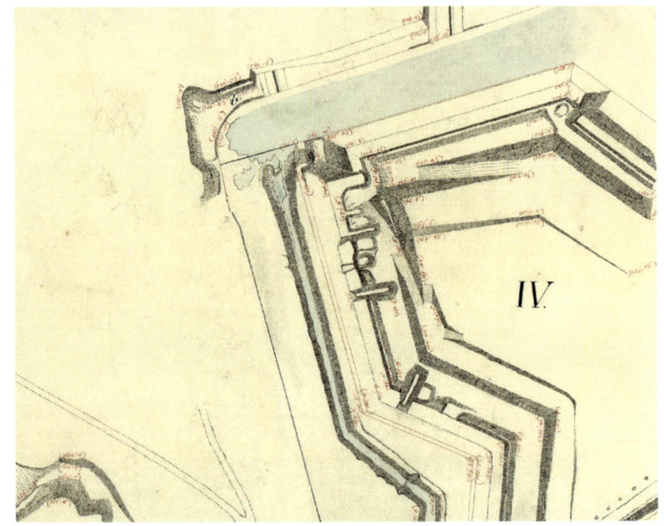


**Abb. oben**
**Plan der Bastion 4** in Kastel nach 1815. Er zeigt den letzten französischen Ausbauzustand. Auf den Wällen sind die Erdtraversen gut zu erkennen. Vor der Bastion verläuft ein Wassergraben. Das Mauerwerk und die Höhenzahlen sind rot gekennzeichnet.

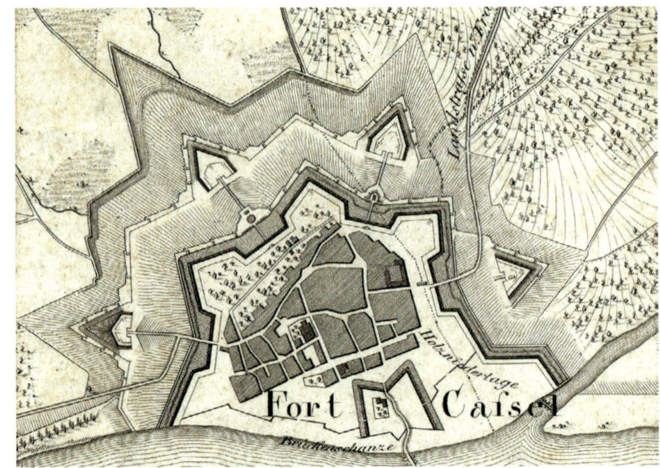


**Abb. oben**
**Der rechtsrheinische Brückenkopf Kastel** auf dem Plan von B. Hundeshagen, 1815.

**Abb. links**
**Bastionen, Lünette und Wiesbadener Tor** im heutigen Stadtbild von Mainz-Kastel. Der damalige Verlauf der Rheins ist durch eine blaue Linie gekennzeichnet.

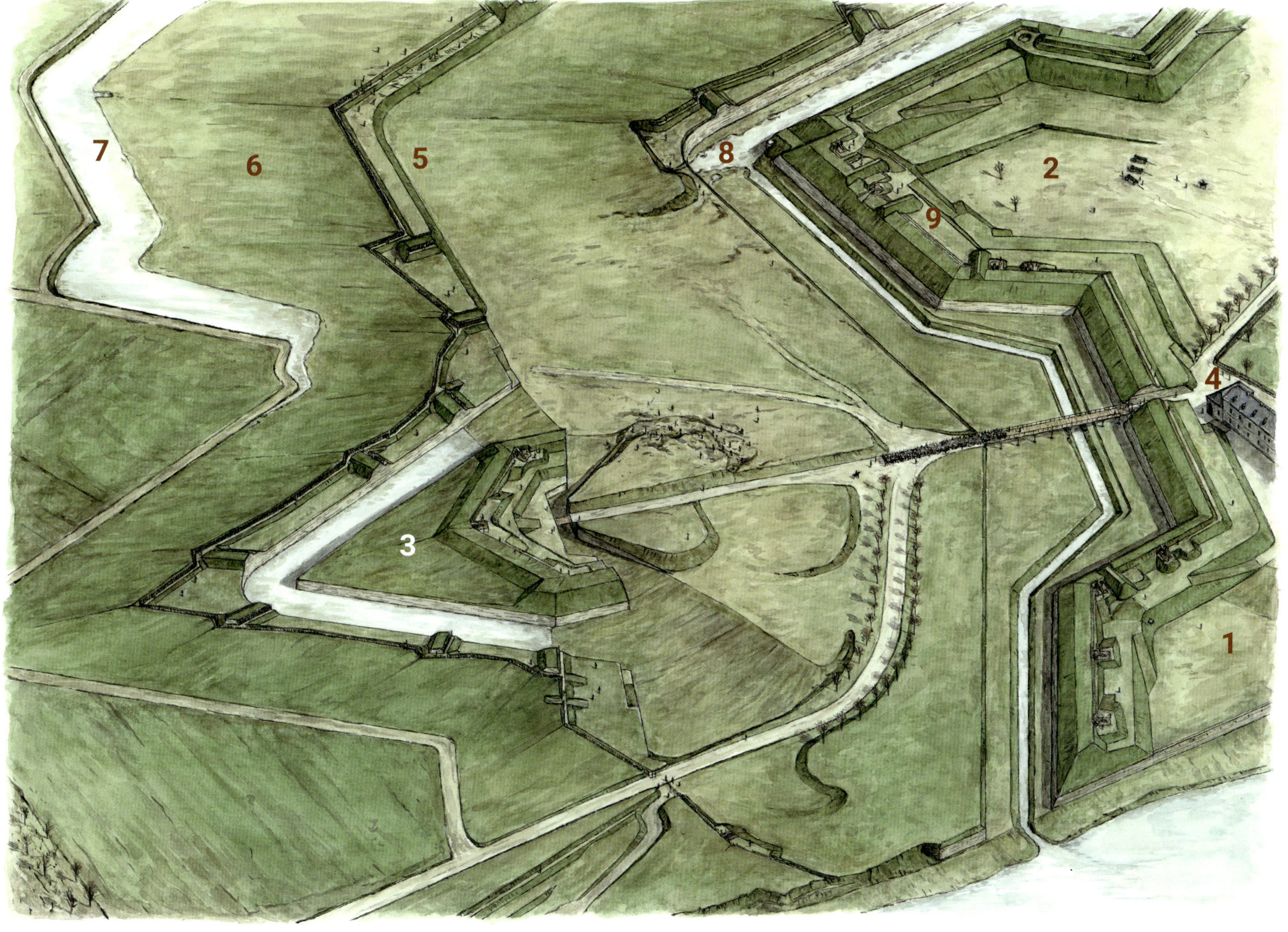


**Abb. oben**
**Die Befestigung von Kastel Ende 1813.** Die Festungsabschnitte in brauner Farbe sind teilweise noch im Bau oder wurden gerade erst fertiggestellt.

# DIE FESTUNG IM DEUTSCHEN BUND (1816 bis 1866)

Die ersten Schüsse fielen bei Tagesanbruch. Unter dem Schutz der Geschütze marschierten die Österreicher am 16. Oktober 1813 in Richtung der französischen Stellungen. Die Völkerschlacht bei Leipzig hatte begonnen. Drei Tage kämpften fast 600.000 Soldaten um den Sieg. Mehr als 100.000 Menschen starben und viele Zehntausend wurden verwundet. Am Ende dieser bis dahin blutigsten Schlacht der Weltgeschichte war die französische Armee von der später so genannten *»Heiligen Allianz«* aus Preußen, Russen und Österreichern sowie den Schweden besiegt.

Es sollte allerdings noch länger dauern, bis der französische Kaiser abdankte. Unmittelbar nach seiner Niederlage hatte Napoleon 120.000 Soldaten aus Leipzig wegführen können. Nachdem sie in Gewaltmärschen über Weißenfels, Erfurt, Eisenach und Frankfurt gezogen waren, wollten sie in Mainz endlich Schutz unter den starken Festungsmauern finden. Die Festung Mainz war nach dem Frieden von Lunéville zwischen 1801 und 1814 neben Straßburg und Wesel als eine der drei großen französischen Rheinfestungen ausgebaut worden. Die Grande Armée erreichte Mainz in der Nacht vom 3. auf den 4. November 1813. Dort hielten sich bis Mitte des Monats ca. 100.000 Soldaten in der Stadt auf. Frieden und Sicherheit fanden sie entgegen ihren Erwartungen nicht. Zwischen 12.000 bis 15.000 Verwundete lagen in den hoffnungslos überfüllten Lazaretten. Die meisten starben ohne Versorgung. Unter den Truppen brach eine Typhus-Epidemie aus, der 21.000 Soldaten, und mit 2.500 Mainzern mehr als ein Zehntel der gesamten Einwohnerschaft, zum Opfer fielen. Doch damit nicht genug. Nach dem Rheinübergang der schlesischen Armee unter dem preußischen Generalfeldmarschall Blücher in der Neujahrsnacht 1813/14 wurde Mainz ab Januar 1814 von russischen und deutschen Truppen eingeschlossen und belagert. Obwohl die Nahrung knapp wurde und in der Stadt schreckliche Zustände herrschten, verweigerten die eingeschlossenen Franzosen bis zur Abdankung Napoleons am 6. April 1814 jede Kapitulation und hielten damit fast ein halbes Jahr ihre Stellungen innerhalb der Festungsmauern. Erst auf der Grundlage des Pariser Friedens zogen die Franzosen unbesiegt am 4. Mai 1814 um 10 Uhr vormittags durch das Neutor ab.

Sechzehn Jahre französischer Herrschaft in Mainz waren damit zu Ende.

Der Pariser Friede war der Auftakt für ein neues Kapitel in der Geschichte Europas, aber auch von Mainz. Artikel 32 des Friedensvertrages regelte, dass in Wien ein Kongress zusammentreten sollte, um eine dauerhafte europäische Nachkriegsordnung zu beschließen. Der Wiener Kongress fand vom 18. September 1814 bis zum 9. Juni 1815 statt. Die Verhandlungen gestalteten sich insbesondere wegen der unterschiedlichen Interessen der Großmächte als sehr schwierig und zeitweise erschien sogar ein Krieg zwischen den ehemaligen Verbündeten als möglich. Letztendlich unterzeichneten Österreich, Russland, Preußen, Großbritannien, Frankreich, Portugal, Spanien und Schweden am 9. Juni 1815 die Kongressakte und gaben damit der Landkarte von Europa ein neues Gesicht.

Eine Frage konnte bis zur Unterzeichnung der Kongressakte nicht geklärt werden. Nämlich die *»Mainzer Frage«*. Dahinter verbargen sich nicht die Interessen der Mainzer Deputation, beispielsweise eine freie Fluss-Schifffahrt wegen des althergebrachten Stapelrechts der Stadt zu verhindern oder eine Entschädigung für wertlose Weinobligationen zu erwirken, die ein französischer General als Bezahlung für 600.000 Liter requirierten Wein noch 1814 gegeben hatte. Nein, die *»Mainzer Frage«* hatte einen ganz realen machtpolitischen Hintergrund. Es ging um die Festung Mainz. Napoleon hatte Mainz mit einem drit-

**Abb. rechts**
Mainz um das Jahr 1866

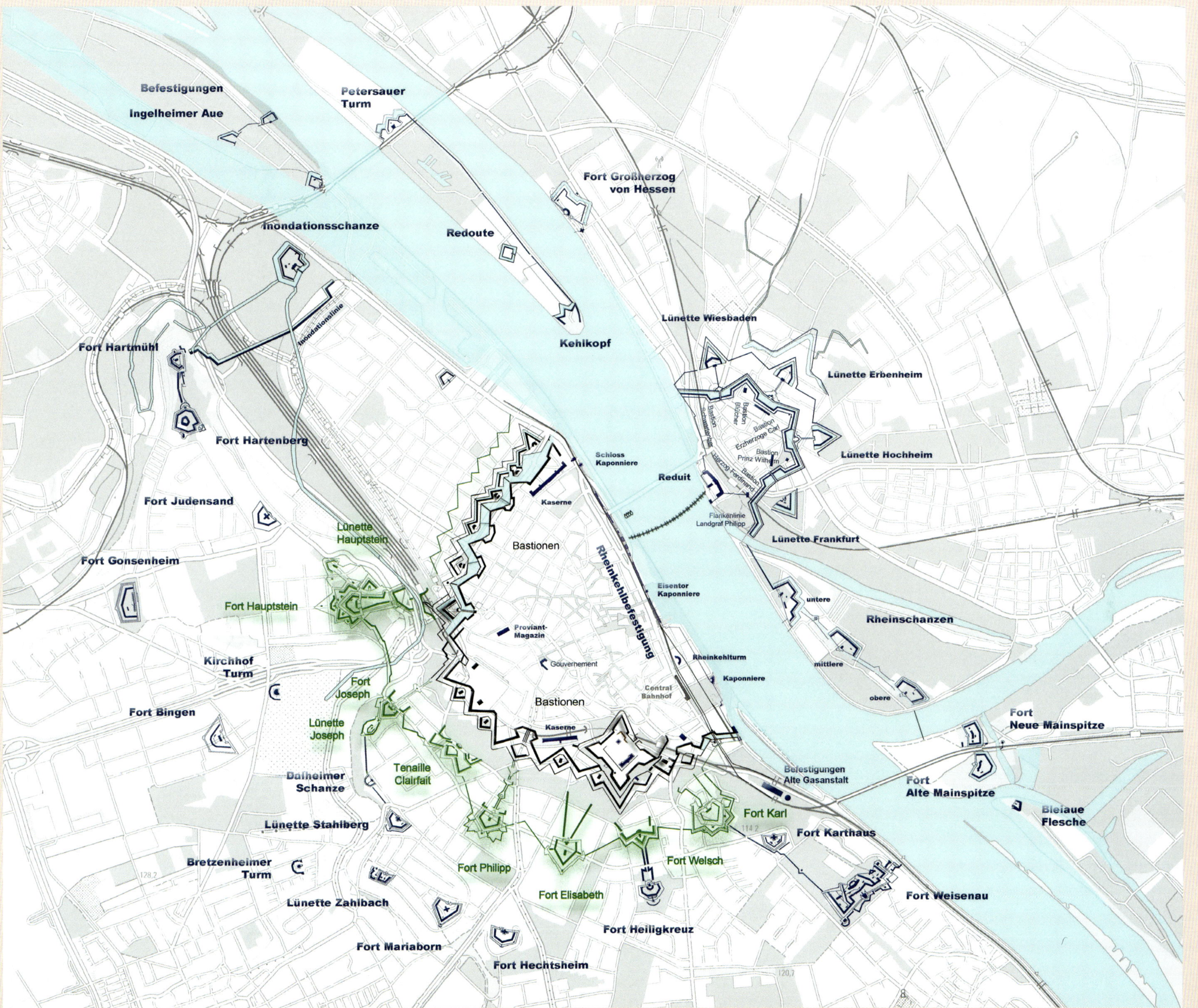
Befestigungen
Ingelheimer Aue
Petersauer Turm
Fort Großherzog von Hessen
Inondationsschanze
Redoute
Inondationslinie
Kehlkopf
Lünette Wiesbaden
Lünette Erbenheim
Fort Hartmühl
Fort Hartenberg
Lünette Hochheim
Schloss Kaponniere
Reduit
Bastion Erzherzog Carl
Bastion Prinz Wilhelm
Kaserne
Flankenlinie Landgraf Philipp
Fort Judensand
Lünette Hauptstein
Bastionen
Rheinkehlbefestigung
Lünette Frankfurt
Fort Gonsenheim
Fort Hauptstein
Eisentor Kaponniere
untere
Rheinschanzen
Proviant-Magazin
Kirchhof Turm
Gouvernement
Rheinkehlturm
Kaponniere
mittlere
Fort Joseph
Central Bahnhof
Bastionen
obere
Fort Bingen
Lünette Joseph
Fort Neue Mainspitze
Kaserne
Tenaille Clairfait
Befestigungen Alte Gasanstalt
Dalheimer Schanze
Fort Alte Mainspitze
Bleiaue Flesche
Lünette Stahlberg
Fort Karl
Fort Karthaus
Bretzenheimer Turm
Fort Philipp
Fort Welsch
Fort Weisenau
Lünette Zahlbach
Fort Elisabeth
Fort Heiligkreuz
Fort Mariaborn
Fort Hechtsheim

ten Festungsring umgeben und die Festung neben Antwerpen und Alexandria zu einer der *»drei großen Schlüssel zu seinem Reich«* ausgebaut. Und deshalb wurde um die mächtige Festung Mainz auf dem Wiener Kongress erbittert gestritten. Für Preußen war die Festung für seine Sicherheit unabdingbar und es sah Mainz als ein *»Hauptbollwerk Norddeutschlands«*. Bayern wollte *»die Stadt Mainz sowie ein Gebiet von größtmöglicher Ausdehnung auf dem linken Rheinufer«*. Für Frankreich war es eines der vier wichtigsten Verhandlungsziele, dass die Festung nicht an Preußen fallen sollte. Und Österreich erachtete Mainz mit seinen mächtigen Festungswerken als für die Verteidigung Süddeutschlands und die Sicherheit seiner Monarchie notwendig. Es überrascht nicht, dass ein Kompromiss erst mehrere Monate nach dem Wiener Kongress gefunden wurde. Wenn viele sich streiten, freut sich ein Dritter. Oder auch nicht. Das kleine, machtpolitisch unbedeutende Großherzogtum Hessen erhielt gegen seinen Willen das Gebiet des heutigen Rheinhessens. Das wichtige Mainz wurde Bundesfestung und mit einer preußischen und österreichischen Garnison belegt. Die

Delegierte des **Wiener Kongresses** auf einem zeitgenössischen Kupferstich von Jean Godefroy nach dem Gemälde von Jean-Baptiste Isabey. Mit dem Ziel, die Grundlagen für einen dauerhaften Frieden in Europa zu schaffen, stritten sich die Großmächte auch um die Festung Mainz. Sie einigten sich erst sehr spät darauf, dass das Großherzogtum Hessen die Stadt Mainz erhalten und die Festung als Bundesfestung mit einer preußischen und österreichischen Garnison belegt werden sollte.

damit verbundene Lösung der *»Mainzer Frage«* legte den Grundstein für das heutige Rheinhessen und eröffnete gleichzeitig ein neues Kapitel für Mainz als bedeutende, zukünftig aber schmucklose Festungsstadt. Die Entscheidungen der Großmächte wurden schnell umgesetzt. Der erste Schritt war ein Staatsvertrag, der am 30. Juni 1816 zwischen dem Kaiser von Österreich, dem König von Preußen und dem Großherzog von Hessen in Frankfurt abgeschlossen wurde. Danach erhielt der hessische Großfürst *»die Stadt Mainz und das Territorium von Mainz«*, aber mit Ausnahme *»alles dessen, was zur Festung gehört, welche als Festung des deutschen Bundes erklärt ist«*. Die *»Festung und alle dazu gehörigen Werke, Grundstücke, Gebäude und Pertinenzen«* unterlagen ausdrücklich nicht der *»Souveränität und Eigentum«* des Großherzogtums Hessen, sondern wurde von Preußen und Österreich verwaltet. Im Dezember 1816 erkannte eine Kommission insgesamt 23 Kasernen, 9 Pavillons (darunter der Osteiner Hof und die Universitätsinsel), 3 Hospitäler (darunter der Schönborner Hof), 5 Magazine (darunter die Johanniskirche mit Turm), 3 Gefängnisse, 1 Reitschule, 5 Fortifikationsgebäude, 14 Wachten und 12 weitere Militärgebäude (darunter das Zeughaus und der Sautanz der heutigen Staatskanzlei) als Festungseigentum an. Mainz war jetzt eine Art geteilte Stadt, die mit ihren zivilen Bereichen zur späteren hessischen Provinz Rheinhessen und mit ihren weitaus größeren militärischen Bereichen zum Deutschen Bund gehörte.

Im Herbst 1820 beschloss die Deutsche Bundesversammlung, die Mainzer Festung als Bundesfestung zu übernehmen. Am 15. Dezember 1825 wurde die Festung Mainz mit ihren Festungswerken und dem Festungseigentum formell durch den Deutschen Bund übernommen. Mainz war neben Luxemburg und Landau eine von drei Bundesfestungen. Die Deutsche Bundesversammlung bezweckte mit diesen drei Festungen, die *»Bereitschaft unserer Kräfte zur gemeinsamen Vertheidigung«* zu fördern, *»auf dass Deutschland nie wieder zum allgemeinen Schlachtfeld Europa's mißbraucht werden könne«*. Den Wandel von der Goldenen Stadt zum schmucklosen Festungsbollwerk führte bei Teilen der Bevölkerung zur Unzufriedenheit. Andere waren dagegen stolz auf die neue Rolle von Mainz. Für den damaligen Zeitzeugen Carl Anton Schaab war die Bundesfestung nicht nur *»Vormauer unseres deutschen Vaterlandes«*, sondern *»durch europäische Verträge seine erste Festung, dem ganzen deutschen Staatenbund angehörig und von ihm zwei seiner ersten Glieder [Preußen und Österreich] anvertraut«*. Als *»Hauptfestung des Deutschen Bundes«* sei Mainz *»zum Rang der ersten Festungen der Welt erhoben und von (...) einer Linie umzogen, die schwer zu durchbrechen und für sich allein schon jede feindliche Annäherung durch Schutz und Trutz abweisen wird«*.

Als *»militärisch-politischer Centralpunkt der ganzen deutschen Westgrenze«* floss ausreichend Geld nach Mainz zur Instandhaltung, Modernisierung und Ausbau der Festungsanlagen. Der Deutsche Bund scheute bis 1866 keinen Aufwand, um Mainz als moderne und den Gegebenheiten der Zeit angepasste Festungsstadt im Westen Deutschlands den europäischen Mächten präsentieren zu können. Auch Österreich förderte diese Ziele nach Kräften, denn innenpolitisch wäre mit dem Ausscheiden seines finanziellen Engagements auch die letzte starke Position im Westen und damit innerhalb Deutschlands verloren gewesen. Deshalb finanzierte die Bundesversammlung mit Unterstützung des österreichischen Kaisers die Bundesfestung Mainz als *»größtes Bollwerk Deutschlands«* mit mehr als 16 Millionen Rheinländischer Gulden, wovon ein erheblicher Anteil dieser Mittel aus den französischen Reparationszahlungen nach dem Krieg von 1870/71 stammte. Mit diesem Geld verwandelte sich Mainz für mehrere Jahrzehnte in eine große Baustelle. Der Ausbau der Festungsstadt unterteilte sich in drei Abschnitte:

1. Bauphase: Errichtung von steinernen Forts:

Zwischen 1826 bis 1832 begann der Deutsche Bund, die vor der Stadt liegenden Erdschanzen in steinerne, auf Dauer ortsfest angelegte Forts umzubauen.

Gemälde von Carl Spitzweg mit einem strickenden Wachposten. Das Bild vermittelt einen Eindruck der **Biedermeierromantik**, die nach dem Ende des Wiener Kongresses als eine Reaktion auf die politische Restaurationspolitik und als Folge der allgemeinen Kriegsmüdigkeit in Deutschland begonnen hatte. Die Bundesfestung Mainz wurde in dieser Zeit nicht besonders aufgerüstet, da auch den Großmächten an einer Befriedung Europas gelegen war.

2. Bauphase: Entwicklung eines geschlossenen Festungsverbundes:
Zwischen 1841 bis 1848 entwickelte der Deutsche Bund ein neues Festungssystem, das mit neuen Forts die strategischen, taktischen und konstruktiven Lücken im Mainzer Festungsverbund schloss.
3. Bauphase: Modernisierung und Verstärkung zum Schutz vor der Wirkung von gezogenen Geschützen:
Zwischen 1860 bis 1866 reagierte der Deutsche Bund auf die Einführung gezogener Geschütze und passte die Festung an die waffentechnische Neuentwicklung an.
Das Rückgrat der Bundesfestung waren die Artillerieforts. Deren Aufgabe war es, bei einem feindlichen Angriff die gegnerische Artillerie auf Abstand zur Stadtumwallung und dem Stadtgebiet zu halten. Die Forts sollten dabei eine offensive Verteidigung ermöglichen sowie Vorstöße und Rückzugsbewegungen der Truppen im Vorfeld decken. *»Sturmfreiheit mit Hilfe flankierender Grabenwehren, Deckung durch starke Erdaufschüttungen über den Mauerbauten der Unterkunfts- und Lagerräume und eine erhebliche Feuerkraft durch zahlreiche Geschütze, die vom hohen Wall aus feuerten, befähigten die Forts zu selbstständiger Kampfführung«*, beschrieb Günther Fischer die typischen Mainzer Forts. Bis es soweit war, mussten die Forts ebenso wie die dahinterliegenden Festungswerke immer wieder umgebaut, modernisiert oder teilweise sogar faktisch neu gebaut werden. Schauen wir uns zunächst die erste Befestigungsphase von 1826 bis 1832 an. Diese war in einen politischen Rahmen eingebettet, bei dem Preußen, England, Russland und Österreich als Hüter des Friedens fungierten. England herrschte auf den Meeren. Russland wachte über Osteuropa und Österreich mit den Habsburgern sah sich als Garant der bestehenden Ordnung. In den deutschen Staaten hatte die Zeitspanne des Biedermeiers begonnen. Es war eine Zeit, die heute oft mit dem Etikett *»hausbacken«* oder *»konservativ«* versehen und bei der eine Flucht der Menschen ins Idyll und ins Private als typisch angesehen wird. Diese Entwicklung war eine Folge der allgemeinen Kriegsmüdigkeit nach den napoleonischen Kriegen. Gleichzeitig war sie aber auch eine Reaktion auf die Restaurationspolitik der Jahre 1815 bis 1830, mit der die alte Ordnung wiederhergestellt und der Geist aus den Freiheitskriegen möglichst wieder aus den Köpfen der Menschen verdrängt werden sollte.
In den Ländern des deutschen Bundes war von der später immer so genannten *»Erbfeindschaft«* mit Frankreich nicht viel zu spüren. Den Menschen in den vormals zu Frankreich gehörenden Gebieten waren die vielen Freiheiten bewusstgeworden, die ihnen im Code Civil unter Napoleon gewährt und die ihnen jetzt durch die Restaurationspolitik der deutschen Fürsten wieder genommen werden sollten. Auch die deutschen Fürsten hatten zu dieser Zeit kein Interesse daran, dass sich ein deutscher Nationalismus in Abgrenzung vom französischen Feindbild herausbildete, da ihnen an einer Befriedung Europas gelegen war. Nationale Emotionen mit antifranzösischen Gedanken konnten dabei nur stören.
Vor diesem Hintergrund stand ab 1826 kein umfassender und kostspieliger Ausbau der Festung Mainz auf der Tagesordnung des Deutschen Bundes. Es wurden lediglich einige aus Holz und Erde ausgeführten Schanzen zu steinernen Forts umgebaut. Damit waren sie nicht nur wehrhafter ausgestaltet, sondern konnten auch kostengünstiger unterhalten werden.
Bei dem Umbau der Erdschanzen bediente sich der Deutsche Bund der vorhandenen, in französischer Zeit entstandenen Grundrisse. Auf dem Gelände des heutigen Volksparks wurde im Süden der Stadt das Weisenauer Lager in das gemauerte Fort Weisenau umgewandelt. Aus dem Fort Gibraltar ging das Fort Hartenberg hervor. Auch verschiedene Schanzen des mittleren Festungsrings wurden mit Steinmauern verstärkt. Neue Pulvermagazine entstanden in den Bastionen Martin und Felicitas und Damian. Das größte Projekt dieser Bauperiode war auf der rechten Rheinseite die im Mai 1830 begonnene und bis heute erhaltene Kasteler Reduit- oder Defensionskaserne. Diese sicherte die Verteidigung der Mainzer Rheinlinie. Direkt am Rhein befand sich ein mit Geschütz- und Gewehrscharten versehenes Blockhaus zur Flankierung des Rheinufers und zur Sicherung der Schiffsbrücke. Heute wird dieses Bauwerk als Bastion Schönborn bezeichnet und ist ein Restaurant mit Terrasse.

Germania auf der Wacht am Rhein, Gemälde von L. Clasen von 1860. Auf dem Schild der Spruch: Das deutsche Schwert beschützt den deutschen Rhein. Die Rheinkrise von 1840 veränderte die politische und militärische Situation im Deutschen Bund grundlegend. Der französische Griff nach dem Rhein ließ ein Gefühl deutscher Gemeinsamkeit aufwallen und führte zu einem gesamtdeutschen Nationalismus. **Die Rheinkrise** hatte eine militärische Aufrüstung in den deutschen Staaten zur Folge, von der ganz besonders die Festungsstadt Mainz betroffen war.

Die erste Bauphase des Deutschen Bundes dauerte achteinhalb Jahre und war am 3. April 1834 abgeschlossen. Sechs Jahre ruhten jetzt die Arbeiten an der Festung. Das sollte sich durch ein politisches Ereignis ändern, das eine weitere Befestigungsphase durch den Deutschen Bund einleiten sollte.

Im Jahr 1840 hatte Frankreich versucht, wieder auf die große Bühne der europäischen Politik zurückzukehren. Während der Julirevolution von 1830 waren die Bourbonen gestürzt worden. Nach der Flucht von Karl X. nach England lag die Macht jetzt bei dem Bürgertum mit dem liberalen *»König-Bürger«* Louis-Philippe. Dieser löste im Jahr 1840 einen Konflikt aus, bei dem Frankreich erneut, wie in der napoleonischen Zeit, den vereinten Großmächten gegenüberstehen und durch den das Verhältnis zu den deutschen Staaten nachhaltig belastet werden sollte: Die Rheinkrise.

Was war passiert? Frankreich wollte eine Schwächung des Osmanischen Reiches ausnutzen und durch eine Unterstützung Ägyptens das an das Mittelmehr grenzende Afrika über Suez hinaus zu seinem Einflussgebiet machen. Hiermit waren die Großmächte England, Russland und Österreich nicht einverstanden. Frankreich erlitt eine diplomatische Niederlage und musste seine Ziele aufgeben. Die französische Öffentlichkeit war empört und die außenpolitische Krise schlug in eine nationale französische Stimmungskrise um. Der Blick richtete sich jetzt vom Nil auf den Rhein. Der französische Nationalismus ließ durch seine Zeitungen wissen, der Rhein sei noch immer Frankreichs *»natürliche Grenze«* und ehe er dies nicht auch auf der Landkarte sei, könne es in Europa keinen Frieden geben.

In den deutschen Staaten geschah jetzt etwas, mit dem fast niemand gerechnet hatte. Der französische Griff nach dem Rhein ließ ein Gefühl deutscher Gemeinsamkeit aufwallen und führte zu einem gesamtdeutschen Nationalismus in einem Ausmaß, wie es ihn in dieser Form noch nie gegeben hatte. Die Franzosenfeindschaft aus der Zeit Ludwigs XIV. und der Befreiungskriege, die in den Jahren nach 1815 so gut wie nicht mehr zu spüren gewesen war, lebte wieder auf. Lieder, mit großem Pathos gedichtet, gaben der Sache Ausdruck: *»Sie sollen ihn nicht haben, den freien deutschen Rhein«* und: *»Es braust ein Ruf wie Donnerhall, zum Rhein, zum deutschen Rhein«*. Was während der Befreiungskriege nur Teile der Bevölkerung erreicht hatte, wie z. B. die von Ernst Moritz Arndt verfasste Flugschrift *»Der Rhein Teutschlands Strom aber nicht Teutschlands Grenze«*, fand jetzt Anklang bei den Massen. Und zwar bei der Bevölkerung beider Länder.

Kurze Zeit später konnte die Rheinkrise politisch ohne Krieg gelöst werden. Mit den damit entstandenen Emotionen war allerdings ein Stein ins Rollen gekommen, der

- eine militärische Aufrüstung in den deutschen Staaten zur Folge haben,
- das Gesicht der Festung Mainz noch einmal grundlegend verändern und
- zu drei Befreiungskriegen und zur Gründung des Deutschen Reiches führen sollte.

Als Folge der Rheinkrise gab es für den Deutschen Bund wieder eine konkrete Bedrohung. Und die hieß Frankreich. Das gesamte Festungssystem und der damit verbundene Ausbau der Festungsstädte wurden auf die Abwehr französischer Angriffe ausgerichtet. Im Mittelpunkt des Festungsverbundes standen zur Sicherung der Westgrenze gegen Frankreich die drei Bundesfestungen Mainz, Luxemburg und Landau. Diese Stellung wurde in den Jahren 1840 und 1841 durch die beiden neuen Bundesfestungen Rastatt und Ulm zusätzlich verstärkt. Ulm wurde dabei die Aufgabe zugedacht, Sammelpunkt für Bundestruppen zu sein, falls dem Gegner ein Durchbruch durch die Rheinlinie gelingen sollte. Abgesichert wurden die deutschen Grenzen durch zwei Linien. Im Westen befand sich die vordere Verteidigungslinie mit den Festungen Luxemburg und Saarlouis. Diese Festungen hatten die Aufgabe, ein angreifendes Heer aufzuhalten. Mit der dadurch gewonnenen Zeit sollte es der Verteidigungslinie am Rhein, mit den Festungen Köln, Koblenz, Mainz und Landau/Germershein, ermöglicht werden, sich kriegsbereit zu machen und die Festungsanlagen zu armieren. Mainz war als Hauptwaffenplatz der Mittelpunkt und das Bindeglied für die gemeinsamen Operationen der nord- und süddeutschen Heereskräfte.

Die Wegnahme durch den Feind wurde als feldzugsentscheidend angesehen, da mit dem Verlust ein gemeinsames Operieren aller Teile des Kriegsheeres nicht mehr für möglich gehalten wurde. Deshalb wurde Mainz zum wichtigsten Bollwerk am Rhein ausgebaut und ihr wurden die Festungen Koblenz und Landau/Germersheim als Flankenfestungen zur Seite gestellt.

Mit dieser strategischen Ausrichtung begann 1841 in Mainz unmittelbar nach dem Ende der Rheinkrise die zweite Befestigungsphase des Deutschen Bundes. Innerhalb von sieben Jahren entstanden auf zeitweise 19 militärischen Großbaustellen insbesondere die Forts Hechtsheim, Zahlbach, Stahlberg und Mariaborn. Neu gebaut wurde das Fort Karthaus. Diese modernen Artilleriewerke waren durchgehend in gemauerter Bauweise ausgeführt. Zur äußeren Sicherung des Vorfeldes der Festung Mainz im Westen und Norden wurden mit dem Bretzenheimer-, dem Kirchhof- und dem Petersauer-Turm neue Formen von Befestigungsanlagen umgesetzt. Die Hauptumwallung erhielt ein neues Aussehen. In die einspringenden Winkel und die rückwärtigen Kurtinen zwischen den Bastionen Johann und Philipp, den Bastionen Martin und Bonifatius sowie den Bastionen Bonifatius und Alexander wurden Flankierungskasematten eingebaut. Entlang der Gartenfeldfront wurden in gleicher Weise zwischen den Bastionen Leopold, Felicitas und Damian vor den Kurtinen drei Geschützstellungen in offener Bauweise eingebaut. Die neuen Stellungen ermöglichten einen flankierenden Beschuss der Gräben, der bis dahin nur vom Wall aus möglich war. Auch bei den Werken vor der Zitadelle gab es mit vier neuen Geschützstellungen entsprechende Veränderungen. Heute vorhanden sind noch eine flankierende Stellung gegenüber der Bastion Drusus im Graben sowie die Flankierungskasematte zwischen den Bastionen Bonifatius und Alexander im Untergeschoss eines Hotels auf dem Kästrich.

Die mittlere Festungslinie wurde vom Fort Hauptstein bis zum Fort Karl umgebaut und mit gemauerten Reduits verstärkt. Das zu dieser Zeit gebaute Reduit von Fort Hauptstein ist heute noch erhalten und wird von verschiedenen Vereinen genutzt. Gleichzeitig wurde entlang der Gartenfeldfront die vorgeschobene Enveloppe (Umwallung) beseitigt. Diese wurde anders als an der Landseite nicht durch vorgeschobene Forts ersetzt. Die Festungsingenieure nutzten für den Schutz des Gartenfeldes ein anderes, bereits von den Franzosen verwendetes Mittel: Das Wasser. Im Kriegsfall sollte das Gelände vor dem Gartenfeld mit dem aus dem Zahlbacher Tal herbeifließenden Wasser des Wildgrabens überflutet (Inondation) und damit zu einem nicht zu überwindenden Hindernis für den Angreifer umgestaltet werden. In Friedenszeit wurde das Wasser von einem Stauwerk zurückgehalten. Zum Schutz dieses Stauwerks hatten die Franzosen bereits die Inondations- oder Hochwasserschanze gebaut, die durch den Deutschen Bund weiter verstärkt und modernisiert wurde.

Auf dem rechten Rheinufer entstand aus dem französischen Fort Montebello das neue Fort Großherzog von Hessen mit einem neuen Grundriss. 1841 begannen die Bauarbeiten für das Fort Alte Mainspitze. Ein Jahr später folgten die Herstellungsarbeiten an der Kasteler Hauptumwallung (Wiesbadener- und Frankfurter-Front) mit dem Anschlusswall zum Fort Hessen, den Bastionen Schwarzenberg, Blücher, Prinz Wilhelm, Erzherzog Carl, Herzog Ferdinand sowie den Lünetten Wiesbaden, Erbenheim, Hochheim und Frankfurt. Im Rahmen dieser Arbeiten veränderte sich die Befestigung von Kastel grundlegend. Als die Arbeiten abgeschlossen waren, war die Hauptumwallung von Kastel gegenüber dem Stand aus französischer Zeit faktisch neu gebaut worden. Die Lünette Wiesbaden war beispielsweise fast so groß wie das linksrheinische Fort Mariaborn und verfügte ebenfalls über ein Reduit und eine freistehende krenelierte Mauer. Weitere Baumaßnahmen galten ab 1844 auch den noch aus französischer Zeit stammenden Rheinschanzen, wobei die Mittlere und die Obere Rheinschanze je ein gemauertes Blockhaus als Reduit erhielten.

Gegenüber den Rheinschanzen wurde mit der Rheinkehlbefestigung zum ersten Mal seit dem Mittelalter wieder das linke Rheinufer in den Blick genommen. Die Uferbefestigung bestand seit der Barockzeit, außer der alten Stadtmauer, im Wesentlichen aus kleinen bastionsartigen Geschützstellungen wie der Bocksbatterie am Bockstor, dem

Rondell, der Holztor- und Neuhäuselbatterie, der Eisentor-, Rotetor- und Schlossbatterie. Angesichts dieser nicht mehr zeitgemäßen Befestigung hatte der Gouverneur der Festung Mainz, Landgraf Philipp von Hessen-Homburg, 1840 aufgezeigt, dass die Rheinkehle so gut wie ohne Verteidigung sei. *»Mainz, die erste, wichtigste Festung des deutschen Bundes, der Hauptschlüssel zu den deutschen Ländern ist an seiner Kehle ein vollkommen offener Ort«*, so die Feststellung des Landgrafs. 1841 begannen die Arbeiten, um die Lücke der Festung entlang des linken Rheinufers zu schließen. Dabei wurden die meisten Tore der mittelalterlichen Stadtmauer niedergelegt. Die Stadtmauer selbst blieb allerdings vor der Altstadt zu großen Teilen bis zum Beginn des 20. Jahrhunderts noch erhalten, da es seit dem 18. Jahrhundert gestattet war, Häuser anzubauen und von dieser Möglichkeit reichlich Gebrauch gemacht worden war.
Bis 1843 entstand als das größte Festungswerk am Rhein der mit Zinnen versehene Rheinkehlturm (ursprünglich: Central-Casematten-corps), das sogenannte Fort Malakoff. Diese Bezeichnung war seit dem Krimkrieg für besonders trutzige Bauten gebräuchlich. Der Rheinkehlturm stand vor dem Holzturm und später in unmittelbarer Nähe des 1853 eröffneten Mainzer Ludwig-Bahnhofs. Mit seinen Kanonen konnte der Rheinkehlturm beide Ufer und den Rhein bestreichen, die Schiffsbrücke und die Balkensperrung des Rheins sichern sowie die Linie der Rheinschanzen einsehen. Weiterhin diente das wuchtige Festungswerk als bombensichere Unterkunft der Soldaten. Der Rheinkehlturm wurde 1866 aufgegeben, um Platz für die neuen Bahnhofsanlagen zu erhalten.
Vier Jahre nach der Fertigstellung des Rheinkehlturms wurde auf der gleichen Linie am alten Bocksturm direkt hinter der Bastion Franziskus die Obere Rheinkehl-Kaponniere errichtet. Als später für die ersten Bahnhofsanlagen der Ludwigsbahn das Rheinufer in den Fluss erweitert wurde, konnte die Kaponniere 1866 um eine Baublocktiefe zum Rhein hin versetzt und in ähnlicher Form und Größe wiedererrichtet werden. Diese viertelkreisförmige, zweistöckige Kaponniere ist heute noch vorhanden und in einen Hotelbau integriert. Auf das Festungswerk ging 1873 nach dem Abbruch des Rheinkehlturmes die Bezeichnung *»Fort Malakoff«* über.
Weitere Kaponnieren deckten die Rheinkehle seit 1855 am Eisentor (Mittlere Rheinkehl-Kaponniere) und vor dem Schloss (Untere Rheinkehl-Kaponniere). Neben den Kaponnieren war die Rheinkehlbefestigung geprägt von massiven Bauwerken, die zum Rhein hin im Erdgeschoss mit Arkaden versehen waren. Bei diesen wurden im oberen Teil anstelle der Fenster Geschütz-Schießscharten eingebaut. Unten konnten die Bauwerke als offene Warenlager für den Handel oder verschließbare Magazine genutzt werden. Verbunden waren diese Bauwerke durch massive Mauern mit Schießscharten.
Zwischen 1853 und 1855 wurde weiter rheinaufwärts in der Nähe der Eisenbahnbrücke eine bauliche Gesamtanlage mit dem ersten Gaswerk von Mainz und einem zweistöckigen Mittelbau mit seinen 2 Flankierungsbauten errichtet. Kennzeichnend für den heute noch vorhandenen Gebäudekomplex sind, so die Begründung der Rechtsverordnung zur Unterschutzstellung einer Denkmalzone von 1987, *»die fortifikatorischen Anlagen aus roten Sandsteinen mit ihren massigen Geschütz- und Bunkertürmen, dem Rundturm, Schießscharten und Zinnenkranz sowie dem rechteckigen Wehrbau«*.
Drei Jahre vor Abschluss der zweiten Befestigungsphase kam es am 10. Juni 1845 zu einer Neubenennung der Mainzer Festungswerke. Die neuen Werke waren inzwischen so zahlreich geworden, dass eine Neuordnung in der Bezeichnung *»rätlich schien«*. Die Bundesversammlung überließ es der Militär-Kommission, diese Benennung selbst vorzunehmen. Die von dieser Kommission festgelegten Namen der Festungswerke finden sich heute noch im Sprachgebrauch und in vielen Mainzer Straßennamen.
Als die zweite Befestigungsphase im Sommer 1848 und der Ausbau der Rheinkehlbefestigung im August 1851 endeten, war die Festung Mainz steinern geworden. Mainz erfüllte den Anspruch als wichtigste und stärkste Festung am Rhein. Die Stadt Mainz war jetzt davor geschützt, von feindlicher Artillerie zerstört zu werden. Die gut ausgebauten, auf Distanz an beherrschender Stelle liegenden und sich gegenseitig

deckenden Außenforts, ließen es für einen Angreifer nach Auffassung der damaligen Zeit unmöglich werden, Breschbatterien zu installieren und den Beschuss auf die Stadt zu beginnen. Um diese Zeit setzte sich in der deutschen Politik und in den überregionalen Medien immer mehr das Schlagwort vom *»Bollwerk Deutschlands am Rhein«* durch. Vor diesem Hintergrund verwundert nicht, dass die Festung auch während der Revolution 1848/49 eine wichtige Rolle spielte. Auch in Mainz kämpften Bürgerinnen und Bürger für die Freiheit und insbesondere die Garnison hatte einen großen Anteil daran, dass sich die staatlichen Kräfte durchsetzen konnten. Die Ereignisse während dieser Zeit blieben bis zum Ende des Deutschen Bundes nicht vergessen. Viele Mainzer waren fortan mit der Präsenz der Soldaten – vor allem der preußischen – unzufrieden. Andere drängten darauf, Preußen aus Mainz zu verdrängen, um die Stadt in eine hessische Festung innerhalb des neuen Bundes umzuwandeln und sie nicht als eine Festung des Bundestags auf hessischem Boden zu belassen. Für viele Handwerker, Gastwirte, Vermieter und viele Unternehmer brachte die Festung dagegen Reichtum und Wohlstand. Eine machtpolitische Aura strahlte die Festung für die Großmächte Österreich und Preußen aus. Beide sonnten sich in diesem Glanz gleichermaßen, indem sie sich Gouvernement und Kommandantur der Bundesfestung abwechselnd alle fünf Jahre teilten. Preußen entsandte häufig Prinzen als Gouverneure nach Mainz. Darunter auch zwischen 1854 bis 1859 den späteren Kaiser Wilhelm I. Österreich zeigte seine Wertschätzung für die Festung dadurch, dass es Mitglieder des Kaiserhauses in Person der Erzherzöge nach Mainz schickte. Die jeweiligen Gouverneure verwalteten die Festung und residierten standesgemäß im prächtigen, heute noch erhaltenen Osteiner Hof am Schillerplatz, der damit zur militärischen und politischen Schaltzentrale der Bundesfestung wurde.

Bei der Belagerung von **Sewastopol**, hier auf einem zeitgenössischen Gemälde, waren 1855 zu ersten Mal gezogene Geschütze erfolgreich eingesetzt worden. Alle Festungen in Europa boten gegen diese Geschütze keinen ausreichenden Schutz mehr und mussten modernisiert werden. In Mainz dauerte der notwendige Umbau der Festung mehrere Jahre und war erst 1866 abgeschlossen.

Nach der Revolution von 1848/49, während der auch viele Mainzerinnen und Mainzer um ihre Freiheitsrechte gekämpft hatten, war es ruhig geworden in der Festungsstadt Mainz. Diese Ruhe endete durch ein zweitausend Kilometer von der Stadt entferntes Ereignis. Im September 1854 hatte der Krimkrieg begonnen und im Frühjahr 1855 war die als nicht einnehmbar geltende Festung Sewastopol gefallen. Die Eroberung von Sewastopol war durch den erstmaligen Einsatz von gezogenen Geschützen möglich geworden. Die drallstabilisierten Geschosse dieser Geschütze hatten eine größere Reichweite, eine stärkere Durchschlagskraft und entwickelten eine bessere Treffsicherheit. Für die Militärs war schnell klar, dass damit ein neues Kapitel für die Kriegsführung aufgeschlagen worden war.

Als die Erfahrungen aus dem Krimkrieg in der Festung Mainz bekannt wurden, lösten diese Hektik und Betriebsamkeit aus. Es war offensichtlich, dass mit den waffentechnischen Neuentwicklungen alle erst vor wenigen Jahren errichteten Festungswerke auf einen Schlag veraltet waren. Mit ihrem gegen indirektes Feuer ungedeckten Mauerwerk waren nicht nur die älteren Anlagen des 17. und 18. Jahrhunderts, sondern auch die vorgelagerten Forts gegen den Beschuss durch gezogene Geschütze nicht mehr ausreichend geschützt.

Vier Jahre nach dem Ende des Krimkrieges begann 1860 die dritte und letzte Befestigungsphase der Bundesfestung Mainz. Sie dauerte insgesamt sechs Jahre. Dienten die beiden vorangegangenen Bauabschnitte noch der schrittweisen baulichen Sicherung der gesamten Festung Mainz, war das Augenmerk nunmehr auf punktuelle Verbesserungen und Verstärkungen einzelner Festungswerke gerichtet, um diese vor der Wirkung neuartiger Waffen zu schützen.

Auf der linken Rheinseite wurde das Fort Weisenau verstärkt und es wurden zwei neue Forts gebaut, das Fort Bingen und das Fort Gonsenheim. Sie glichen die größere Reichweite der neuen Geschütze aus. Weiterhin boten beide Werke zusätzlichen Raum zur Bereitstellung von Truppen, konnten die Binger Landstraße decken und das gesamte Vorterrain bis zum Gonsenheimer Tal bestreichen Die Forts Stahlberg, Karthaus, Hechtsheim und Mariaborn erhielten Grabenflankierungen. Im gesamten Festungsbereich wurden Kasernen-, Proviant- und Magazinbauten mit bombensicher verstärkten Gewölben zum Schutz vor der Wirkung gezogener Geschütze errichtet. Hierzu zählten zum Beispiel das heute noch vorhandene Proviantmagazin und die von städtischen Ämtern genutzte Citadellkaserne. In den Forts und auf der Zitadelle wurden insgesamt 200 Erd- und 44 gemauerte Hohltraversen angelegt. Entlang der Hauptumwallung kam es zur Ummantelung von 14 Kriegspulvermagazinen und vieler Reduits sowie zum Neubau zahlreicher Schutzhohlräume für Truppen und Material. Mit Erdabdeckungen war das Mauerwerk dieser Festungsbauten vor direktem Feuer geschützt. Neu angelegt wurden Friedens- und Kriegspulvermagazine vor und auf den Bastionen sowie auf der Zitadelle.

Überall in der Stadt lagerten Waffen, Sprengstoff und Munition. Die Explosion eines dieser Pulvermagazine auf der Bastion Martin am mittelalterlichen Martinsturm führte am 18. November 1857 zu einer der schwersten Katastrophen der Stadt. Die Wucht der Explosion war so groß, dass Gesteinsbrocken bis in Vorstadtgemeinden und zum Rhein flogen. Noch im zwanzig Kilometer entfernten Eltville ließ die Druckwelle Fensterscheiben zerspringen. Es gab über hundert Tote und eine Vielzahl von Verletzten. Ein Eckstein vom Giebel des Pulvermagazins wurde mehrere hundert Meter weit bis zum Ballplatz geschleudert und erinnert dort heute noch an das damalige Ereignis.

Zwei Jahre nach der Explosion des Pulvermagazins erhielt der Bereich des heutigen Südbahnhofs ein neues Gesicht. Hier wurde 1859 die innere Neutorlinie mit der Bastion Salvator, dem inneren Neutor und der Bastion Franziskus niedergelegt. Reste dieser von der französischen Garnison in den Jahren 1688 und 1689 errichteten Bastionen wurden 2017 freigelegt und archäologisch dokumentiert.

Zwischen 1860 und 1862 fällt der Bau der über die Mainspitze und den Rhein hinwegführenden Brücke der Aschaffenburg-Mainzer Eisenbahnlinie, der ersten festen Rheinüberquerung bei Mainz seit der Römerzeit. Zum Schutz der Brücke wurde das Fort Neue Mainspitze gebaut. Für dessen Bau musste das linke Mainufer angeschüttet werden, um den notwendigen Bauplatz zu schaffen. Ebenfalls auf dem rechten Rheinufer wurden später die Rheinschanzen modernisiert.

Neben dem Bau und dem Ausbau der Artillerieforts investierte der Deutsche Bund auch mit erheblichen Geldmitteln in die artilleristische Bewaffnung. Die Artilleriebestückung bestand in Mainz um 1859 aus 630 Kanonen. Dieser Bestand wurde zwei Jahre später um weitere 50 Geschütze aus aufgelösten Flottenbeständen erhöht und bis 1865 durch 168 gezogene Geschützrohre ergänzt. Artilleristische Armierungspläne zeigen Leuchtraketengestelle und Leuchtfackeln für die nächtliche Überwachung des Vorgeländes oder der Gräben. Keine Spuren finden sich heute mehr von dem Panzerstand von Maximilian Schumann auf der Zitadelle. 1864 erfand der Ingenieuroffizier eine Lafette, die in dem von ihm neu entworfenen Eisen-Panzerturm auf einer Drehscheibe mit einem Eisenschild installiert werden konnte. Diese Panzerlafetten dienten zur Aufnahme eines einzigen Geschützes, verbargen es und boten der Bedienungsmannschaft im Inneren des gepanzerten, drehbaren Hohlraums Platz und Schutz vor feindlichem Beschuss. Der Panzerstand wurde von Schumann 1866 in Mainz gebaut und auf der Zitadelle im Bereich der Bastion Drusus errichtet. Ein Meilenstein, der nicht nur im deutschen Festungsbau einen neuen Abschnitt mitbegründete.

1866 waren die Arbeiten abgeschlossen. Kurze Zeit später begann der Deutsche Krieg. Es war der erste von drei Einigungskriegen, bei denen die Festung Mainz einen Platz in der ersten Reihe innehatte und an deren Ende wieder ein neuer Abschnitt der Festungsgeschichte eingeleitet werden sollte.

Als im Juni 1866 der Deutsche Krieg begann, war jedoch nicht Frankreich der erwartete Gegner. Auch die Festung am Rhein wurde Schauplatz eines Krieges, in dem sich die deutschen Staaten um die zukünftige Entwicklung stritten und in dem die Grundlagen für die Gründung des Deutschen Reichs gelegt wurden.

**Die Schlacht von Königgrätz** auf einem Gemälde von Georg Bleibtreu. In der Mitte der preußische König Wilhelm I., Bismarck und General Moltke. Vor der böhmischen Festung Königgrätz nahe des Dorfes Sadowa trafen im Juli 1866 die Armeen Österreichs und Preußens aufeinander. Diese Schlacht im deutsch-deutschen Krieg endete mit einer verheerenden Niederlage Österreichs und stellte die politischen Weichen in Europa neu. Der Sieg Preußens führte zur Auflösung des Deutschen Bundes und eröffnete den Weg für eine Reichseinigung unter preußischer Führung ohne Österreich. Im August 1866 zogen die Österreicher unter großem Anteil der Bevölkerung durch das Münstertor in Mainz aus und die Stadt wurde eine preußische Festung.

## Die Bundesfestung Mainz

Nach der Niederlage von Napoleon und der Neuordnung Europas durch den Wiener Kongress übernahm der Deutsche Bund die Festung Mainz. Die Garnison bestand je zur Hälfte aus Österreichern und Preußen, ergänzt um ein kleines hessen-darmstädtisches Kontingent. An der Spitze standen ein Gouverneur und ein Vizegouverneur. Diese Führungsämter wechselten alle fünf Jahre zwischen Preußen und Österreich. Die Österreicher lebten überwiegend nördlich der Ludwigstraße, die Preußen auf der anderen Seite. Bis 1871 war Mainz als stärkste deutsche Grenzfestung dazu bestimmt, den Anmarsch feindlicher, vom Westen heranziehender Heere aufzuhalten. Deshalb floss viel Geld für Instandhaltung, Modernisierung und Ausbau der Festungsanlagen nach Mainz.

**Abb. oben**
**Österreichische Hauptwache am Flachsmarkt**, 1903 niedergelegt. Von der Hauptwache aus wurden vor allem die Wachposten der Garnison befehligt und kontrolliert. Alle zwei Stunden wurden die Soldaten abgelöst. Die Wachhäuser selbst dienten zum Aufenthalt der diensthabenden Mannschaft.

**Abb. unten**
**Preußische Hauptwache neben dem Dom auf dem Liebfrauenplatz**, um 1860. Das Gebäude wurde 1829 anstelle des Kreuzgangs der 1793 zerstörten Liebfrauenkirche errichtet. Heute ist bei dem neugebauten *»Haus am Dom«* noch die frühere Fassade erhalten.

**Abb. oben**
**Parade der österreichisch-preußischen Garnison** an Kaisers und Königs Geburtstag am Neubrunnenplatz auf der Großen Bleiche, Aquarell von Stephan Schmitt, 1860.

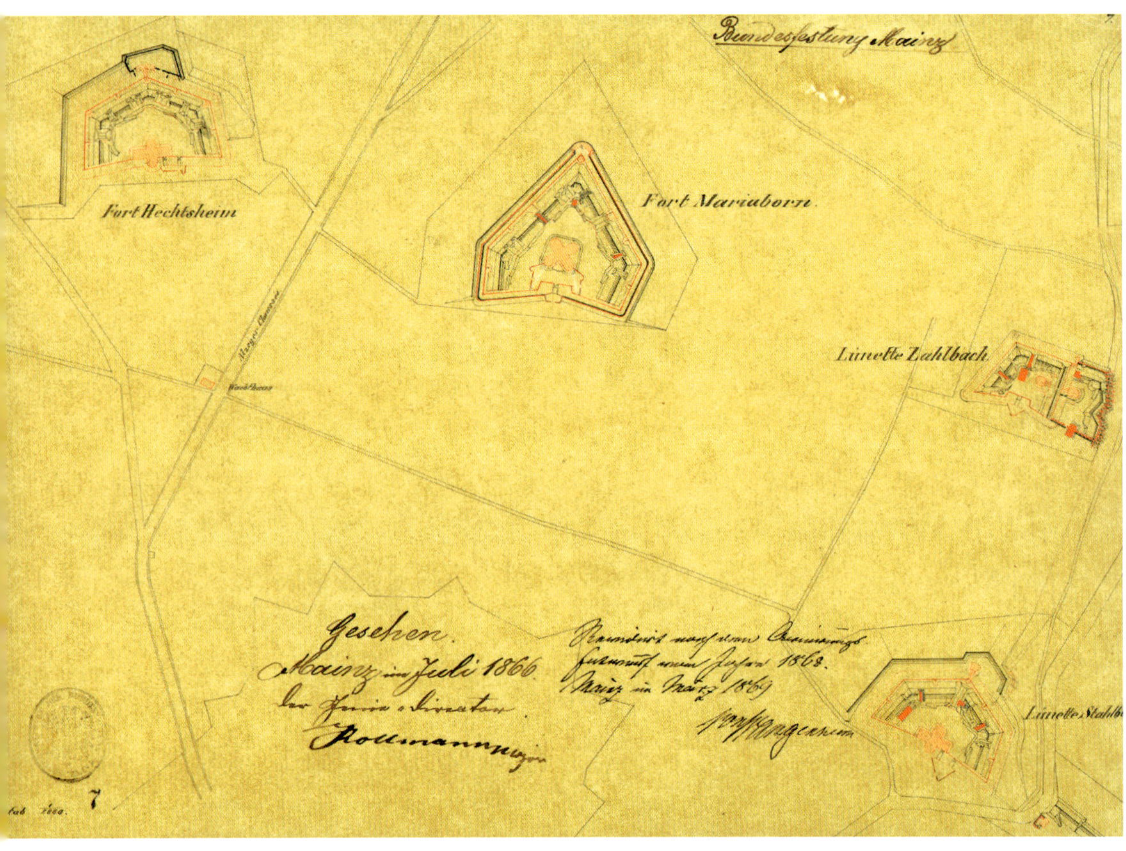


## Fort Mariaborn an der Pariser Straße

In drei Befestigungsphasen baute der Deutsche Bund zwischen 1815 und 1866 die in französischer Zeit entstandenen Erdschanzen zu modernen Artillerieforts um. Als Baumaterialien kamen bei den Forts hauptsächlich Bruchsteine oder Ziegel zum Einsatz. Ziel des vorgeschobenen Fortgürtels war es, die gegnerische Artillerie auf Abstand zur Stadtumwallung und dem Stadtgebiet zu halten. Ebenso wie fast alle großen Forts des dritten Festungsrings verfügte auch das Fort Mariaborn am Ende des Deutschen Bundes über ein aus Stein gebautes Reduit **(1)**, mit Schießscharten versehene innere Grabenwände **(2)** und Erdtraversen **(3)**. Auf der linken Flanke befanden sich zwei bedeckte Geschützstände **(4)**, aus denen Kanonen feuern konnten. Aus einer zweistöckigen Grabenstreiche **(5)** in der Spitze konnten die Gräben **(6)** beschossen werden. Unter dem Wall gab es Räume für die Artillerie **(7)** mit einem Pulvermagazin **(8)**. Der Zugangsbereich war mit einer Brücke **(9)** über den Graben und durch einen kleinen Kehlwaffenplatz **(10)** zusätzlich geschützt.

**Abb. oben**
**Plan der Festung Mainz** von 1866 mit Forts der vorderen Festungslinie.

**Abb. rechts**
Die Lage von **Fort Mariaborn** im heutigen Stadtbild. Daneben die Forts Stahlberg (links) und Hechtsheim (rechts). Dahinter (von links nach rechts) das Fort Josef, die Doppeltenaille und die Forts Philipp und Elisabeth. Die Umrisse des inneren bastionären Festungsrings sind im Hintergrund zu erkennen. Das Bild vermittelt, welche Flächen die Festungswerke beansprucht und wie diese über Jahrhunderte das Mainzer Stadtbild geprägt haben.

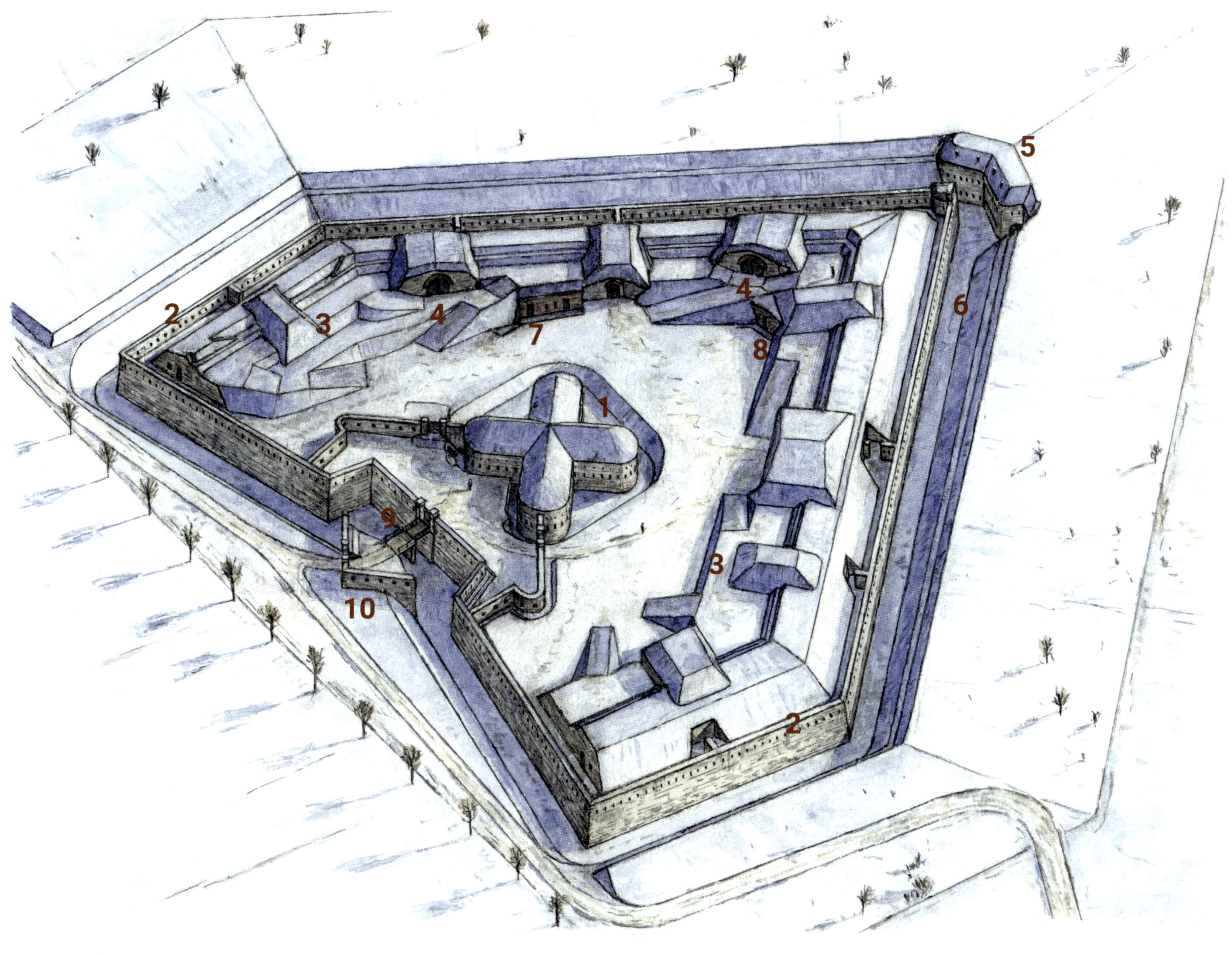


**Abb. oben**
**Fort Mariaborn** um 1875 mit den während der Bundesfestungszeit durchgeführten Umbauten.

## Flankierungskasematte zwischen den Bastionen Alexander und Bonifatius

Der Deutsche Bund baute entlang der gesamten Festungslinie im Hauptwall insgesamt sieben Flankierungskasematten und drei Stellungen zur offenen Flankierung entlang der Gartenfeldfront. Diese Festungswerke ermöglichten einen flankierenden Beschuss der Gräben, der bis dahin nur vom Wall aus möglich war. Eine dieser Flankierungskasematten befand sich im einspringenden Winkel zur Kurtine zwischen den Bastionen Alexander und Bonifatius. Auf dem Bild rechts ist exemplarisch ein Kampfraum für eine 6-Pfünder-Kanone auf Kasematten-Lafette mit österreichischen Artilleristen **(1)** sowie eine Detailansicht **(2)** zu sehen. Jeder dieser Räume verfügte jeweils über eine Kanonenscharte **(3)**, zwei Gewehrscharten **(4)** sowie eine Belüftungsöffnung zum Abzug des Pulverdampfes **(5)**. Zu erkennen sind weiterhin der Graben vor dem Hauptwall **(6)**, das Zugangstor zur Poterne in Richtung Stadt **(7)**, der Treppenturm als Verbindung vom Wall zur Kasematte **(8)** sowie eine Feuerstellung für Infanterie auf dem Hauptwall mit einem österreichischen Infanteristen vom Regiment Erzherzog Rainer **(9)**. Farblich hervorgehoben sind die Fundamentreste der bastionären Mauer (Kurtine), die 1841 abgebrochen worden war **(10)**.

**Abb. oben**
**Freigelegte Reste der Außenmauer** der Flankierungskasematte im Juli 1992.

**Abb. unten**
**Innenansicht eines Kampfraumes** mit einer Kanonenscharte, zwei Gewehrscharten sowie einer großen Belüftungsöffnung (rechts). Die Kampfräume sind mit Durchgängen (links) verbunden. Die Räume werden heute in einem Hotel als Restaurant genutzt.

**Abb. rechts**
**Die Bastionen Alexander und Bonifatius** mit der Flankierungskasematte im heutigen Stadtbild. Der orange Pfeil zeigt auf einen Mauerabschnitt, der nicht zur Bastion Alexander gehörte und erst nach der Auflassung des Festungswerks mit der Bastion verbunden worden war.

**Abb. oben**
**Flankierungskasematte** zwischen den Bastionen Alexander und Bonifatius, um 1850.

## Fort Josef auf dem Linsenberg

Der Deutsche Bund baute bis 1866 die mittlere Festungslinie vom Fort Hauptstein bis zum Fort Karl grundlegend um. Hierzu gehörte auch das Fort Josef auf dem Linsenberg. Auf der barocken Kasematte, die heute unterirdisch noch vorhanden ist, entstand ein Reduit **(1)** mit einer Erdauflage. Zusammen mit den sich anschließenden, durch Schießscharten unterbrochenen Mauern **(2)**, war jetzt die Rückseite des Werkes geschlossen, so dass ein rundum geschlossenes, selbständig zu verteidigendes Fort entstanden war. Über den Graben **(3)** verliefen zwei Brücken **(4)**, die in das Innere des Forts führten. Auf den Wällen befanden sich Erdtraversen **(5)**. Ein ehemaliger bedeckter Geschützstand war zur Hohltraverse umgebaut worden **(6)**. Die heute noch vorhandene, 6 m hohe innere Grabenwand der rechten Flanke **(7)** war ursprünglich 9,50 m hoch. Am Fuße der äußeren Grabenwand verliefen Galerien mit Schießscharten **(8)**, von wo aus der Graben beschossen werden konnte. Die drei Fachwerkgebäude **(9)** auf dem Gemälde zeigen Friedenspulvermagazine. Unter dem Wall gab es ein Verbrauchspulvermagazin **(10)**. In der Spitze und der rechten Flanke des gedeckten Weges **(11)** befanden sich Blockhäuser **(12)**. Die noch erhaltene, mit Scharten versehene Poterne **(13)** im Bereich des Kehlgrabens verlief ursprünglich bis zur inneren Befestigungslinie und endete vor der Bastion Alexander.

**Abb. oben**
**Erhaltener Teil** der unterirdischen barocken Kasematte aus der Kurfürstenzeit, auf die im Deutschen Bund das Reduit gebaut wurde.

**Abb. links**
**Die Reste von Fort Josef** im heutigen Stadtbild. Die noch vorhandene innere Grabenwand der rechten Flanke verläuft entlang des Czernyweges in Richtung der Universitätsmedizin.

**Abb. oben**
**Fort Josef** im Frühjahr 1869 nach der Modernisierung durch den Deutsche Bund.

**Abb. links außen**
**Martinsturm und Pulvermagazin** auf einer Zeichnung kurz vor 1857. Mit dem orangen Kreis ist die Stelle gekennzeichnet, wo sich der Giebelstein befand, der sich heute auf dem Ballplatz befindet. Rechts neben dem Pulvermagazin eine Poterne, die unter dem Wall in den Graben führte.

**Abb. links**
**Ein Eckstein vom Giebel des Pulvermagazins** wurde mehrere hundert Meter weit bis zum Ballplatz geschleudert und erinnert dort heute noch an das damalige Ereignis.

## Die Bastion Martin und die Explosion des Pulvermagazins

Überall in der Stadt lagerten Waffen, Sprengstoff und Munition. Auf der Bastion Martin stand ein um 1825 errichtetes, aus Natursteinen massiv gebautes Kriegspulvermagazin direkt neben dem Martinsturm. Am 18. November 1857 kam es dort zur Katastrophe. Das Pulvermagazin, in dem 200 Zentner Pulver gelagert waren, explodierte. Dabei wurde der angrenzende Martinsturm ebenso wie viele weitere Gebäude in der Stadt zerstört. Die Wucht der Explosion war so groß, dass Gesteinsbrocken bis in die Vorstadtgemeinden und zum Rhein flogen. Es gab über hundert Tote und Verletzte.

**Abb. oben**
**Fotografie mit zerstörten Häusern** auf dem Kästrich, kurze Zeit nach der Explosion. Im Hintergrund die Stephanskirche.

**Abb. links**
**Explosion des Pulvermagazins** am 18. November 1857 auf einem zeitgenössischen Bild.

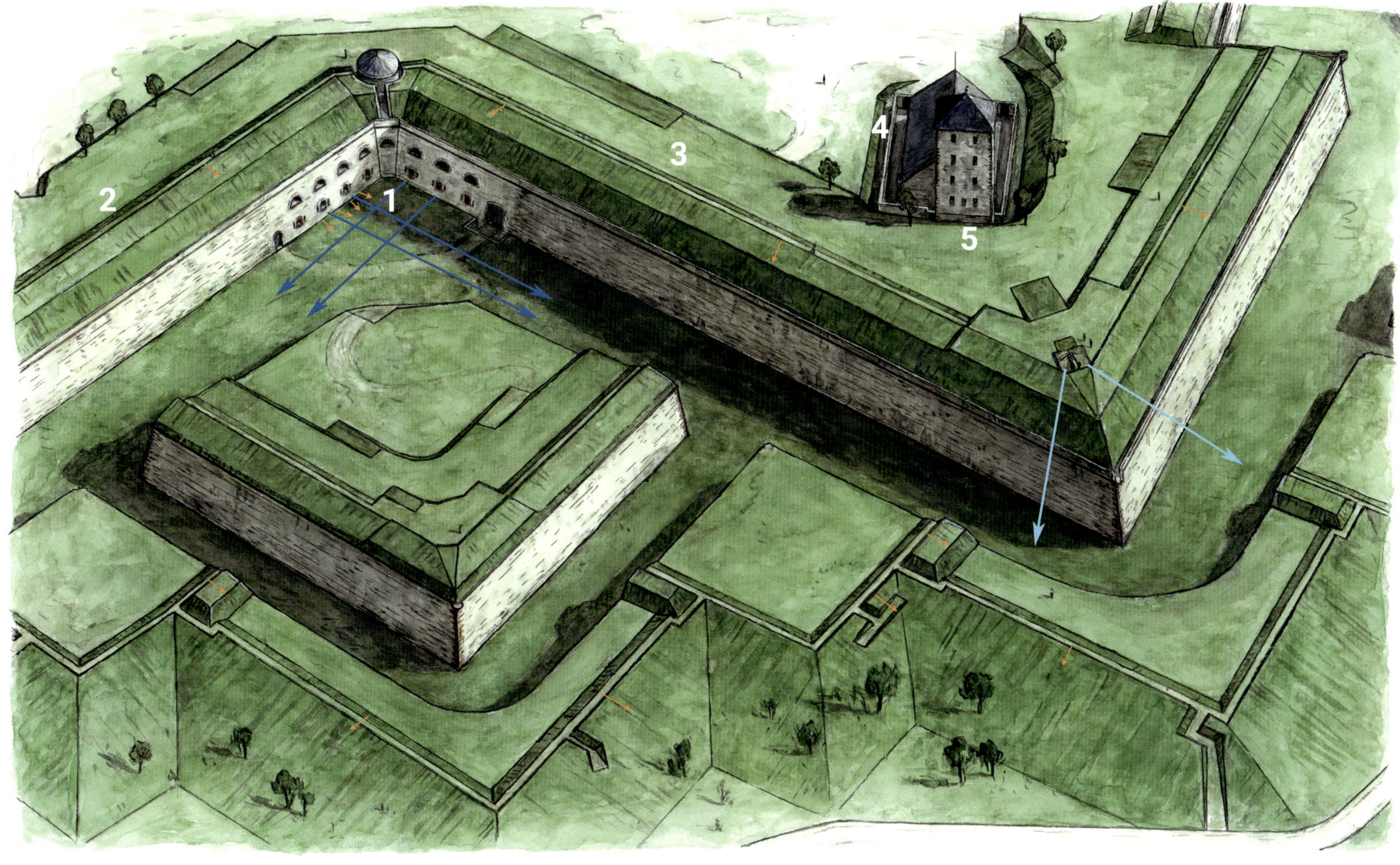


**Abb. oben**
**Bastion Martin** um 1840 mit den Veränderungen des Deutschen Bundes. Am auffälligsten ist die Flankierungskasematte **(1)** zwischen den Bastionen Bonifatius **(2)** und Martin **(3)**, die dem Festungsabschnitt ein neues Gesicht gab. Der flankierende Beschuss der Gräben erfolgte jetzt nicht mehr oben vom Wall, sondern aus der neuen Kasematte (Schussrichtung: blaue Pfeile). Ein Beschuss war weiterhin möglich durch Gewehre (Schussrichtung: orange Pfeile) und durch Kanonen in Richtung des Vorfeldes (hellblaue Pfeile). Das von einer Mauer umgebene Kriegspulvermagazin **(4)** ist hinter dem Martinsturm **(5)** zu sehen.

## Die Rheinkehlbefestigung entlang der Rheinfront

Erstmals seit dem Mittelalter erhielt das Rheinufer ab 1841 wieder eine neue Befestigungslinie. Hierfür wurden fast alle mittelalterlichen Tore abgerissen. Das größte Festungswerk war der Rheinkehlturm. Dieser stand in unmittelbarer Nähe des 1853 eröffneten Mainzer Bahnhofs. Weiterhin bestand die Rheinkehlbefestigung aus massiven Bauwerken, die unten als Warenlager und oben als Festungswerk genutzt wurden. Die Gebäude waren im Erdgeschoss mit Arkaden versehen. Im oberen Teil waren anstelle der Fenster Schießscharten eingebaut.

**Abb. oben**
Der vor dem Holztor liegende **Rheinkehlturm** sicherte das Ufer des Flusses und die Rheinbrücke. Den Namen *»Fort Malakoff«* erhielt das Werk durch den Krimkrieg 1855 in Russland.

**Abb. unten**
Nachdem für die ersten Bahnhofsanlagen der Ludwigsbahn das Rheinufer in den Fluss erweitert worden war, entstand 1866 auf der neuen Fläche eine **viertelkreisförmige Kaponniere**. Diese verfügte auf zwei Stockwerken über kleine Gewehr- und große Kanonenscharten. Auf die Kaponniere ging 1873 nach dem Abbruch des Rheinkehlturmes die Bezeichnung *»Fort Malakoff«* über.

**Abb. oben**
**Die Stadtansicht von 1865** zeigt die neue Rheinkehlbefestigung. Die massiven Bauwerke mit Arkaden riegelten als defensible Lagerhallen mit ihrer Doppelfunktion das Rheinufer vom Stadtgebiet ab. Vor dem Eisenturm ist die dort nur kurze Zeit stehende mittlere Rheinkehl-Kaponniere zu sehen. Sie wurde später vor das Fischtor versetzt. Eine ähnliche Kaponniere steht heute am Feldbergplatz.

## Der Neubau der Befestigung von Kastel

Ab 1842 veränderte der Deutsche Bund die französischen Festungswerke der Kasteler Hauptumwallung grundlegend. Das Aquarell rechts zeigt die Bastionen Schwarzenberg **(1)**, Blücher **(2)** sowie die Lünette Wiesbaden **(3)**. Davor verlaufen gedeckte Wege **(4)**. Der Hauptgraben vor den Bastionen **(5)** ist jetzt komplett mit Wasser gefüllt. Auf der Bastion Blücher befindet sich ein großes Kriegspulvermagazin **(6)**. Die Lünette Wiesbaden ist ein geschlossenes Werk mit einem gemauerten Reduit **(7)** sowie Erd- und Hohltraversen. Vor fast allen Wällen der Bastionen und Lünetten ist eine freistehende, mit Schießscharten versehene (krenelierte) Mauer **(8)** errichtet. Eine Brücke führt vom Wiesbadener Tor über den Wassergraben **(9)**. Durch die Bastion Schwarzenberg ist ein Walldurchbruch für die 1840 eröffnete Taunus-Bahnlinie Frankfurt-Kastel-Wiesbaden **(10)** zu sehen.

**Abb. oben**
Ansicht der **Kehlseite** von der Lünette Hochheim um 1919

**Abb. oben**
**Frankfurter Tor** zwischen den Bastionen Prinz Wilhelm und Herzog Ferdinand, vor 1904.

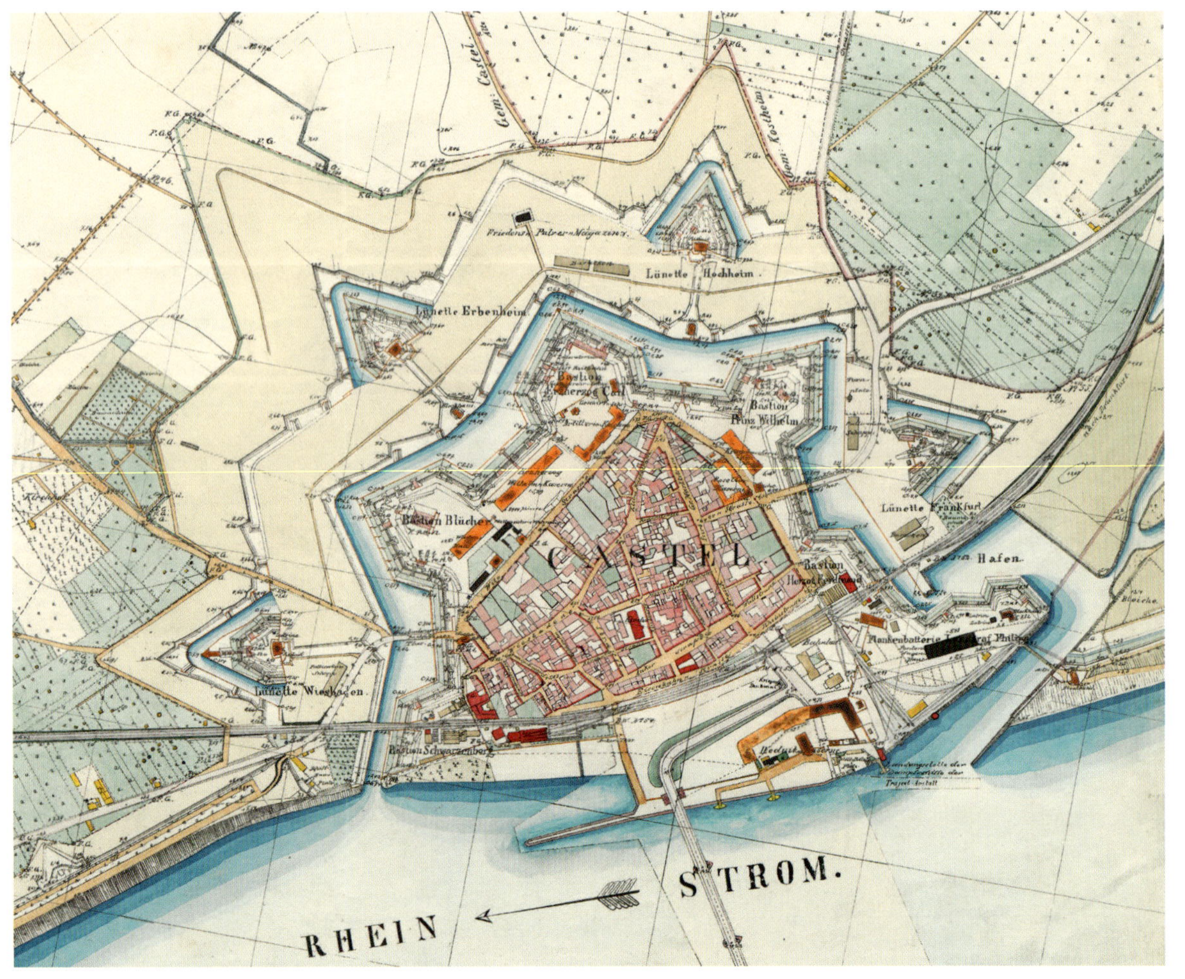


**Abb. links**
**Die Hauptumwallung** von Kastel um 1875. Nach dem Umbau verfügte die Befestigung von Kastel über folgende Werke (Aufzählung von der linken Flanke): Anschlusswall zum Fort Großherzog von Hessen, Bastion Schwarzenberg, Lünette Wiesbaden, Bastion Blücher, Lünette Erbenheim, Bastion Erzherzog Carl, Lünette Hochheim, Bastion Prinz Wilhelm, Lünette Frankfurt, Bastion Herzog Ferdinand, Flankenlinie Landgraf Philipp.

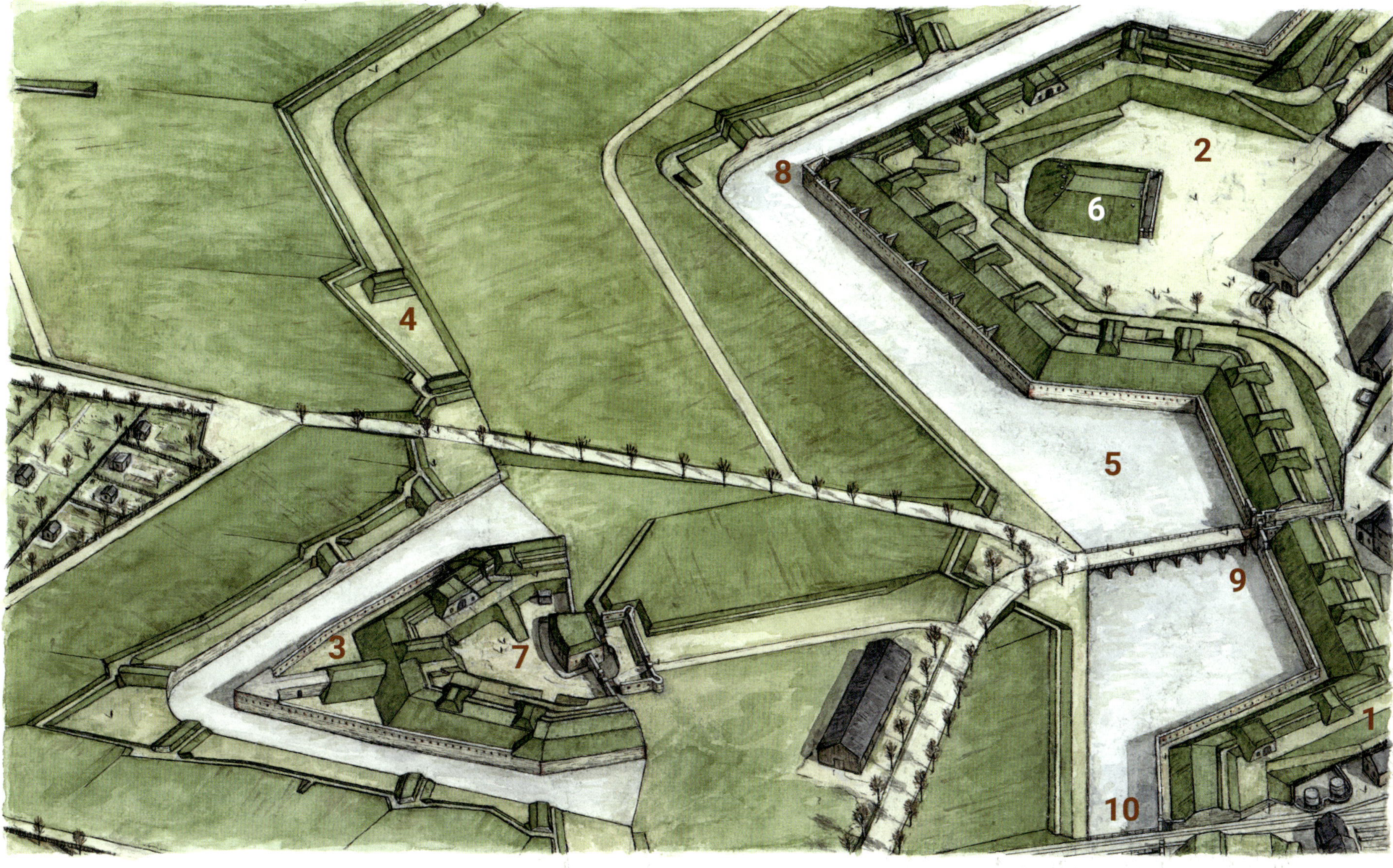


**Abb. oben**
Die Befestigung von Kastel um 1875.

# 5

# MAINZ IM DEUTSCHEN REICH
(1871 bis 1918)

**Bild auf der linken Seite:**
**Zitadelle Mainz – außen Barock, innen Kaiserzeit**
Blick um 1900 in den heutigen Eingangsbereich des Zitadellengrabens

# **DIE FESTUNG NACH DER STADTERWEITERUNG** (1871 bis 1900)

Das hatte sich Bayern ganz anders vorgestellt. Seit 1850 lag ein Krieg zwischen Preußen und Österreich um die Führungsrolle im Deutschen Bund in der Luft. Und am 11. Mai 1866 war es dann soweit. Der bayerische König Ludwig II. unterschrieb den Mobilmachungsbefehlt und stellte sich bei dem bevorstehenden Krieg gegen Preußen auf die Seite von Österreich. Wichtiges Ziel von Bayern war die alleinige Übernahme der Festung Mainz. Deshalb sorgten die Bayern mit Unterstützung der Deutsche Bundesversammlung dafür, dass Mainz in dem Krieg neutral und so vor Zerstörungen bewahrt bleiben sollte. Daraufhin zogen die Österreicher und Preußen aus Mainz ab und Anfang Juli übernahm Graf Rechberg als neuer bayerischer Gouverneur die Festung Mainz.

Heute wissen wir, dass der bayerische Plan letztendlich nicht aufging. Am 3. Juli 1866 besiegten die vereinigten preußischen Heere in der Schlacht von Königgrätz die mit Bayern verbündeten österreichischen Truppen und die Bundesarmeen. Kurze Zeit später kam dann der Krieg in das neutrale Mainz. 13.000 Zentner Pulver wurden aus den Friedens- in die Kriegspulvermagazine geschafft, die Forts der äußeren Verteidigungslinie wurden mit Artillerie bestückt und die Rheintore zugemauert. Tausende von Allee- und Obstbäumen fielen den Äxten zum Opfer. Die schattige Promenade durch die Rheinallee gab es danach nicht mehr. Kurze Zeit später kam es zu den ersten Kampfhandlungen. Bayerische Truppen hatten mit Artilleriegeschützen vom Petersauer-Turm das Feuer auf rechtsrheinisch verkehrende Eisenbahnzüge eröffnet. Es gab Tote und Verletzte. Auf den Ausgang des Deutschen Krieges hatte dies keinen Einfluss. Am 23. August 1866 schlossen die süddeutschen Staaten mit Preußen einen förmlichen Waffenstillstand. Einen Tag später endete für Mainz der Status als Bundesfestung. Am 26. August 1866 rückten um 12.00 Uhr mittags preußische Truppen von Kastel über die Rheinbrücke in Mainz ein. Bereits eine Stunde später fand die Übergabe der Festung statt. Das Kalkül Bayerns, die Festung Mainz als eigenes Bollwerk am Rhein zu bekommen, war nicht aufgegangen. Auf dem Osteiner Hof wehte jetzt für fünf Jahre die preußische Flagge.

1870 begann der Deutsch-Französische Krieg, der einen Grundstein für das Deutsche Reich legte und die Situation der Festung noch einmal veränderte. Der deutsche Kaiser schlug bei Beginn des Krieges sein Hauptquartier in Mainz auf, von wo aus er das Scheitern der

**Proklamierung des deutschen Kaiserreiches** im Spiegelsaal von Versailles, Gemälde von Anton von Werner. Die neue Westgrenze verlief seitdem in Elsass-Lothringen, wo neue Festungen zur Sicherung der deutschen Grenze gebaut wurden. Mainz war keine direkte Grenzfestung mehr, blieb aber eine der bedeutendsten Festungen des Deutschen Reichs.

**Abb. rechts**
Mainz um das Jahr 1900

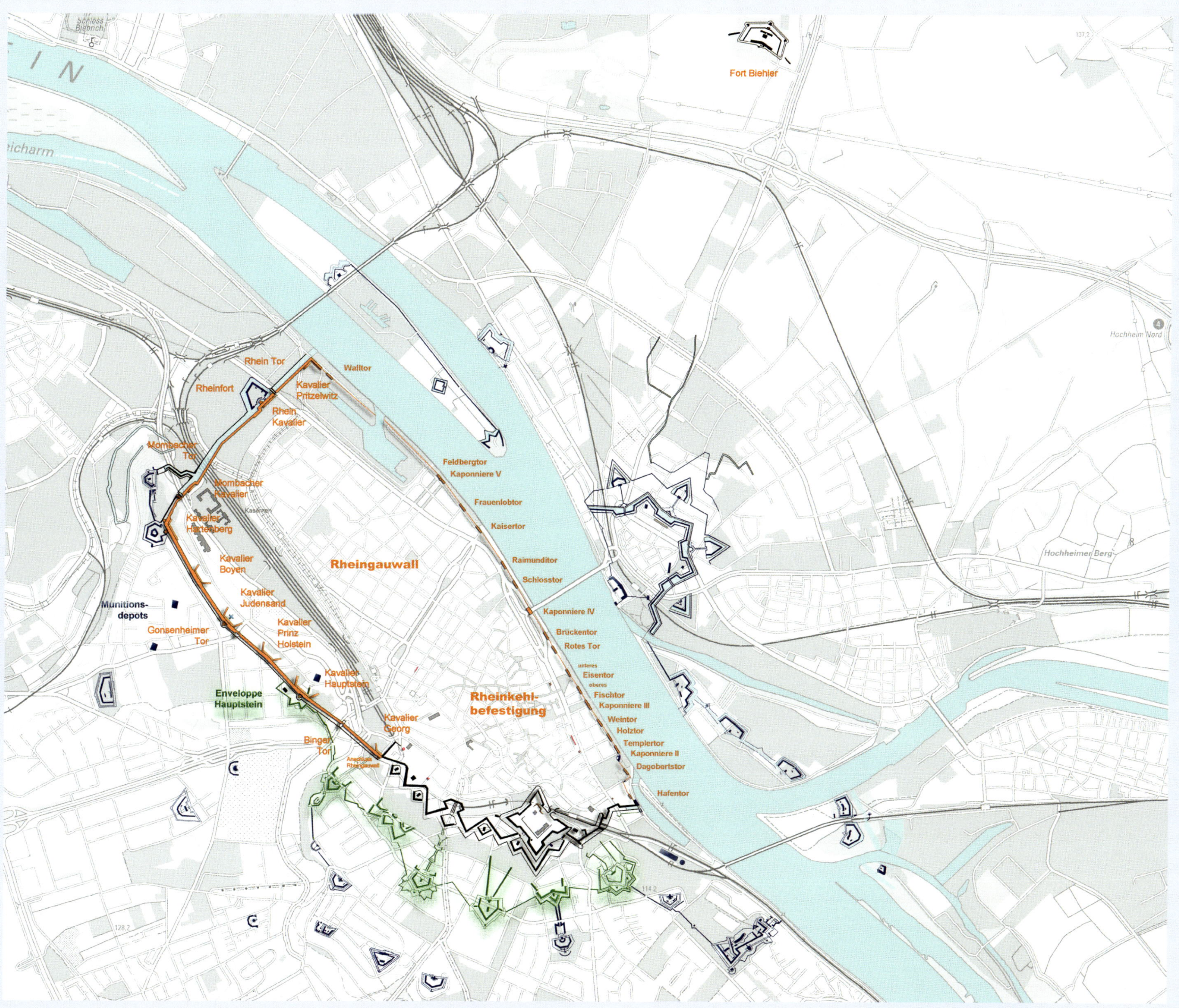
Schloss Biebrich
Fort Biehler
Hochheim Nord
Hochheimer Berg
Rhein Tor
Walltor
Rheinfort
Kavalier Prützelwitz
Rhein Kavalier
Mombacher Tor
Mombacher Kavalier
Kavalier Hartenberg
Kavalier Boyen
Kavalier Judensand
Kavalier Prinz Holstein
Kavalier Hauptstein
Munitions-depots
Gonsenheimer Tor
Enveloppe Hauptstein
Kavalier Georg
Binger Tor
Rheingauwall
Rheinkehl-befestigung
Feldbergtor
Kaponniere V
Frauenlobtor
Kaisertor
Raimunditor
Schlosstor
Kaponniere IV
Brückentor
Rotes Tor
unteres
Eisentor
oberes
Fischtor
Kaponniere III
Weintor
Holztor
Templertor
Kaponniere II
Dagobertstor
Hafentor

militärischen Planungen der Franzosen verfolgen konnte. Diese hatten geplant, mit ihrer Hauptarmee über die Pfalz bis zum Rhein ins Maintal vorzustoßen, um so die süddeutschen von den norddeutschen Staaten zu trennen. Das klappte nicht, da die deutschen Truppen aus den Festungsstädten Koblenz, Mainz und Germersheim über das gut ausgebaute deutsche Schienennetz viel zu schnell an der französischen Grenze aufmarschiert waren. Die französischen Armeen war innerhalb weniger Wochen besiegt und Napoléon III. bei Sedan gefangen genommen worden. Am 18. Januar 1871 ließ sich Wilhelm I. im Spiegelsaal des französischen Schlosses zu Versailles zum deutschen Kaiser proklamieren. Nach dem Heiligen Römischen Reich Deutscher Nationen, das mit der Krönung von Otto I. zum König im Jahr 936 gegründet und mit der Niederlegung der Reichskrone durch Kaiser Franz I. 1806 erloschen war, gab es jetzt ein *»zweites Deutsches Reich«*. Österreich gehörte nicht mehr dazu und Preußen hatte die Führungsrolle übernommen.

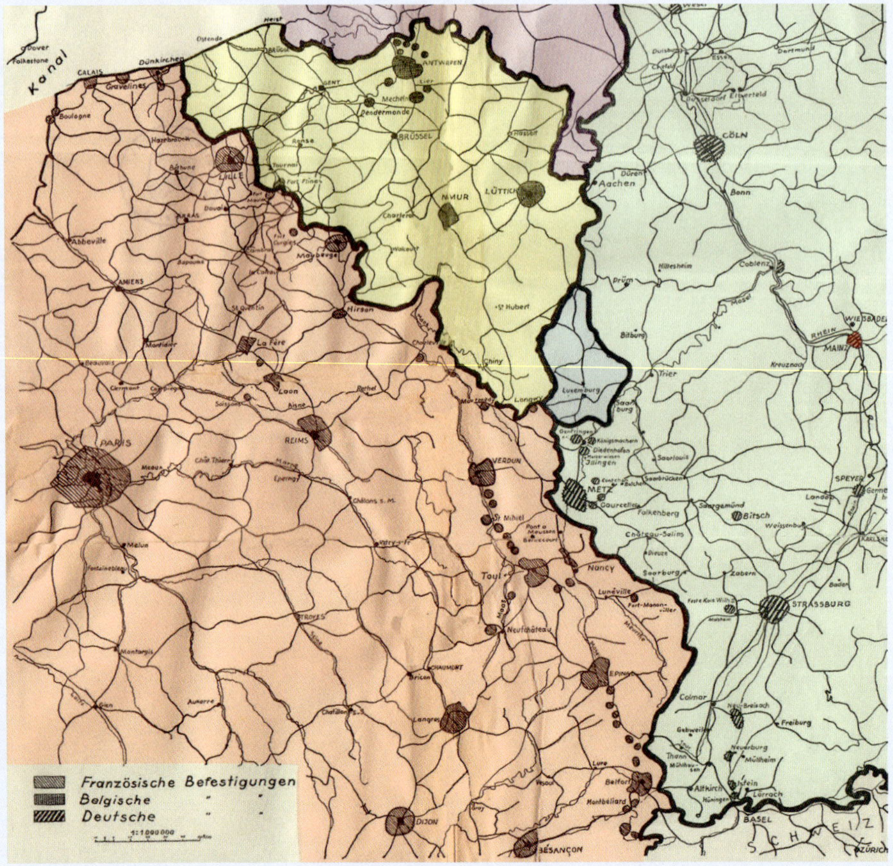

Der neue deutsche Nationalstaat war für Frankreich eine sicherheitspolitische Katastrophe. Die Sicherheit von Frankreich war jahrhundertelang dadurch garantiert gewesen, dass das deutschsprachige Zentrum Europas zersplittert und vermeintlich schwach war. Auf einmal war es vereint und stark. Und dieses starke Deutschland verstand sich als neue Wacht am Rhein und machte seinen Machtanspruch mit dem monumentalen Niederwalddenkmal oberhalb von Rüdesheim auch noch weithin sichtbar. Der Rhein war und blieb für die Deutschen ein wichtiges Symbol. Und eine bedeutende Verteidigungslinie.

Diese politischen Entwicklungen hatten Auswirkungen auf das Sicherheitssystem des Deutschen Reiches und damit auch auf alle deutsche Festungsstädte. Verantwortlich für die militärischen Planungen im Reich war der Chef des Generalstabes, Generalfeldmarschall Helmuth Karl Bernhard von Moltke.

Als eine der ersten Maßnahmen reduzierte der deutsche Generalstabschef die Zahl der deutschen Festungen. In einem zusammenhängenden Deutschen Reich waren die vielen Festungen nicht mehr nötig. Dieses verfügte jetzt über natürliche Schutzgebiete im Norden

**Karte mit den Festungslinien des Deutschen Reiches (grün), Frankreich (rot) und Belgien (gelb)** im Ausbauzustand bis 1914. Nach der Gründung des Deutschen Reiches hatten sich die Anzahl und die Standorte der Festungen verändert. Frankreich hatte sein Festungssystem mit einer *»Barrière de fer«* (Eiserne Barriere) an der deutschen Grenze stark ausgebaut. Im Deutschen Reich waren neue Festungen in Elsass-Lothringen an der Mosel hinzugekommen, wie zum Beispiel in Bitsch, Metz oder Diedenhofen. Dahinter gab es am Rhein eine Verteidigungslinie aus den Festungen Wesel, Köln, Koblenz, Mainz, Germersheim und Straßburg, die am Oberrhein durch die Festungen in Neu-Breisach, Neuenburg, Hüningen und Istein ergänzt wurden. Mainz sollte nach einem kaiserlichen Befehl vom August 1898 das *»Hauptbollwerk des Widerstandes gegen eine zwischen Straßburg und Metz hindurch vorgehende Armee bilden und als vornehmster Stützpunkt (...) dienen«*

(Nord- und Ostsee) und im Süden (Alpen und die böhmischen Grenzgebiete). Besonders gesichert werden mussten deshalb grundsätzlich nur noch die Grenzen im Westen und im Osten. Dabei erschien die Grenze im Westen dank der mächtigen Strombarriere des Rheins und die Raumenge zwischen den Vogesen und der belgischen Grenze besser zur Verteidigung geeignet als die weiten Räume in Osten. Folge: Der Festungsbau konzentrierte sich auf die neue deutsche Westgrenze in Elsass-Lothringen mit den Festungen Bitsch, Metz oder Diedenhofen sowie die dahinterliegenden Rheinfestungen mit Wesel, Köln, Koblenz, Mainz, Germersheim, Neu-Breisach und Straßburg. In einer Denkschrift von 1873 beschrieb der deutsche Generalstabschef die Bedeutung der Festungslinie am Rheinabschnitt: *»Ich glaube, dass man mit großer Zuversicht aussprechen darf, dass selbst ein siegreicher Feldzug der Franzosen am Rhein enden muss, und dass es unmöglich ist, uns aus seiner fortzumanövirieren, wenn wir entschlossen sind, daran festzuhalten«.* Mainz war jetzt keine vorgeschobene Grenzfestung mehr, sondern eine Festungsstadt in der zweiten Verteidigungslinie. Ebenso wie Köln behielt Mainz seine bedeutsame Rolle in der Landesverteidigung, da nach Auffassung des Generalstabes *»über diesen Ort die für Deutschland gefährlichste Vormarschrichtung des Feindes führte und sich Rhein und Main dort gemeinsam überschreiten ließen«.*

Für die Festung Mainz begann jetzt zum wiederholten Mal ein neuer Zeitabschnitt. Im Juni 1872 wurde Mainz mit der Genehmigung des Deutschen Kaisers als eine Festung 1. Klasse eingeordnet. Am 25. März 1873 ging die Festung Mainz in das Eigentum des Deutschen Reiches über. Die Festung des Deutschen Bundes war jetzt Reichsfestung. Damit konnte mit Geld aus Berlin die Modernisierung der Festung beginnen.

In einem ersten Schritt gab es in Mainz bei den älteren Forts Weisenau, Heiligkreuz, Mariaborn, Zahlbach, Hechtsheim, Bingen und Gonsenheim umfangreiche Umbauten für die Nutzung und gegen die Wirkung gezogener Geschütze, vorzugsweise durch die Ummantelung mit Erde. Entsprechende Verstärkungen erfolgten auch beim Bretzenheimer Turm und beim Petersauer Turm. 1880 wurde das barocke Gautor umgebaut und erhielt mit der gerade verlaufenden Durchfahrt unter dem Wall das von vielen Fotografien bekannte Aussehen. Zu einer völlig neuen Gestaltung der Südfront zwischen den Bastionen Albani und Katharina führte zwischen 1874 und 1887 die Verlegung des alten Bahnhofs vom Rhein zum heutigen Standort. Die Linie wurde begradigt. Die Bastion Albani und das dem Wall vorgelagerte Ravelin wurden abgerissen und durch ein neues Werk ersetzt. Anstelle der Bastion Katharina wurde das Neutor zu einem großen zweistöckigen *»Eisenbahn-Neutor-Kavalier«* umgebaut. Unterirdische Reste sind heute noch vorhanden. Zwischen diesem neuen *»Kriegs-Neutor«* und dem Rhein verlief ein Wassergraben. Der Bau eines Tunnels zum neuen Hauptbahnhof führte schließlich zu Veränderungen vor der Zitadelle, die heute noch zu sehen sind. Die Zitadelle selbst bekam ihr heutiges Aussehen: Außen Barock und innen Kaiserzeit.

**Der 1853 eröffnete Mainzer Ludwigsbahnhof** am Rhein oberhalb des Holzturmes. Hinter der Halle rechts der Rheinkehlturm, links hinter der Bahnsteighalle der Holzturm und der Ostturm des Doms. Die Verlegung des Bahnhofs an den heutigen Standort hatte ab 1884 eine grundlegende Umgestaltung der Festung entlang der Südfront zur Folge.

Auf dem rechten Rheinufer entstand nach zweijährigen Planungen zwischen 1880 und 1884 auf dem Petersberg der einzige Neubau eines Außenforts der Festung Mainz nach der Reichsgründung. Im Jahr 1885 verlieh man ihm den Namen des langjährigen Chefs des Ingenieurkorps und des General-Inspekteurs der Festungen, Alexis von Biehler. Ungefähr 70 Forts dieser Bauart, auch als Artillerie- oder Schemaforts bezeichnet, umgaben als Gürtelforts große Festungen wie Straßburg, Metz, Köln, Ingolstadt, Königsberg, Posen und Thorn. In Mainz blieb es dagegen bei dem einen Fort. Kurze Zeit nach der Fertigstellung von Fort Biehler waren um 1887 die Brisanzgranaten erfunden worden, gegen deren Zerstörungskraft die Forts ohne aufwändige Modernisierung keinen ausreichenden Schutz mehr boten.

Von dieser Krise des Festungsbaus ahnte allerdings noch niemand etwas, als das Deutsche Reich die Festung Mainz zu modernisieren begann. Der Neu- und Umbau der Forts vor den Toren der Stadt blieb dabei nicht die einzige Veränderung. Im Gegenteil. Die gewaltigsten Baumaßnahmen betrafen unmittelbar das Stadtgebiet.

Aufgabe der Festung Mainz war es, einer Armee in der Defensive den geordneten Rückzug über den Rhein zu ermöglichen, um dieser von der rechten Rheinseite nach einer Reorganisation wieder die erneute Offensive zu ermöglichen. Mit der Festung sollte damit in erster Linie nicht die Bevölkerung der Stadt, sondern die Rheinbrücken vor der Beschießung geschützt werden. Und mit dieser Zielrichtung planten die Ingenieure eine neue Festungslinie. Die maximale Reichweite der zu dieser Zeit leistungsfähigsten Geschütze betrug ca. 8.500 m. Auf diese Entfernung war jedoch wegen der fehlenden Trefffähigkeit keine wirkungsvolle Beschießung eines Ziels von der Größe einer Brücke möglich. Um ein solches Ziel nachhaltig treffen zu können, hätten die Geschütze mindestens 1.500 m entfernt stehen müssen. So nah konnte jedoch kein Feind aus Richtung der Landseite vor die Mainzer Brücken gelangen. Die vorgeschobenen Forts lagen so weit von den Brücken entfernt, dass eine Zerstörung durch weittragende Angriffsgeschütze nicht wahrscheinlich gewesen wäre. Anders sah die Situation auf der Seite des Gartenfelds aus. Hier lag insbesondere die Brücke nach Kastel in der Reichweite einer modernen Artillerie. Die entlang dieser Front verlaufenden Bastionen boten keinen ausreichenden Schutz mehr.

Ein weit sichtbares Symbol der Stadterweiterung war die **Christuskirche**, hier noch im Bau. An ihr entlang führt die heutige Kaiserstraße. Diese mit gärtnerischen Anlagen geschmückte Prachtstraße hieß ursprünglich *»Boulevard«* (deutsch: Bollwerk) und wies damit auf die Festungswurzeln des Geländes hin.

Deshalb musste diese Festungslinie nach vorne verschoben werden. Die Lösung war der Bau einer neuen Wallanlage, die in einem ausreichenden Abstand zu den Brücken liegen musste. Das bedeutete für den Berliner Generalstab eine teure und aufwändige Herausforderung. Für die Stadt Mainz war dies allerdings ein Glücksfall. Mit der Ausdehnung der Festung um das Gartenfeld ging für die darin liegenden Flächen die militärische Bedeutung verloren. Das Gartenfeld konnte jetzt bebaut werden. Endlich konnte sich die Stadt erweitern.

Mit dem Bau des Rheingauwalls und der damit verbundenen Stadterweiterung begann 1873 für Mainz mit gewaltigen Bauarbeiten und Erdbewegungen eine der größten zusammenhängenden Baumaßnahmen seiner bisherigen Stadtgeschichte. Die Festung Mainz erhielt wie so oft in der Vergangenheit wieder ein völlig neues Gesicht. Innerhalb von fünfzehn Jahren wurde das Stadtgebiet um 150 Hektar erweitert und das Rheinufer deutlich nach vorne verschoben. Entlang der Gartenfeldfront wurden mehrere Kilometer lange Gräben der alten Festung zugeworfen und entlang der heutigen Wallstraße über den Hartenberg bis zum Rhein viele Kilometer neue Gräben und Wälle angelegt.

Mainz konnte jetzt endlich wachsen. Für die Menschen in der Stadt war damit eine deutliche Verbesserung der Lebensverhältnisse verbunden. Innerhalb des engen bastionären Festungsrings hatten sie auf engstem Raum zusammengelebt. 89 Personen bewohnten die Fläche eines preußischen Morgens; so viele wie in keiner anderen Stadt des Deutschen Reiches. Kaum ein Sonnenstrahl war in die Straßen und Gassen der Stadt gefallen und die hygienischen Verhältnisse möchte sich heute niemand mehr vorstellen.

Die Stadt konnte jetzt vielen neuen Bürgerinnen und Bürgern ein neues zu Hause bieten sowie dem Handwerk und den Unternehmen für Fabriken endlich die erforderlichen Flächen zur Verfügung stellen. Die Entwicklung zur Großstadt konnte beginnen. Den Startschuss für diese Entwicklung hat Alfred Börckel in seinem Buch zur Festung Mainz fast dreißig Jahre nach diesem Ereignis noch nahezu euphorisch beschrieben. So seien im März 1873 an der Heidelbergerfaßgasse und am Schlossplatz *»das gewaltige Werk; die alten Mauern, Wälle und Tore gefallen. Wo aber seither nur, zwischen Gärten und Feld zerstreut, niedere Holzhütten standen, da erhoben sich binnen Jahre hohe Gebäude aus festem Steinwerk und durchzogen breite Straßen mit Anlagen und Spielplätzen das durch Ausfüllung gewonnene Terrain; neben der alten Stadt war bald eine neue entstanden«.*

Auf den Flächen der alten Bastionen entstand als sichtbares Symbol der Stadterweiterung neben der Christuskirche eine mit gärtnerischen Anlagen geschmückte Prachtstraße, die 1880 den Namen *»Boulevard«* (abgeleitet vom Niederländischen *»bulwerc«*, deutsch: Bollwerk) erhielt und damit auf die Wurzeln des Geländes hinwies. Acht Jahre später wurde der Boulevard zu Ehren von Kaiser Wilhelm I. in *»Kaiserstraße«* umbenannt.

Das Berliner Kriegsministerium ließ sich die Mainzer Stadterweiterung mit vier Millionen Gulden gut bezahlen. Das war damals eine astronomisch hohe Summe und die finanzielle Grundlage für den Ausbau der Festung. Nach Abschluss der Bauarbeiten bildete ein neuer Rheingauwall die innere Verteidigungslinie, an die sich auf der Höhe des Kästrichs die verbliebenen Bastionen mit den vorgelagerten Forts anschlossen. Die äußere Festungslinie bestand weiterhin aus den im Deutschen Bund gebauten großen Forts.

Beginnen wir mit dem Rheingauwall. Die einzelnen Verteidigungsanlagen ähnelten denjenigen von Fort Biehler. Der Rheingauwall schloss sich an die Bastion Alexander an, bei der die vordere Spitze abgebrochen und durch eine gerade Mauer ersetzt wurde. Reste dieser Anschlussmauer sind ebenso wie weitere Mauern der Bastion Alexander heute noch vorhanden. Von dort aus verlief die Wallanlage entlang der heutigen Wallstraße in gerader Linie bis zum Hauptstein und von dort zum Hartenberg, wo sie in einem rechten Winkel in Richtung Rhein abknickte. Der Festungswall endete dort am Rheinfort. Durchbrochen wurde der Rheingauwall durch vier neu gebaute Tore, nämlich das Binger Tor, das Gonsenheimer Tor, das Mombacher Tor und das Rhein Tor. Reste des Gonsenheimer Tors sind teilweise noch vorhanden und befinden sich etwas versetzt gegenüber der ursprünglichen Lage vor dem SWR-Sendezentrum.

Der Wall wurde überragt von den Kavalieren Georg, Hauptstein, Prinz Holstein, Judensand, Boyen, Hartenberg und dem Rhein-Kavalier. Nach der Ufererweiterung und der Verlängerung des Rheingauwalls kam später noch der Kavalier Pritzelwirz als neuer Rheinabschluss hinzu. In den Kavalieren befanden sich Räume für die Mannschaften und die Artillerie. Sie überragten in ihrer Höhe deshalb die normalen Wallabschnitte, weil sie von den einspringenden Seiten deren flankierende Beschießung ermöglichten.

Bei dem Kavalier Georg handelte es sich um einen Halbkavalier, der sich unmittelbar an die neue gerade Mauer der Bastion Alexander anschloss und den Namen der abgetragenen Nachbarbastion übernommen hatte. In dem sich anschließenden Kavalier Hauptstein wurde das Fort Hauptstein mit Resten der alten Enveloppe und der Verbindungslinie zum Fort Josef eingebunden. Kavalier und Fort sind heute noch vorhanden und der Kavalier Hauptstein vermittelt einen Eindruck vom baugleichen Kavalier Judensand, der zwischen den Kavalieren Prinz Holstein und Hartenberg auf dem heutigen Gelände des SWR lag. Der Kavalier Prinz Holstein war doppelt so breit wie die Kavaliere Hauptstein und Judensand und war weitgehend baugleich mit dem Kavalier Boyen. In seinem heutigen, nahezu komplett erhaltenen Zustand gehört der Kavalier Prinz Holstein zu einem der am besten erhaltenen Festungswerke in Mainz und ist mit seinem Kasemattenkorps, den vier Hohltraversen und den beiden Ladestationen in den Flanken ein in Deutschland selten zu findendes Festungsensemble aus der Kaiserzeit.

Die von der Bastion Alexander verlaufende gerade Wallanlage knickte am Hartenberg in Richtung Rhein ab. Aufgrund seiner Lage an diesem Eckpunkt wich der Kavalier Hartenberg in seiner Bauweise von den anderen Kavalieren ab. Das vor dem Fort Hartenberg liegende Kasemattenkorps des Kavaliers glich zwar in der Größe den Kavalieren Prinz-Holstein und Boyen. Anders als diese waren die Flanken vom Kavalier Hauptstein jedoch in den Hauptwall integriert. Dies ist heute noch gut zu sehen, wenn man das mächtige Festungswerk versteckt zwischen vielen Bäumen entdeckt hat.

Vom Hartenberg fiel der Rheingauwall zum erst 1966 abgerissenen Mombacher Tor ab. Ab hier verlief vor dem hohen Wall bis zum Rhein ein Wassergraben. Der Rheingauwall endete ursprünglich am Rhein-Fort, das aus der ursprünglichen Inondationsschanze entstanden war. Unmittelbar dahinter befand sich der Rhein-Kavalier als Abschlusskavalier. Diese Funktion übernahm mit der Ufererweiterung der neue, zunächst *»Unterer Rheinabschluss«* genannte Kavalier, der später den Namen des ehemaligen Mainzer Gouverneurs von Pritzelwitz erhielt.

Der Rheingauwall war eine beeindruckende Festungslinie. Er verfügte über vier stark befestigte Tore, acht Kavaliere und sieben Kaponnieren. Der Wassergraben zwischen dem Mombacher Tor und dem Rhein war durchschnittlich 35 m breit und die Höhe des Walls betrug von der Wasseroberfläche bis zur Wallkrone im Schnitt 10 m. Auf den Wällen des Rheingauwalls befanden sich Geschützstellungen für die 15-cm-Ringkanonen, die kurze 15-cm-Kanone sowie die 9- oder 12-cm-Kanonen. In den Kaponnieren wären 8-cm-Kanonen zum Einsatz gekommen. Im Kriegsfall wären die Geschütze über Rampen auf den Wall oder die Kavaliere transportiert worden. Auf den beiden Eckpunkten der Feuerstellung des Kavaliers Prinz Holstein sowie dem Rheinfort befanden sich lange 15-cm-Ringkanonen in Küstenlafetten, die auf speziell eingerichteten Geschützbänken ortsfest aufgestellt und die über Schienen bewegt werden mussten. Mindestens 12 dieser großen Geschütze waren ab 1877 nach Mainz gelangt und hatten nicht nur auf dem Rheingauwall, sondern beispielsweise auch in den Forts Hartenberg und Weisenau neue Verwendungen gefunden.

Der Rheingauwall erhielt einen Anschluss an die ebenfalls neu gebaute Rheinkehlbefestigung. Dieser Neubau war notwendig geworden, seit die Uferlinie in Folge der Flussbegradigung sowie der Anlage des Zoll- und Binnenhafens etappenweise in das linksrheinisch aufgeschüttete Rheinbett vorgeschoben, und die vom Deutschen Bund gebaute Rheinkehlbefestigung zwischen Bockstor und Raimunditor näher an das neue Ufer gerückt werden musste. Entlang der Uferlinie zwischen dem 1865 vollendeten Winterhafen und dem Bockstor wurden des-

halb die Befestigungsanlagen verstärkt und von hier bis zum Kavalier Pritzelwitz neu geschlossen.
Diese Umgestaltung der Mainzer Rheinbefestigung begann 1873. Bis 1879 war die gesamte Rheinbefestigung vor der Altstadt einschließlich aller Uferanlagen vollendet. Bis 1888 wurde sie im Zuge der neuen Gartenfeldbebauung bis zum Ende des Rheingauwalls verlängert, so dass nun die gesamte Mainzer Rheinfront, vom Winterhafen bis zum Rheingauwall, gesichert war.
Für die neue Rheinkehlbefestigung wurden der wuchtige Rheinkehlturm (Altes Fort Malakoff), die Schloss-Kaponniere sowie die entlang des Rheins stehenden Gebäude mit ihren Arkaden abgerissen. Erhalten blieben die kleine Kaponniere am Eingang zum Winterhafen (Kaponniere I: heute als Wacht- oder Blockhaus erhalten, mit einer zum Rhein hin gewandten Schießscharte) sowie das heute noch bestehende Neue Fort Malakoff als Kaponniere II. Die 1855 errichtete Kaponniere am Eisentor erhielt am Fischtorplatz einen neuen Standort (Kaponniere III: später für den Bau des Stresemanndenkmals 1930 abgerissen). Eine weitere Kaponniere am Feldbergplatz in der Neustadt wiederholt den Bautyp der Fischtorplatz-Kaponniere (Kaponniere V: heute noch erhalten). Das Rheinufer im Bereich der Straßenbrücke sicherte die in das Bauwerk eingebaute Kaponniere IV, deren Schießscharten heute noch erhalten und ebenso wie die anderen Kaponnieren am Rhein von der Entfestigung nach dem Ersten Weltkrieg verschont geblieben sind. Zwischen den fünf Kaponnieren entstanden in Verlängerung der Straßen und Plätze entlang der neuen Rheinkehle mehrere Tore. Vor der Altstadt erhielten die Tore die mittelalterlichen Bezeichnungen der Mitte des 19. Jahrhunderts niedergelegten Stadtmauer. Die Befestigungslinie begann mit dem Hafen-, Dagoberts-, Templer-, Holz- und Weintor. Am Fischtorplatz standen die seitlich der Kaponniere gelegenen Tore. Von dort folgten dann das Obere und Untere Eisentor sowie das Rote Tor. Abgeschlossen wurde die Rheinlinie durch das Brückentor sowie das Obere und Untere Mühlentor.

Nach der Ufererweiterung vor der Neustadt konnte die auf dem Gelände vor der Altstadt angelegte Rheinkehlbefestigung zwischen der Straßenbrücke und dem Rheingauwall mit sechs Toren fortgesetzt werden. In Fortsetzung der Großen Bleiche lag und liegt auch heute noch das 1880 gebaute Schlosstor. Hierbei handelte es sich um das frühere Mühlentor, das wegen des Baus der Straßenbrücke versetzt und umgestaltet worden war. Dem Schlosstor folgten das Raimundi-, Kaiser-, und Frauenlobtor sowie seitlich der Kaponniere am Feldbergplatz die beiden Feldbergtore. Den Abschluss bildeten das Obere und Untere Walltor. Daneben gab es noch unbezeichnete Durchlässe im Bereich des Zoll- und Binnenhafens.
Vollständig oder teilweise erhalten geblieben sind vier Tore vor der Altstadt (Templer-Holz, Wein- und Brückentor) sowie vier Tore nördlich der Straßenbrücke (Schloss-, Raimundi- Kaiser- und Frauenlobtor).
Die Tore waren aufwändig gestaltet, um das Stadtbild zu bereichern. Bei den meisten Toren gab es mittige Durchlässe für Fahrzeuge und zwei seitliche Durchlässe für Fußgänger, die von jeweils zwei Scharten flankiert waren. Die Durchgänge der Tore konnten mit schweren Stahlblechtüren verschlossen werden. Verbunden waren die Tore zwischen dem Tor am Winterhafen und dem Tor vor der Altstadt durch eine Mauer mit Schießscharten. Ab hier verlief ein zwei Meter hoher schmiedeeiserner Zaun, der auf Mauersockeln befestigt war.
Als das neue Jahrhundert begann, hatte Mainz sich verändert. Die Bevölkerung konnte sich nur noch schwer vorstellen, wie die Festungsstadt nach dem Ende des Deutsch-Französischen Krieges 1870/71 ausgesehen hatte. Neue Häuser und Straßen waren gebaut worden und die beengten Lebensverhältnisse gehörten für viele Menschen der Vergangenheit an. Mainz war aber immer noch eine Festungsstadt, deren Bedeutung und Größe bis zum Ende des Ersten Weltkrieges nochmals anwachsen sollte.

**Abb. oben**
**Reste der mittelalterlichen Stadtmauer** an der Hinteren Bleiche, kurz vor dem Abbruch 1877 im Zusammenhang mit der Stadterweiterung.

**Abb. oben**
**Die Bastion Raimundi mit Garten** um 1900 an der neu durchgeführten Rheinallee mit dem 1879 zugeschütteten Winterhafen, der ein Teil des Festungsgrabens war. Die Raimundibastion blieb als einziges Festungswerk der Gartenfeldfront bei der Stadterweiterung erhalten. Das Restaurant auf dem alten Festungswerk wurde von Lorenz Adlon, dem späteren Hotelbesitzer in Berlin, geführt und lag inmitten des Raimundigartens.

## Die Stadterweiterung nach der Reichsgründung

Nach den Erfahrungen des deutsch-französischen Krieges stand fest, dass die Bastionen entlang des Gartenfeldes keinen ausreichenden Schutz mehr gegen die Verwendung von modernen Geschützen boten. Im März 1873 konnte in Mainz deshalb die bastionäre Festungslinie entlang der Gartenfeldfront abgetragen werden. Mit der damit verbundenen Stadterweiterung gewann Mainz die dreifache Fläche für Wohn- und Gewerbegebiete.

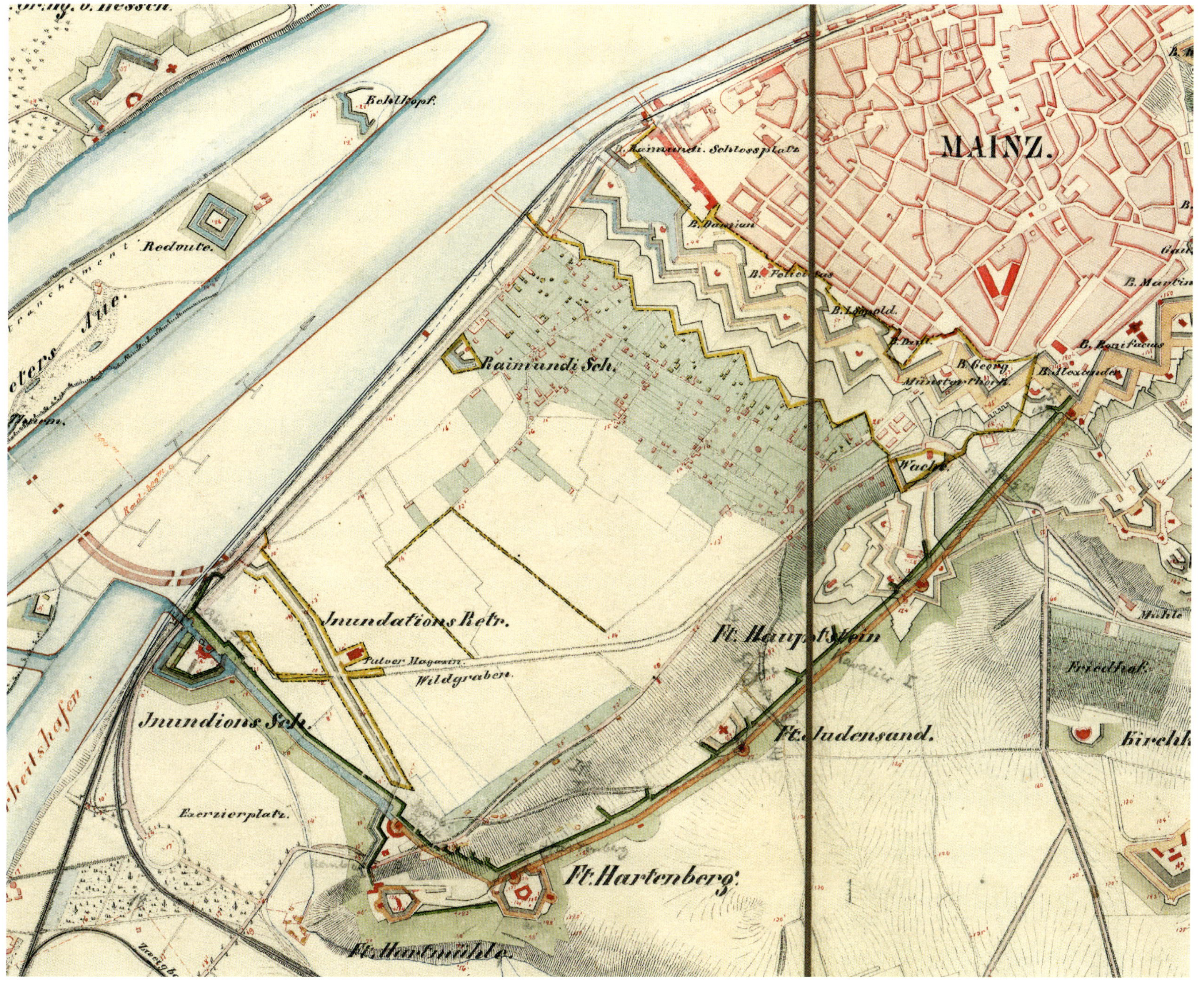


**Abb. oben**
**Militärischer Plan von 1884** mit der Kaiserstraße als Grenze zwischen der Altstadt und Gelände der Neustadt nach der Stadterweiterung. Gelb eingerahmt sind die Festungsanlagen, die beseitigt werden sollten. Eingezeichnet ist die Linie des geplanten Rheingauwalls. Gut zu erkennen ist dabei, wie die Forts Hauptstein, Judensand und Hartenberg sowie die Inondationsschanze (das spätere Rheinfort) in die Planungen der neuen Stadtumwallung einbezogen wurden.

## Die Bastionen nach der Stadterweiterung

Nach der Auflassung der Gartenfeldfront bildeten vom Kästrich bis zum Rhein die Zitadelle und die verbliebenen acht Bastionen den inneren Mainzer Festungsring. Die Umwallung war von zwei Toren durchbrochen, dem Gautor und dem Neutor. Hinzu kam nach der Verlegung des Bahnhofs vom Rhein zum heutigen Standort das als Kavalier ausgebaute Eisenbahn-Neutor.

**Abb. oben**
**Eisenbahn-Neutor-Kavalier** nach dem Umbau der Bastionen Albani und Katharina um 1890. Mit den Baumaßnahmen war der aus der Kurfürstenzeit stammende Festungsabschnitt grundlegend umgestaltet worden.

**Abb. unten**
**Blick von dem 1865** erbauten Winterhafendamm auf die fast zeitgleich gebaute Poterne Nikolaus, kurz vor der Niederlegung 1910. Im Hintergrund die Neutorkaserne. Die Poterne Nikolaus diente als Straßendurchlass und zugleich als Kasematte der Nikolausbastion.

**Abb. unten**
**Blick vom Wall** vor der Bastion Nikolaus auf die Südfront der Festung nach dem Umbau mit der Bastion Katharina (über dem Abwasserrohr) sowie dem gesicherten Vorgelände mit Blockhaus und Hindernisgitter, um 1905. Links in der Bildmitte ist der neue Durchlass für die Hessische Ludwigsbahn zu sehen. Vorne über dem Graben befindet sich die alte Bahnbrücke der Ludwigsbahn. Hinter der Bastion Katharina verläuft die Neutorstraße in Richtung Neutor, rechts die Neutorkaserne und der Neutorbahnhof. Im Hintergrund die Zitadelle mit Kommandantenbau und Drususstein.

**Abb. oben**
**Blick von Stephansturm auf das Gautor** um 1891. Zu dieser Zeit hatte das Tor nicht mehr sein ursprünglich barockes Aussehen. Bei einem Umbau waren 1880 die Brücke verbreitert, eine zweite Öffnung für Fußgänger geschaffen und die innere Torfassade neugestaltet worden. Vor der Brücke zum Tor ist ein Ravelin mit einem Wachtgebäude zu sehen. Rechts die Bastion Martin mit einer Hohltraverse und davor die äußere Grabenwand des Hauptgrabens. Der große Kamin in der Mitte des Bildes diente zur Entlüftung des darunter verlaufenden Tunnels für die Eisenbahn.

## Der Neubau des Rheingauwalls

Nach der Stadterweiterung verlor das Deutsche Reich die Festung Mainz nicht aus dem Blick. Die Stadt behielt ihren Festungscharakter und wurde bis zum Ersten Weltkrieg militärisch so stark ausgebaut wie nie zuvor in ihrer Geschichte. Mit dem Geld, das von der Stadt an das Reich für die Stadterweiterung bezahlt werden musste, entstand um die Neustadt in ausreichendem Abstand zum Stadtzentrum und zu den Rheinbrücken der Rheingauwall. Verbunden waren damit gewaltige Bauarbeiten und Erdbewegung. Der Rheingauwall verlief vom Kästrich bis zum Hartenberg und knickte dort in Richtung Rhein ab.

**Abb. oben**
**Bastion Alexander auf dem Kästrich.** Hier schloss der Rheingauwall an die verbliebenen Bastionen der barocken Stadtumwallung an. Wegen des Anbaus einer Kaponniere für den Kavalier Georg wurde die Spitze der Alexanderbastion abgebrochen und durch ein kurzes Stück gerader Mauer ersetzt. Das alte Wappen wurde dabei in den neuen Mauerabschnitt integriert.

**Abb. oben**
**Erhalten Reste des Rheingauwalls** zwischen dem Mombacher Tor und dem Hartenberg, um 1931. Gut zu erkennen ist rechts noch die äußere Grabenwand und links der Wall. Dieser Abschnitt des Rheingauwalls hatte einen trockenen Graben.

**Abb. links**
Heute noch einzig erhaltene **äußere Grabenwand** des Rheingauwalls nahe der Bastion Alexander in der Wallgrünanlage.

**Abb. oben**
**Plan der Stadt und Festung Mainz** von 1891/93 mit der fortschreitenden Bebauung des Gartenfeldes, der abgeschlossenen Ufererweiterung und den Festungsanlagen des Rheingauwalls.

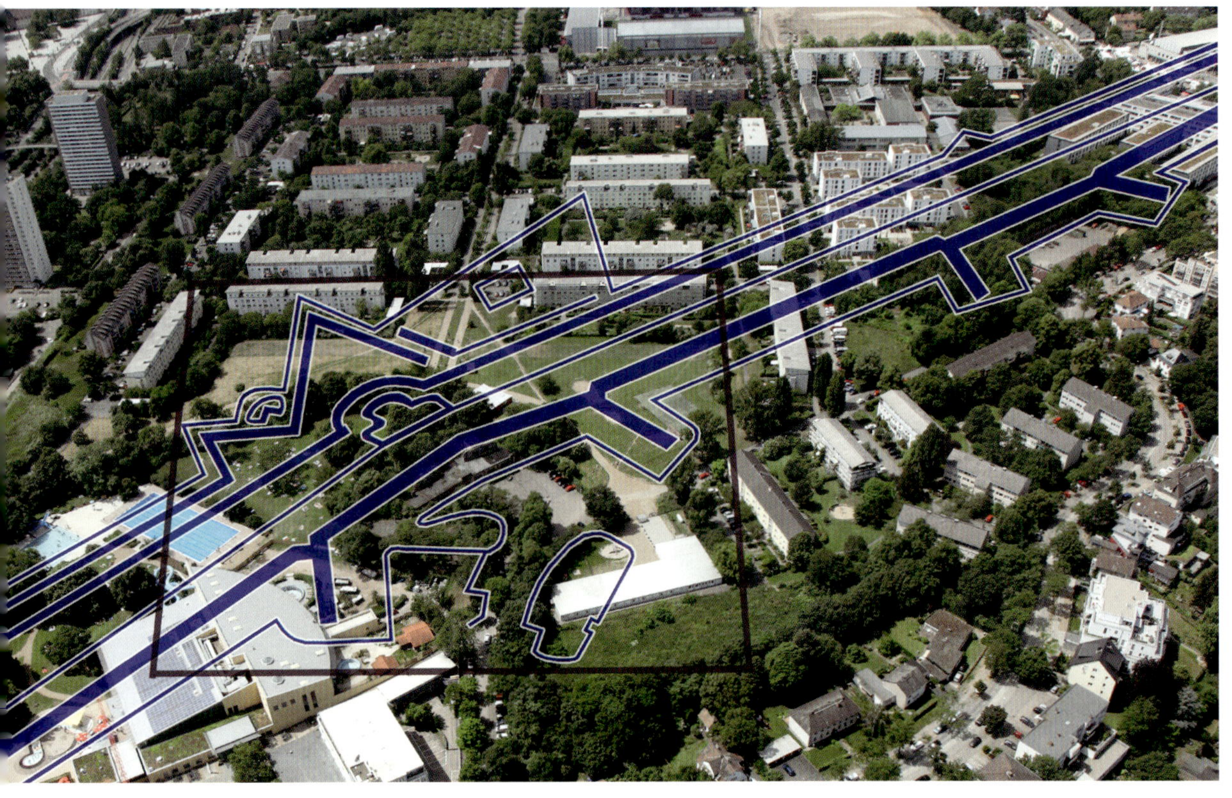

**Abb. links**
**Der Verlauf des Rheingauwalls** mit den Kavalieren Hauptstein und Prinz Holstein sowie dem davor verlaufenden Graben im heutigen Stadtbild.

**Abb. unten**
**Kasematten** vom Kavalier Hauptstein heute.

## Kavalier Hauptstein des Rheingauwalls

Zum Rheingauwall gehörten mehrere überhöhte Stellungen, die sogenannten Kavaliere **(1)**. In diesen befanden sich Räume für die Mannschaften **(2)** und die Artillerie **(3)**. Mit ihrer Höhe boten die Kavaliere eine gute Sicht und ermöglichten es der Artillerie, von den einspringenden Seiten **(4)** die normalen Wallabschnitte **(5)** flankierend zu beschießen. Beim Kavalier Hauptstein betrug die Höhe der äußeren Grabenwand 6 m, die Grabenbreite 15 m und die Höhe des Walls von der Grabensohle bis zur Wallkrone (Höhe der Feuerlinie) 16 m. Im Graben **(6)** befand sich eine Kaponniere **(7)**, aus der mögliche Angreifer flankierend beschossen werden konnten (blaue Pfeile: Schussrichtung Kanonen). Weiterhin waren Stellungen auf den Wällen zwischen den Erd- **(8)** und Holtraversen **(9)** für Geschütze vorbereitet (hellblaue Pfeile: Schussrichtung Kanonen). Gegenüber vom Kavalier befand sich ein großes betonverstärktes Kriegspulvermagazin **(10)**. Vor dem Graben waren die Reste der Umwallung vom alten Fort Hauptstein **(11)** erhalten geblieben und ein neues Blockhaus **(12)** gebaut worden (orange Pfeile: Schussrichtung Gewehre).

**Abb. oben**
**Reduit** von Fort Hauptstein heute. Das alte Festungswerk war in den Kavalier integriert und dabei wurden einige Räume zum Kriegslaboratorium umgebaut.

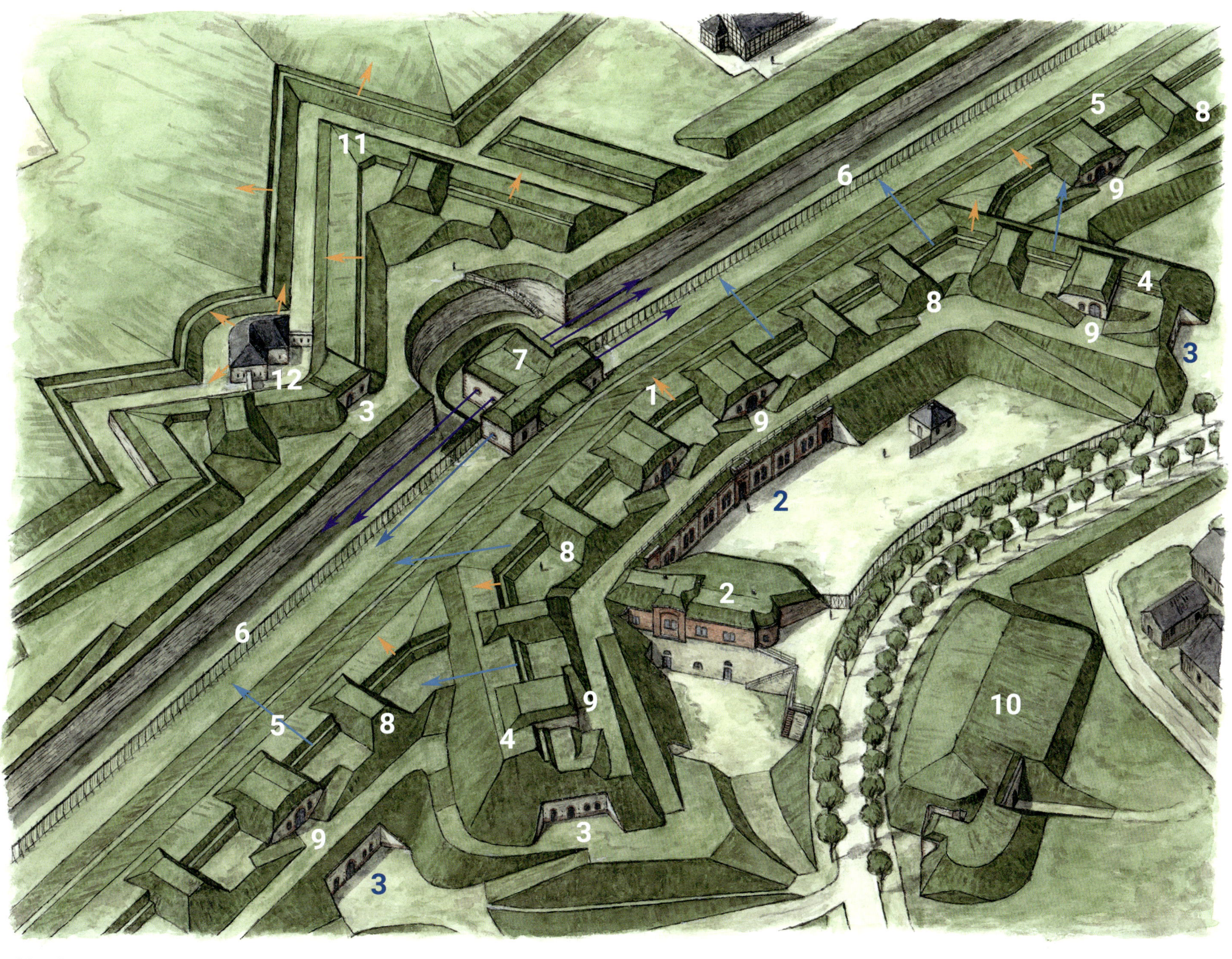


**Abb. oben**
**Rheingauwall mit Kavalier Hauptstein** um 1895. Bei diesem Kavalier verbinden sich Elemente aus mehreren Festungsperioden. Der Kavalier stammte aus der Kaiserzeit, der untere Bereich von Fort Hauptstein aus der kurfürstlichen Zeit und die sich darüber befindliche Kasematte aus der Zeit des Deutschen Bundes.

## Kavaliere Prinz Holstein und Hartenberg des Rheingauwalls

Der Kavalier Prinz Holstein ist mit seinen Kasematten, den vier Hohltraversen und den beiden Ladestationen in den Flanken deutlich größer als der Kavalier Hauptstein. Auf den beiden Ecken der Feuerstellung des Kavaliers befanden sich zwei lange 15-cm-Ringkanonen in Küstenlafetten. Im weiteren Verlauf des Rheingauwalls knickte dieser am Kavalier Hartenberg in Richtung Rhein ab. Der Kavalier war an diesem Eckpunkt durch einen gedeckten Durchgang mit den davorliegenden Forts Hartenberg und Hartmühl verbunden, um einen der gefährdetsten Abschnitte der Stadtbefestigung zu schützen.

**Abb. oben**
**Der Kavalier Hartenberg** vor dem Ersten Weltkrieg.

**Abb. unten**
**Reste vom Kavalier Hartenberg.** Das Festungswerk steht heute gut versteckt und zugewachsen von Bäumen und Sträuchern unterhalb des Hartenbergparks.

**Abb. unten**
**Erhaltene Räume** am Ende der Flanke des Kavaliers Prinz Holstein für die Artillerie mit Ladesystem, Verbrauchspulvermagazin und Geschossraum.

**Abb. oben**
**Der Kavalier Prinz Holstein** im heutigen Stadtbild.

## Die Tore des Rheingauwalls

Der Rheingauwall war von vier Toren durchbrochen, nämlich dem Binger Tor, dem Gonsenheimer Tor, dem Mombacher Tor und dem Rhein Tor. Diese Tore bildeten insbesondere mit dem aus kurfürstlicher Zeit stammenden Gautor und dem Neutor die wenigen Zugänge von der Landseite in die Stadt. Damit blieb die Bevölkerung von Mainz auch nach der Stadterweiterung von Bastionen, hohen Wällen und tiefen Gräben eingeschlossen.

**Abb. oben**
**Das Mombacher Tor** kurz vor der vollständigen Beseitigung 1966. Das 1876 gebaute Tor war bereits 1904 und 1919 teilweise niedergelegt worden.

**Abb. oben**
**Blick vom Rheinfort** auf das 1877 gebaute Rhein Tor und den Rheingauwall mit dem davorliegenden, in den Rhein führenden Wassergraben um 1904. Oben rechts auf dem Wall eine Erdtraverse des Kavaliers. Heute befindet sich nahe dieser Stelle das Schott-Werk an der Rheinallee.

**Abb. oben**
**Freigelegte Reste** des 1876 gebauten und 1912 niedergelegten Gonsenheimer Tors in der Nähe des SWR-Sendezentrums.

**Abb. oben**
Außenseite des 1876 gebauten **Binger Tors** um 1912. An der Innenseite waren beiderseits der Tordurchbrüche Kasematten eingebaut. Über den Toren sieht man die nach 1887 aufgebrachten Betonverstärkungen.

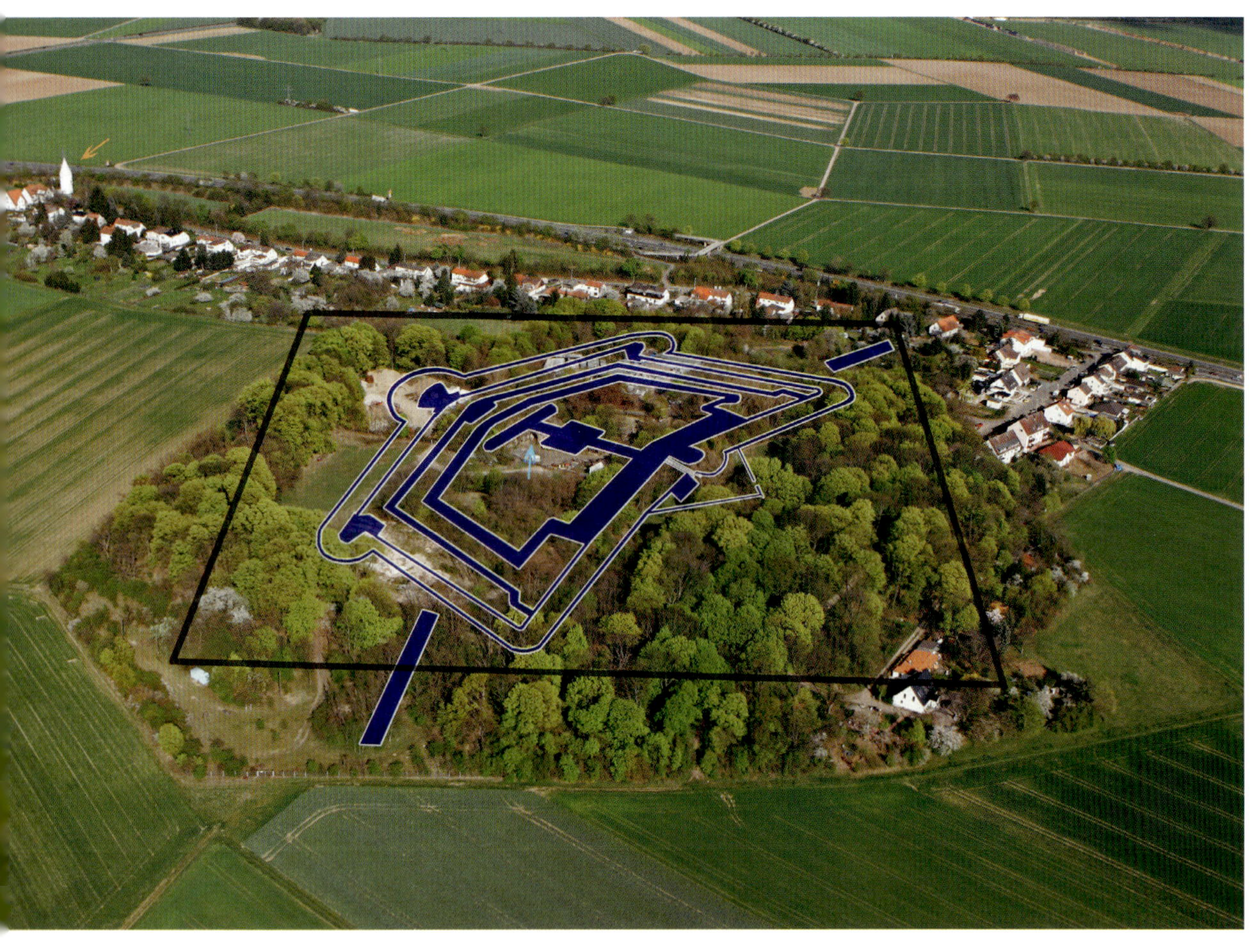

**Abb. links**
**Umrisse von Fort Biehler auf dem Petersberg** oberhalb von Mainz-Kastel im heutigen Landschaftsbild. Der grüne Pfeil zeigt den linken Ausgang der Querpoterne, von der ebenso wie von der angrenzenden Kapitalpoterne und der Spitzenkaserne noch Reste vorhanden sind. Oben links auf dem Bild ist die Erbenheimer Warte zu sehen (oranger Pfeil), die in kurfürstlicher Zeit zur Landwehr gehörte.

**Abb. unten**
**Kehlkaserne** von Fort Biehler, nach 1918. Die Kaponniere neben dem Portal ist bereits abgerissen.

## Neubau von Fort Biehler auf der rechten Rheinseite

Das Fort Biehler (ursprünglicher Name: Fort Petersberg) war das letzte große Fort, das zur Verstärkung der Festung Mainz zwischen 1880 und 1884 neu erbaut wurde. Bei seiner Fertigstellung war es eines der modernsten Festungswerke in Mainz. Auf dem Bild rechts ist zu sehen: Kehlkaserne **(1)**, Oberwall für die Artillerie mit Erd- und Hohltraversen **(2)**, Niederwall für die Infanterie mit kleinen Erdtraversen **(3)**, Kapitalpoterne und Kapitaltraverse **(4)**, Spitzenkaserne mit Artillerieräumen **(5)**, Kriegspulvermagazine mit Belüftungskanälen **(6)**, Unterkunftsräume in der Spitze des Niederwalls **(7)**, Unterkunftsräume in den Schulterpunkten des Niederwalls **(8)**, Kaponnieren **(9)**, Gräben **(10)**, Kehlwaffenplatz mit Kehlblockhaus **(11)** und Glacis mit gedecktem Weg **(12)**. Fort Biehler verfügte über Anschlussbatterien **(13)**, deren Bau allerdings nicht gesichert ist.

**Abb. oben**
**Eingangsbereich** mit dem Portal der Kehlkaserne von Fort Biehler, vor 1914.

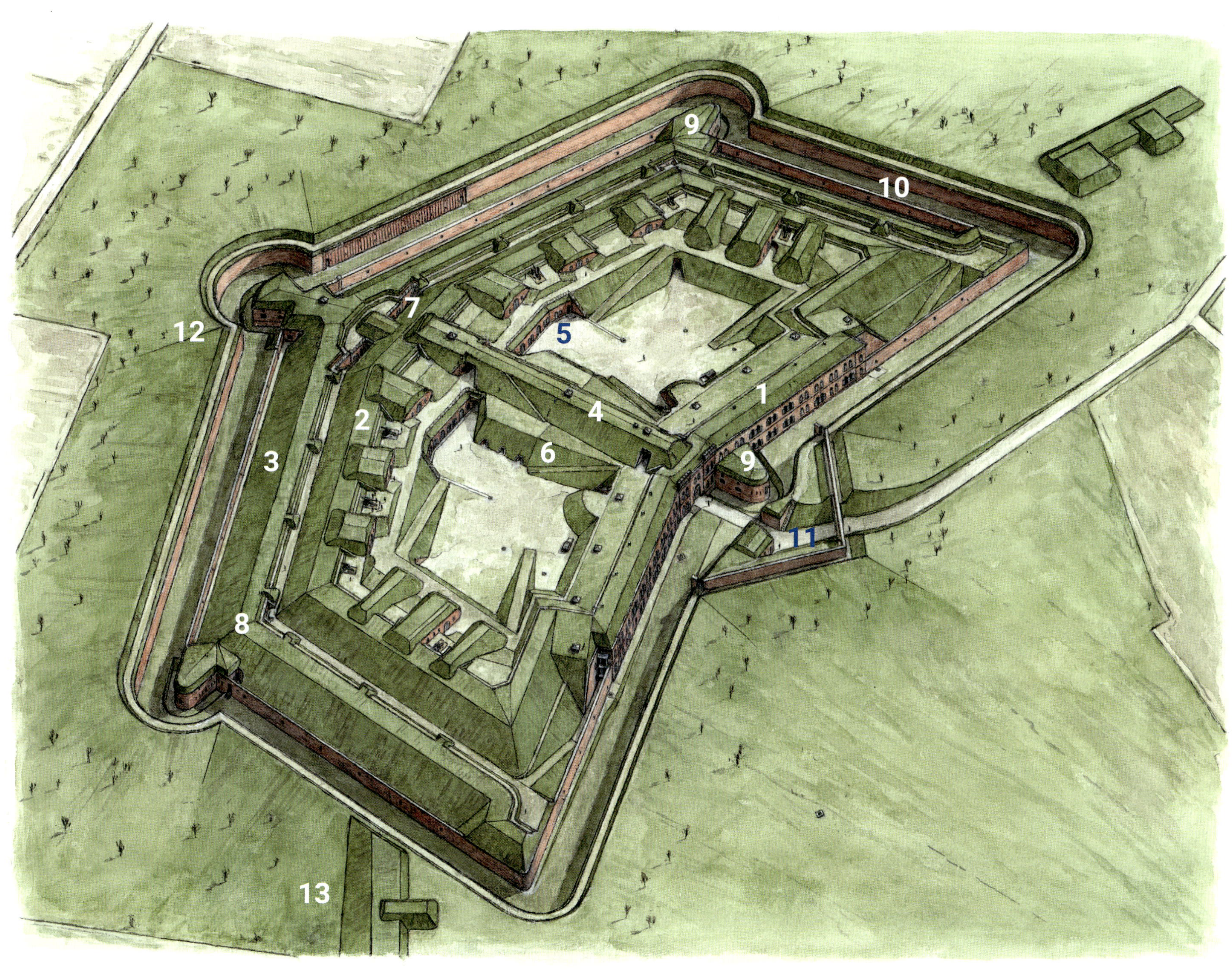


**Abb. oben**
**Fort Biehler** um 1885

## Verstärkung mit Artillerie im Fort Weisenau

Das Fort Weisenau war eines der größten Werke der Festungsstadt Mainz. Es verfügte über eine Feuerlinie von 772 m. In der Nähe des Rheins befanden sich etwas höher gelegen zwei lange 15-cm-Ringkanonen in Küstenlafetten, die auf speziell eingerichteten Geschützbänken ortsfest aufgestellt und über Schienen bewegt werden mussten **(1)**. Diese Kanonen waren von der Marine wegen der nicht mehr ausreichenden Wirksamkeit gegen Panzerschiffe ausgemustert und an die Landfestungen abgegeben worden. Die Schussweite dieser Geschütze betrug zwischen acht und neun Kilometern. Neben den Kanonen befand sich eine Erdtraverse **(2)** und eine Hohltraverse **(3)** mit Munitionsnischen **(4)**, die durch hölzerne Böden zweigeteilt waren **(5)**. Unten standen die Geschosse und oben die Kartuschen. Die Nischen konnten mit eisernen Läden verschlossen werden.

**Abb. oben**
**Die Lage von Fort Weisenau im heutigen Volkspark.** Dahinter das Fort Karthaus. Die Artilleriestellung befand sich rechts oberhalb des Rheins. Die beiden grünen Pfeile zeigen auf die Standorte der Ringkanonen.

**Abb. unten**
**Fort Weisenau um 1911.** Oberhalb der Kaserne ist die Hohltraverse der Artilleriestellung zu erkennen (oranger Pfeil). Links ist die sogenannte *»schiefe Ebene«* zu sehen (blauer Pfeil), über die Dampflokomotiven der Festungsbahn mit einem elektrischen Antrieb zum Militärbahnhof im Vorfeld von Fort Weisenau gezogen werden konnten. Es ist das einzig bekannte Bild dieser technisch damals hochmodernen Anlage.

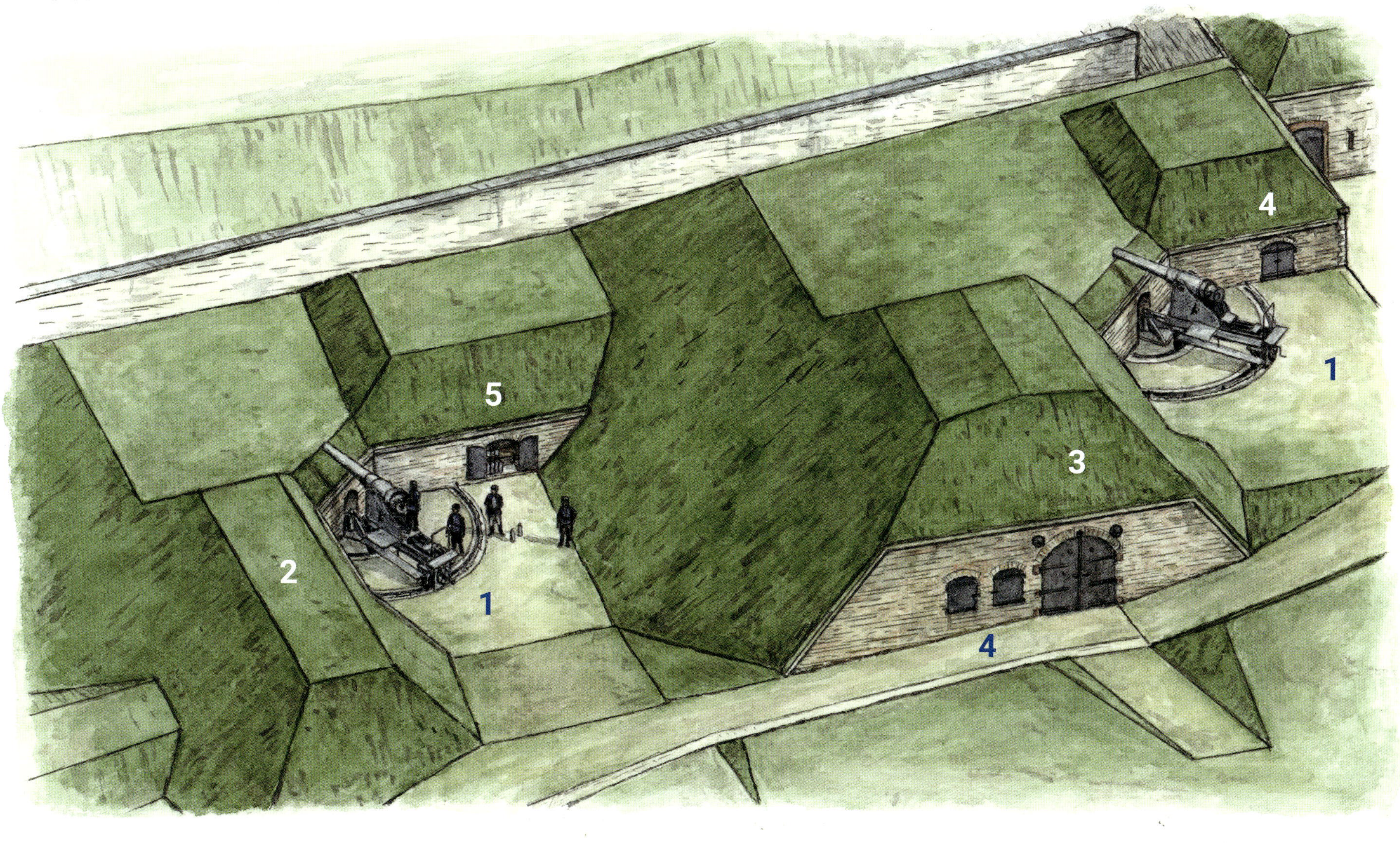


**Abb. oben**
**Artilleriestellung im Fort Weisenau** mit Ringkanonen um 1880.

## Die Bastion Martin im Endausbau

Nach der Einführung immer leistungsfähigerer Artillerie wurden auch die barocken Bastionen weiter modernisiert und verstärkt. Hierzu gehörte beispielsweise der Einbau von neuen Kriegspulvermagazinen. Diese dienten im Verteidigungsfall dazu, die Pulvervorräte der Friedenspulvermagazine aufzunehmen, welche aus Sicherheitsgründen außerhalb der Festung errichtet worden waren. Ein neues Kriegspulvermagazin **(1)** befand sich auf der Rückseite des Ravelins Martin-Bonifaz **(2)** und war so einem möglichen Artilleriebeschuss entzogen. Auf den Wällen wurden Erd- **(3)** und Hohltraversen **(4)** errichtet, zwischen denen im Kriegsfall die Geschütze, wie zum Beispiel eine 15-cm-Ringkanone **(5)**, aufgestellt worden wären. Diese Geschütze dienten nicht dazu, den Graben zu beschießen, sondern waren für den Fernkampf vorgesehen (Schussrichtung Kanonen: hellblaue Pfeile). Durch den Einbau von Schuppen **(6)** in den Hauptgraben verloren die im Deutschen Bund gebauten Flankierungskasematten an Bedeutung. Die Sicherung des gedeckten Weges **(7)** erfolgte durch ein Blockhaus **(8)** mit Gewehrscharten (Schussrichtung Gewehre: orange Pfeile).

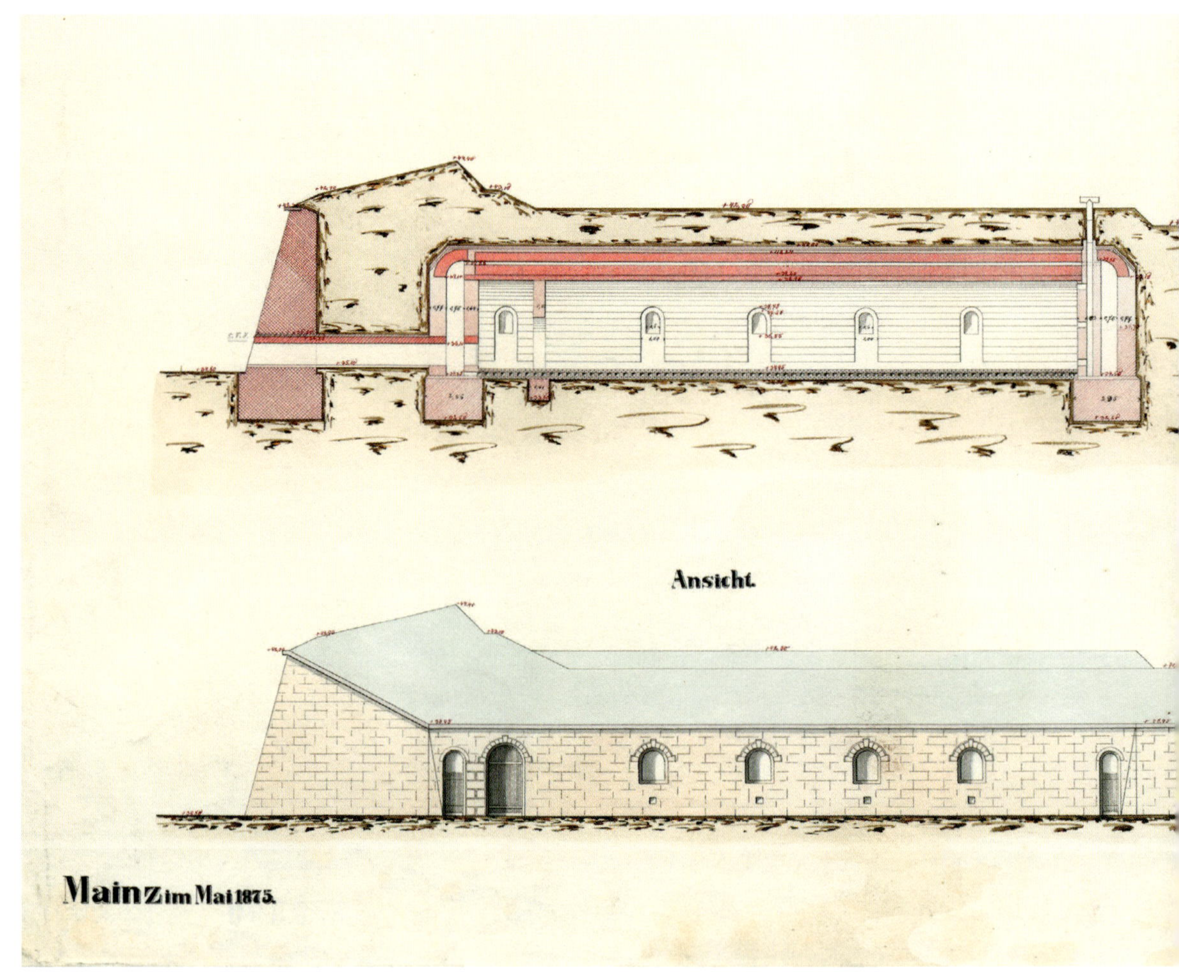

**Abb. oben**
**Plan des Kriegspulvermagazins** im Ravelin Martin-Bonifaz mit Längsschnitt und Darstellung der Außenfassade, 1875.

**Abb. links**
**Außenfassade des Kriegspulvermagazins heute.** Die Belüftungsöffnungen sind zugemauert. Die darüber erfolgte spätere Aufmauerung mit groben Steinen hat keinen Bezug zum ursprünglichen Bauwerk.

**Abb. oben**
**Die Bastion Martin** im Endausbau um 1880.

## Umgestaltung der Rheinkehlbefestigung

Nach der Rheinufererweiterung musste die Befestigung am Rhein nach vorne verlegt und neu gebaut werden. Die auffälligsten Festungswerke der neuen Rheinkehlbefestigung waren fünf Kaponnieren, wozu zwei, wie kleine Burgen aussehende Festungswerke am Fischtor (für den Bau des Stresemanndenkmals 1930 abgerissen) und am Feldbergplatz (heute noch erhalten) gehörten. Auch die Kaponniere *»Fort Malakoff«* (heute noch erhalten) war Bestandteil der neuen Befestigung. Weiterhin gab es am Rhein mehrere aufwändig gestaltete Tore, die teilweise noch vorhanden und in den letzten Jahren renoviert worden sind. In Kriegszeiten hätten die Tordurchgänge mit dicken Stahlblechen verschlossen werden können. Verbunden waren die Tore durch Mauern mit Schießscharten oder durch schmiedeeiserne Zäune, die die Funktion von Hindernisgittern hatten.

**Abb. oben**
**Schlosstor am Rhein** um 1915 mit dem angrenzenden, zwei Meter hohen schmiedeeisernen Zaun, der als Hindernisgitter auf einem Mauersockel befestigt war.

**Abb. oben**
Heute noch erhaltene und teilweise renovierte Tore der **Uferbefestigung.**

**Abb. oben**
**Kaponiere am Fischtor** um 1915 mit angrenzenden Toren.

**Abb. oben**
**Kaponniere** am Feldbergplatz heute.

# **DIE MODERNISIERUNG DER STADTBEFESTIGUNG** (1887 bis 1913)

Auf einmal war alles wertlos. Oder besser gesagt: wehrlos. Die Bastionen, die Zitadelle, die Forts vor den Toren der Stadt, das Fort Biehler auf dem Petersberg oder der neue Rheingauwall entlang der Neustadt. Alle diese Festungswerke und damit die ganze Festung Mainz entsprachen nicht mehr den militärischen Anforderungen und machten die Festungsstadt mit einem Schlag schutzlos.

Was war passiert? Um 1885 hatte sich in ganz Europa für die Militärs eine Katastrophe ereignet, die in Deutschland als *»Krise im Festungsbau«*, in England als *»torpedo-shell crises«* und in Frankreich als *»la crise de l'obus-torpille«* bezeichnet wurde. Der Grund hierfür war die Erfindung eines neuen Sprengstoffs. Die neuen Brisanzgranaten (franz. brisant: zerbrechend, zertrümmernd) enthielten anstelle des Schwarzpulvers ein neues Gemenge mit *»Schießbaumwolle«* und später mit der organischen Pikrinsäure *»Granatfüllung 88«*. Der neue Sprengstoff erhöhte die bisherige Detonationsgeschwindigkeit von 300 m/s auf mehr als 7.300 m/s und verursachte damit eine ungleich höhere Zerstörungskraft. Verschiedene Tests mit den neuen Sprenggranaten zeigten, dass Bruchsteine und Ziegelmauerwerk dem neuen hochbrisanten Sprengstoff nichts entgegensetzen konnten. Es kam aber noch schlimmer. In den Granaten kam nicht nur der neue Sprengstoff, sondern es kamen auch moderne Zeitzünder zum Einsatz. Das hatte zur Folge, dass die Geschosse in die Erdauflagen der Festungswerke eindringen konnten und erst dann detonierten. Damit war nicht nur das Mauerwerk, sondern auch die schützenden Erdschichten über den darunter befindlichen Räumen einem feindlichen Artillerieangriff schutzlos ausgeliefert.

Die Erfindung der Brisanzgranaten leitete einen neuen Abschnitt im Festungsbau ein. In allen europäischen Kriegsministerien brach eine hektische Betriebsamkeit aus und der Kontinent wurde aufgrund der notwendigen Aus- und Umbaumaßnahmen seiner Festungen zu einer Großbaustelle. Damit fielen die Festungen für die Landesverteidigung aus. Auch begünstigt durch die neuen Bündnisse war keiner der europäischen Staaten in dieser Umbruchphase in der Lage oder gewillt, einen neuen Krieg zu führen. Die Krise des Festungsbaus und die damit verbundenen Umbaumaßnahmen sind somit einer der Gründe, dass es zu einer längeren Friedenszeit in Europa kam.

Die Brisanzkrise konnte aus technischer Sicht innerhalb einiger Jahre gelöst werden. Es war an sich ganz einfach. Steine und Ziegel aller Festungswerke mussten durch Beton und Eisenbeton ersetzt werden. In Buxtehude war 1850 der erste deutsche Portlandzement hergestellt worden und seit 1890 konnte der Beton mit Eisen armiert werden. Die Festungsbauingenieure hatten damit Glück im Unglück. Mit dem neuen Baumaterial konnten sie die Zerstörungskraft der Sprenggranaten im Festungsbau wieder ausgleichen. Klar war aber, dass hierfür viel Geld in die Hand genommen werden musste.

Vor diesem Hintergrund entschied das Berliner Kriegsministerium, dass zunächst nur die Festungen *»der wahrscheinlichsten Angriffsfronten«* entsprechend den neuen baulichen Anforderungen stärker gesichert werden sollten. Betroffen davon war auch Mainz als eine der wichtigsten Festungen der Rheinlinie. Die spannende Frage war jetzt, wie die Festungen konkret verändert werden sollten. Alles mit Beton neu zu bauen, war angesichts der damit verbundenen Kosten nicht möglich. Deshalb blieben das erste Panzerfort *»König Wilhelm I.«* in Thorn und neue Festungswerke nach dem neusten Stand der Technik wie zum Beispiel in Graudenz, Marienburg, Kulm, Breslau, Istein am Oberrhein, Metz oder Diedenhofen zunächst die Ausnahmen. Im Mittelpunkt stand vielmehr die Modernisierung bestehender Festungsanlagen, wobei diese sich an folgenden Grundsätzen orientierte:

**Abb. rechts**
Mainz um das Jahr 1911

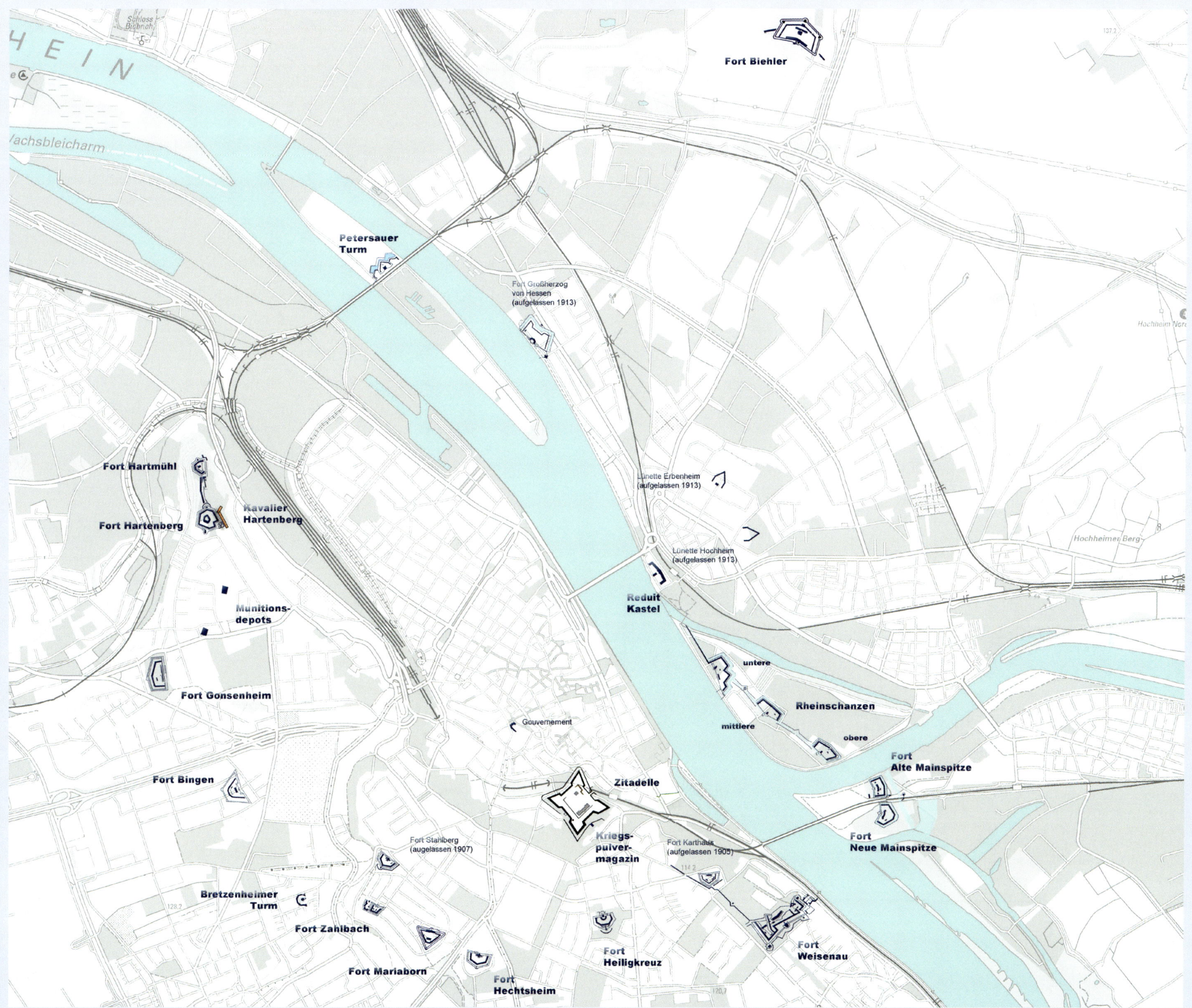
RHEIN
Wachsbleicharm
Fort Biehler
Petersauer Turm
Fort Großherzog von Hessen (aufgelassen 1913)
Fort Hartmühl
Fort Hartenberg
Kavalier Hartenberg
Lünette Erbenheim (aufgelassen 1913)
Lünette Hochheim (aufgelassen 1913)
Hochheimer Berg
Reduit Kastel
Munitions-depots
Fort Gonsenheim
untere
Rheinschanzen
mittlere
obere
Gouvernement
Fort Alte Mainspitze
Fort Bingen
Zitadelle
Kriegs-pulver-magazin
Fort Stahlberg (augelassen 1907)
Fort Karthaus (aufgelassen 1905)
Fort Neue Mainspitze
Bretzenheimer Turm
Fort Zahlbach
Fort Mariaborn
Fort Hechtsheim
Fort Heiligkreuz
Fort Weisenau

1. Alle bestehenden Festungswerke, die baulich nicht modernisiert werden konnten oder bei denen entsprechende Arbeiten zu teuer gewesen wären, wurden aufgelassen oder abgerissen.
2. Alle übrigen Festungswerke wurden mit den neuen Baumaterialien verstärkt, modernisiert oder sogar grundlegend umgebaut.

Wie bei allen europäischen Festungen konnte damit auch in der Festungsstadt Mainz nichts mehr so bleiben wie es bei Beginn der Brisanzkrise war. Mit einer Allerhöchsten Kabinettsorder (A.K.O.) entschied Kaiser Wilhelm II. am 18. März 1904 in Gibraltar, dass vom Rheingauwall *»die Nordwestfront von Mainz von dem unteren Rheinanschluss bis zum Mombacher Tor«* aufgelassen wird. Weitere Entscheidungen des Kaisers folgten zwischen August 1905 und März 1913. In diesen ordnete er die Auflassung des verbliebenen Teils des Rheingauwalls, der gesamten Rheinkehlbefestigung, mehrerer Forts sowie der Stadtumwallung von Kastel und mehrerer Festungswerke auf der Petersau an. Die Auflassung dieser Festungswerke bedeutete nicht, dass sie sofort abgerissen werden mussten. Viele Festungsbauten bleiben erhalten und dienten lange noch als Pulvermagazine, als Lagerräume oder als Ausbildungsplätze. Ebenso wie die Zitadelle überstanden auch andere der damals aufgelassenen Festungswerke die Zeit, wie z. B. drei Kavaliere des Rheingauwalls oder die Bastion Alexander.

Mit der Auflassung der Festungswerke war nicht das Ende der Festung Mainz verbunden. Auch wenn man dies häufig so liest, ist es dennoch nicht richtig. Von den Entscheidungen des deutschen Kaisers waren diejenigen Werke nicht umfasst, die bis zum Ende des Ersten Weltkriegs die Mainzer Stadtbefestigung bildeten. Hierzu gehörten:

Linkes Rheinufer: Einige Bauwerke der Zitadelle, der Kavalier Hartenberg, die Forts Hartenberg und Hartmühl mit Verbindungsbatterie, die Forts Gonsenheim, Bingen, Zahlbach, Mariaborn, Hechtsheim, Heiligkreuz, Weisenau sowie der Bretzenheimer Turm.

Rechtes Rheinufer: Die drei Rheinschanzen, das Fort Biehler und das Fort Hessen, die beiden Forts auf der Mainspitze, der Petersauer Turm sowie das Reduit in Kastel.

Viele dieser Festungswerke waren zwischen 1887 und 1907 an die neuen technischen und militärischen Anforderungen angepasst und grundlegend modernisiert worden. Betroffen hiervon waren die Forts Weisenau, Heiligkreuz, Hechtsheim, Mariaborn, Zahlbach, Bingen, Gonsenheim, Hartmühl und Hartenberg sowie die Verbindungsbatterie zwischen den Forts Hartenberg und Hartmühl. Modernisiert und mit Beton verstärkt wurden auch die Forts Karthaus und Stahlberg, die allerdings noch vor dem Ersten Weltkrieg, wahrscheinlich wegen ihrer Lage, durch Kaiser Wilhelm aufgelassen wurden. Das betonverstärkte ehemalige Reduit ist heute noch erhalten.

**Stadtplan von Mainz um 1910.** Die Bastionen und Forts der beiden inneren Verteidigungslinien sind bereits aufgelassen und auf dem Stadtplan als freies Festungsgelände zur Bebauung gekennzeichnet. Die Tore des Rheingauwalls sind noch eingezeichnet.

Bei der Modernisierung der Forts wurden die alten Decken mit 1 m starken Sandpolstern verstärkt. Darüber wurden anschließend 1,2 m dicke Betonschichten aufgebracht. Bei den Forts Weisenau, Hechtsheim, Mariaborn, Bingen, Hartenberg und Hartmühl (einschließlich der Verbindungsbatterie) wurden zusätzlich Granitblöcke eingebaut. Dies war damals das teuerste und widerstandsfähigste Material. Bei fast allen Forts wurden die Fassaden verändert, die Wände teilweise verstärkt und die Fenster verkleinert. Außen wurden Sturmgitter aufgestellt und die Grabenwehren verändert. Zwischen dem Fort Hartenberg und dem Fort Hauptstein wurde zwischen 1877 und 1893 eine Verbindungsbatterie eingebaut. Das fortschrittlichste Werk war das Fort Mariaborn, das faktisch neu gebaut worden war. Bei diesem wurden 1907 die Fenster fast komplett zubetoniert. Verbunden hiermit war der Einbau und die Inbetriebnahme einer Wasserstoffgasanstalt, die beispielsweise zum Befüllen von Aufklärungsballons genutzt werden sollte.

**Kaiserparade am Münsterplatz, 1907.** Vorne links Kaiser Wilhelm II. und rechts daneben Großherzog Ernst Ludwig von Hessen und bei Rhein. Der deutsche Kaiser befahl zwischen 1904 und 1913 in mehreren Allerhöchsten Kabinettsordern die Auflassung und den Abriss der meisten alten Festungswerke in Mainz und Kastel.

Nach ihrer Modernisierung waren die Festungswerke der Stadtbefestigung mit ihrem ursprünglichen Ausbauzustand aus der Zeit des Deutschen Bundes nicht mehr zu vergleichen. Die Forts hatten sich durch die Umbaumaßnahmen von Artillerie- zu Infanteriewerken gewandelt. Trotz dieser neuen Funktion sollten sie niemals mehr die strategische Bedeutung erlangen, die sie in der Zeit des Deutschen Bundes innegehabt hatten. Das Zeitalter der Forts als Rückgrat einer Festung war zu Ende gegangen.

Das lag daran, dass es um die Jahrhundertwende im Festungsbau einen grundlegenden Paradigmenwechsel gegeben hatte. Hieß es ab 1887, dass Steine und Ziegel durch Beton zu ersetzen waren, so wurden ab 1900 keine klassischen Forts mehr gebaut oder umfassend modernisiert. Sie wurden ersetzt durch sogenannten Festen oder Befestigungsgruppen, die in einer *»aufgelösten Bauweise«* angeordnet waren und das Gelände geschickt ausnutzten. Mit dem neuen Konzept erhielten Truppen im Vorgelände einen festen Rückhalt. Die Artillerie und ihre Geschütze wurden zum größten Teil aus den Geschützstellungen der Forts abgezogen und zu den neuen Festungswerken im Vorgelände verlegt. Gesichert wurden die Artilleriestellungen durch Infanterie. Diese erhielt in den vorgezogenen Stellungen widerstandsfähige Räume. Für die Geschützbedienungen und die Munition wurden Artillerie- und Munitionsräume gebaut.

In Mainz war 1908 vor der alten Stadtbefestigung mit dem Bau eines solchen modernen Festungsgürtels in aufgelöster Bauweise begonnen worden. Nämlich der Selzstellung in Rheinhessen.

**Abb. oben**
**Fort Karthaus** um 1906, (vorher: franz. Schanze an der Verbindungslinie zur Weisenauer-Schanze), umgebaut von 1841 bis 1845, zwischen 1866 und 1871 modernisiert, ab 1890 mit Beton verstärkt. Das ursprünglich kreuzförmig aussehende Reduit (auf dem Bild rechts) wurde zu einem Infanterieraum umgebaut.

**Abb. oben**
**Hohlschulterwehr** in der Spitze von Fort Gonsenheim, erbaut zwischen 1862 bis 1866, von 1887 bis 1890 mit Beton und Granit verstärkt.

## Die Brisanzkrise im Festungsbau

Das 19. Jahrhundert war durch einen Wettlauf zwischen der Artillerie und dem Festungsbau bestimmt. Dieser erreichte um 1887 einen Höhepunkt. Neue, hochexplosive Brisanzgranaten entwickelten eine so enorme Zerstörungskraft, dass Festungen bisheriger Bauart einem Beschuss nicht lange standhalten konnten. Überall in Europa waren mit einem Schlag die kurz vorher an die Wirkung von gezogenen Geschützten angepassten Festungswerke veraltet. Diese Krise im Festungsbau konnte durch die Verwendung des gerade erst erfundenen Betons gelöst werden. In Mainz erhielten alle neu errichteten Wände der Festungswerke 1 m starke Fundamentplatten aus Beton. Auf die Gewölbedecken wurde entweder eine knapp 2 m starke Betonschicht oder ein 1 m starkes Sandpolster mit einer 1,20 m dicken Betonschicht aufgebracht. Bei den Forts wurden häufig die Fassaden verändert, die Fenster verkleinert, nach 1900 sogar teilweise zubetoniert. Außen wurden Hindernisgitter aufgestellt und die Grabenwehren verändert. Als die Arbeiten zu Beginn des 20. Jahrhunderts abgeschlossen waren, hatten sich die Forts im Aussehen verändert und in ihrer Funktion von Artillerie- zu Infanteriewerken gewandelt.

**Abb. oben**
**Tor mit flankierender Anlage** von Fort Hartmühl, erbaut zwischen 1826 bis 1834 und 1888 verstärkt. Über dem Tor und rechts ist die Betonauflage zu sehen. Vor dem Tor wurde ein Hindernisgitter angebracht.

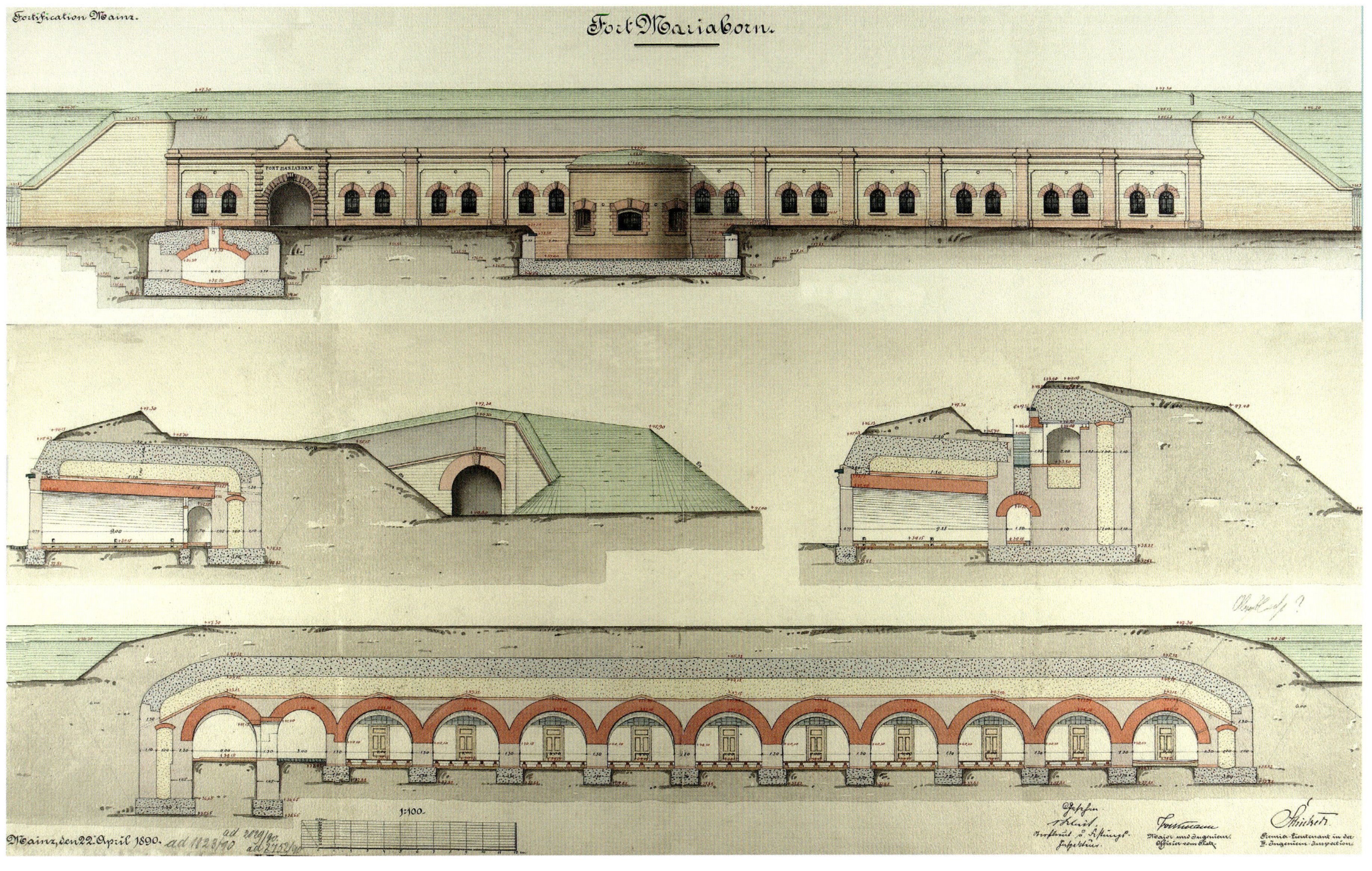


**Abb. oben**
**Collage aus zwei Plänen der Kehlkaserne von Fort Mariaborn** von 1890 (oben: Ansicht der Kehlkaserne; Mitte: zwei Querschnitte; unten: Längsschnitt). Die unterschiedlichen Mauerwerke sind farblich hervorgehoben und deutlich zu erkennen: Bruchsteinmauerwerk (grau), Backsteinmauerwerk (rot), Betonmauerwerk (grau mit roten und blauen Punkten), Sandpolster (gelb mit roten Punkten).

## Auflassung und Abriss der inneren Festungslinien

Nach der Einführung größerer und weitreichenderer Geschütze sowie hochbrisanter Sprengstoffe waren die Mainzer Festungswerke nicht mehr ausreichend gegen die Wirkung von Artilleriegeschossen geschützt. Alle Festungswerke, die baulich nicht modernisiert werden konnten oder bei denen entsprechende Arbeiten zu teuer gewesen wären, wurden durch den deutschen Kaiser aufgelassen und danach überwiegend abgerissen. Hierunter fielen Bastionen und Forts der beiden inneren Festungslinien. Ebenfalls aufgelassen wurde der wenige Jahre vorher fertiggestellte Rheingauwall sowie die Rheinkehlbefestigung.

**Abb. oben**
**Abbruch von Fort Karl** um 1907, erbaut von 1713 bis 1725; umgebaut zwischen 1841 und 1847, aufgelassen 1905. Das vom Deutschen Bund gebaute Reduit ist im Aussehen ähnlich dem von Fort Hauptstein, das heute noch erhalten ist.

**Abb. oben**
**Abriss der Außenseite** des Binger Tors 1912, gebaut 1876, aufgelassen 1911.

**Abb. oben**
**Wiesbadener Tor** in Kastel beim Abbruch. Das Tor war ebenso wie die ganze Stadtumwallung mit den Lünetten Frankfurt und Wiesbaden im März 1904 aufgelassen worden. Die Lünetten Erbenheim und Hochheim wurden 1913 aufgelassen.

**Abb. oben**
**Abbruch des Rheinforts** (vorher: franz. Inondationsschanze) 1905, umgebaut zwischen 1842 bis 1845, ausgebaut ab 1873, aufgelassen 1904.

# Modernisierung und Verstärkung von Fort Bingen

In Mainz wurden mehrere Forts der Stadtbefestigung zwischen 1887 und 1893 mit Beton, Granit und Sandpolster verstärkt. Im Fort Bingen betrafen die Verstärkungen die Frontkaserne **(1)** mit den beiden Hohltraversen **(2)**. Die rechte Grabenwehr **(3)** wurde 1908 komplett in Beton neu ausgeführt. Auf der äußeren 5,50 m hohen Grabenwand wurde ein 2,50 m hohes Hindernisgitter **(4)** angebracht. Vor dem gedeckten Weg **(5)** wurde ein 2 m tief eingeschnittener Vorgraben **(6)** für die Drahthindernisse vorbereitet. Neben dem Eingangsbereich befanden sich Flankierungskasematten, von denen das untere Stockwerk der rechten Kasematte **(7)** heute noch erhalten ist.

**Abb. oben**
**Kehle von Fort Bingen** mit Eingang, kurz vor der Sprengung 1922. Oben rechts ist eine mit Beton und Granit verstärkte Hohltraverse zu sehen.

**Abb. unten**
**Die Lage** von Fort Bingen auf dem Gelände der heutigen Universität. Der orange Pfeil zeigt auf die Lage der erhaltenen Flankierungskasematte.

**Abb. unten**
**Reste der rechten Flankierungskasematte von Fort Bingen.** Der Raum befindet sich unter dem Foyer des Fachbereichsgebäudes für Rechts- und Wirtschaftswissenschaften (ReWi-Gebäude).

**Abb. oben**
**Fort Bingen** im Frühjahr 1914.

# Die Stadtbefestigung auf der linken Rheinseite

Auf der linken Rheinseite bestand die Stadtbefestigung beim Beginn des Ersten Weltkrieges aus Bauwerken der Zitadelle, dem Kavalier Hartenberg, den Forts Hartenberg und Hartmühl mit Verbindungsbatterie, den Forts Gonsenheim, Bingen, Zahlbach, Mariaborn, Hechtsheim, Heiligkreuz, Weisenau sowie dem Bretzenheimer Turm.

**Abb. von links oben nach rechts unten**

Frontkaserne mit Hohlschulterwehr von **Fort Mariaborn** (vorher: franz. Stahlberg-Schanze) um 1921, umgebaut zwischen 1839 bis 1845; von 1890 bis 1893 und 1910 modernisiert.

Grabenwand von **Fort Weisenau** (vorher: franz. Klosterschanze oder Weisenauer Schanze) um 1921, zwischen 1826 bis 1830 umgebaut; zwischen 1887 und 1890 modernisiert.

Kehle von **Fort Heiligkreuz** (vorher: franz. Kreuz-Schanze) um 1921, umgebaut 1830 und 1831; zwischen 1890 und 1893 modernisiert.

Linke Face mit Hindernisgitter von **Fort Hechtsheim** (vorher: franz. Stahlberg-Schanze) um 1921, umgebaut zwischen 1841 bis 1845; von 1866 bis 1871, von 1890 bis 1893 und zuletzt 1910 modernisiert.

Rechte Flanke von **Fort Zahlbach** (vorher: franz. Klubisten-Schanze) um 1921, umgebaut zwischen 1841 bis 1846; zwischen 1880 und 1890 modernisiert. Die Betonauflage hebt sich deutlich von dem Mauerwerk ab.

**Abb. oben**
**Fort Hartenberg** (vorher: franz. Fort Gibraltar) um 1910, umgebaut zwischen 1826 bis 1834; zwischen 1887 und 1890 modernisiert.

**Abb. oben**
**Fort Neue Mainspitze** um 1930, erbaut von 1862 bis 1865; umgebaut 1879 und 1909.

**Abb. oben**
**Fort Großherzog von Hessen** (vorher: franz. Fort Montebello) um 1930, umgebaut 1844.

## Die Stadtbefestigung auf der rechten Rheinseite

Auf der rechten Rheinseite bestand die Stadtbefestigung beim Beginn des Ersten Weltkrieges aus den drei Rheinschanzen, dem Fort Biehler, den beiden Forts auf der Mainspitze, dem Petersauer Turm sowie dem Reduit in Kastel. Vorhanden waren auch noch zwei 1913 aufgelassene Lünetten der Stadtumwallung und das Fort Großherzog von Hessen. Militärisch hatten die Werke keine große Bedeutung mehr.

**Abb. links**
Reduit von **Fort Alte Mainspitze** heute.

**Abb. oben**
**Fort Alte Mainspitze** mit Reduit um 1918, erbaut von 1845 bis 1847; später nicht modernisiert.

## Die Zitadelle, außen Barock und innen Kaiserzeit

Die barocke Zitadelle mit dem Kloster und der großen Gartenanlage wandelte sich nach der Gründung des Deutschen Bundes in ein modernes Festungswerk. Ihren stärksten Ausbaustand erreichte sie in den Jahren um die Gründung des Deutschen Reiches. Zur Zitadelle gehörten die Bastionen Drusus **(1)**, Tacitus **(2)**, Germanicus **(3)** und Alarm **(4)**, die Ravelins Drusus-Johann **(5)** und Drusus-Alarm **(6)**, die Contregarde Drusus **(7)** sowie der gedeckte Weg mit Waffenplätzen **(8)**. Betreten werden konnte die Zitadelle durch ein Torgebäude mit Kasematten **(9)** sowie durch eine Toranlage des Kommandantenbaus **(10)**. Im näheren Umfeld der Zitadelle befanden sich die Bastionen Johann **(11)** und Albani **(12)** sowie der Ravelin Johann-Philipp **(13)**. Für die Artillerie gab es Kriegspulvermagazine zur Lagerung des Pulvers im Krieg **(14)**, Verbrauchspulvermagazine zur Lagerung des Tagesbedarfs von Pulver **(15)**, ein Friedens-Laboratorium zur Munitionsproduktion in Friedenszeiten **(16)** sowie Ladesysteme zur Herstellung des Tagesbedarfs an Munition **(17)**. Die Unterbringung der Geschützbedienungen, die Unterstellung der Geschütze und die Lagerung der Geschosse für die Wallgeschütze erfolgte in Hohltraversen **(18)**. Zwischen diesen und den Volltraversen aus Erde **(19)** befanden sich auf den Wällen Geschützbänke **(20)**, wo im Kriegsfall die Geschütze aufgestellt worden wären. Die Besatzung der Zitadelle war in der bis 1887 als bombensicher geltenden Citadellkaserne **(21)**, der 1912 abgebrochenen Benediktinerkaserne **(22)** sowie in Kasematten **(23)** untergebracht.

**Abb. oben**
**Einzelexerzieren** des 2. Nassauischen Infanterie-Regiments Nr. 88 auf dem Kasernenhof der Zitadelle, 1908. Im Hintergrund rechts die Benediktinerkaserne. Links daneben das Tor zwischen den Bastionen Tacitus und Drusus.

**Abb. oben**
**Blick in den Zitadellengraben** um 1900. Links die Bastion Drusus. Hinter den Soldaten eine Rampe mit Gittertor zum Transport von Geschützen auf den Ravelin Drusus-Johann.

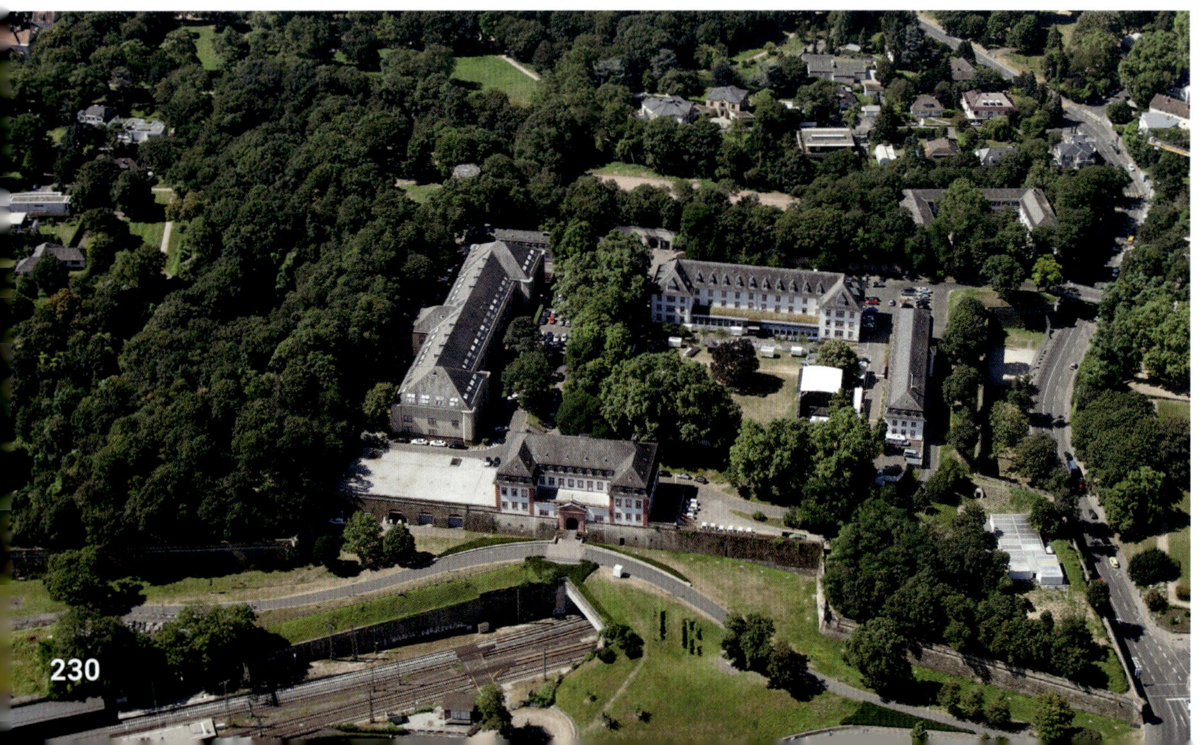

**Abb. links**
**Die Zitadelle** im heutigen Stadtbild

**Abb. oben**
**Die Zitadelle** im letzten fortifikatorischen Ausbauzustand, Anfang April 1893.

## DIE SELZSTELLUNG IN RHEINHESSEN (1900 bis 1918)

Für jeden Krieg gibt es einen Plan. Hannibal hatte einen Plan für den Zweiten Punischen Krieg und Philipp II. hatte einen Plan, um 1588 mit seiner Armada den Krieg gegen England zu gewinnen. Napoleon entwarf fast jedes Jahr einen neuen Plan. Österreich wollte er 1800 in Italien besiegen, 1806 Preußen in einem Blitzkrieg niederwerfen, 1808 Spanien und 1812 Russland erobern. Alle diesen Plänen war gemeinsam, dass sie konkret für einen bestimmten Krieg ausgearbeitet worden waren. Dies war anders bei den Operationsplänen, die im Ersten Weltkrieg bei den Kriegsparteien zur Anwendung kommen sollten. Diese Pläne wurden abstrakt zu Zeiten erarbeitet, als ein konkreter Kriegsfall oder die Kriegsparteien noch nicht feststanden. Solche Aufmarschpläne wurden verwaltungsmäßig erarbeitet, zu den Akten gelegt, nach den Übungen bei Generalstabsreisen nachjustiert und schließlich im Rahmen einer Mobilmachung hervorgeholt. Mit seinen exakt berechneten Zeitplänen und den genauen Vorgaben für die Nutzung von Schienen und Straßen beschrieben diese Pläne einen *»Krieg nach Fahrplan«*. Ein Begriff, der später in der schrecklichen Realität durch den des *»Stellungskrieges«* abgelöst werden sollte.

Der französische Aufmarschplan für den Ersten Weltkrieg hatte den Namen *»Plan XVII«*. Bereits drei Jahre vor Beginn des Ersten Weltkrieges lag er auf dem Tisch. Es war ein Offensivplan, dem eine *»Doctrine de l'attaque constante«* – Doktrin des permanenten Angriffs – zugrunde lag und der bei den französischen Soldaten einen heroischen Kampfgeist auslösen sollte, um damit jede deutsche Gegenwehr zu brechen. *»Es war der Plan für eine stürmische Offensive an der französisch-deutschen Grenze in Richtung Lothringen und Rhein«*, beschrieb der britische Historiker John Keegan die damalige Planung. Die Antwort auf diesen französischen Plan fand sich in Deutschland im Schlieffenplan. Anders als vielleicht erwartet, sollten die deutschen Soldaten der französischen *»Offensive à outrance«* – Offensive bis zum Äußersten – in den Grenz-

Beim **Attentat von Sarajevo** am 28. Juni 1914 wurden der österreichische Thronfolger und seine Gemahlin ermordet, hier illustriert von Achille Beltram in einer italienischen Zeitung. Das Attentat löste die Julikrise aus, die schließlich zum Ersten Weltkrieg führte. Der deutsche Kaiser und sein Generalstab hatten die Festung Mainz seit 1900 auf einen solchen Krieg vorbereitet.

**Abb. rechts**
Mainz um das Jahr 1917

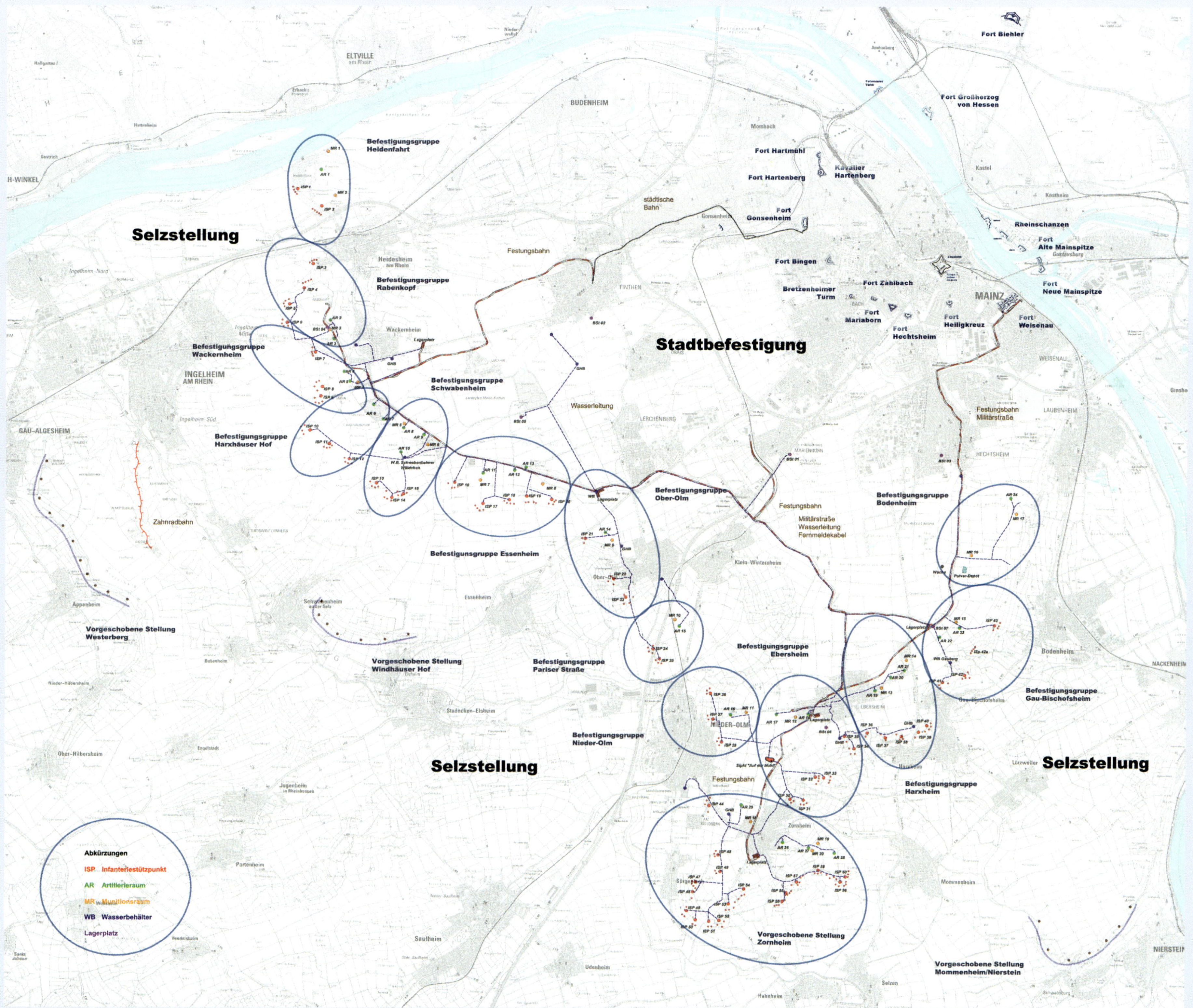

Selzstellung
Stadtbefestigung
Selzstellung
Selzstellung
Befestigungsgruppe Heidenfahrt
Befestigungsgruppe Rabenkopf
Befestigungsgruppe Wackernheim
Befestigungsgruppe Schwabenheim
Befestigungsgruppe Harxhäuser Hof
Befestigungsgruppe Essenheim
Befestigungsgruppe Ober-Olm
Befestigungsgruppe Pariser Straße
Befestigungsgruppe Nieder-Olm
Befestigungsgruppe Ebersheim
Befestigungsgruppe Bodenheim
Befestigungsgruppe Gau-Bischofsheim
Befestigungsgruppe Harxheim
Vorgeschobene Stellung Westerberg
Vorgeschobene Stellung Windhäuser Hof
Vorgeschobene Stellung Zornheim
Vorgeschobene Stellung Mommenheim/Nierstein
Fort Biehler
Fort Großherzog von Hessen
Fort Hartmühl
Kavalier Hartenberg
Fort Hartenberg
Fort Gonsenheim
Fort Bingen
Fort Zahlbach
Bretzenheimer Turm
Fort Mariaborn
Fort Hechtsheim
Fort Heiligkreuz
Fort Weisenau
Rheinschanzen
Fort Alte Mainspitze
Fort Neue Mainspitze
MAINZ
städtische Bahn
Festungsbahn
Wasserleitung
Zahnradbahn
Festungsbahn Militärstraße
Militärstraße Wasserleitung Fernmeldekabel
ELTVILLE
BUDENHEIM
INGELHEIM AM RHEIN
GAU-ALGESHEIM
NIEDER-OLM
Abkürzungen
ISP Infanteriestützpunkt
AR Artillerieraum
MR Munitionsraum
WB Wasserbehälter
Lagerplatz

gebieten keinen langanhaltenden Widerstand leisten. Im Gegenteil. *»Moltkes Aufmarschanweisung für die 6. Armee unter Kronprinz Rupprecht von Bayern sah vor, dass sich deren Einheiten bei dem erwarteten Angriff der französischen 3. und 5. Armee zurückziehen sollten, um die Gegner [...] ins Reichsgebiet hineinzulocken«*, schrieb Herfried Münkler in seinem 2014 erschienen Bestseller *»Der Grosse Krieg«*. Der deutsche Kaiser sprach in diesem Zusammenhang von einem *»Liebesdienst«*, den die Franzosen mit einem Durchbruch an den Rhein den deutschen Planungen hätten leisten sollen. Der Hintergedanke dabei war relativ einfach: Wenn die Franzosen bis zum Rhein vorrückten, wären die französischen Armeen in zwei Teile gespalten. Folge: Die französischen Armeen am Rhein wären weit weg von den Entscheidungsschlachten vor den Toren von Paris und der Schlieffenplan würde mit einem deutschen Sieg über Frankreich aufgehen.

Postkarte zur Erinnerung an die **Schlacht in Lothringen** im August 1914. Unter Führung von Kronprinz Rupprecht hatten bayerische Truppen die Franzosen hinter deren Festungslinie zurückgedrängt. Dieser Sieg hatte einen großen Anteil am Scheitern des deutschen Schlieffenplans und führte dazu, dass die aufgerüstete Festungsstadt Mainz entgegen den ursprünglichen Planungen von den Kämpfen des Ersten Weltkrieges verschont blieb.

Heute wissen wir, dass sowohl der französische als auch der deutsche Aufmarschplan nicht funktioniert haben. Die Franzosen standen zwar kurz davor, den von den Deutschen erhofften Liebesdienst zu leisten und bis zum Rhein vorzurücken. Anders als von den Deutschen geplant, lockte der bayerische Kronprinz drei Wochen nach Kriegsbeginn die französischen Armeen aber nicht nach Deutschland und an den Rhein, sondern ging stattdessen ohne Befehl selbst in die Offensive. Man könne *»dem bayerischen Soldaten nicht einen Rückzug vor dem Feinde zumuten, dem er sich überlegen fühlt«*, begründete Kronprinz Rupprecht nach dem Krieg seinen Befehl für die Offensive.

In den deutschen Medien wurden die Ereignisse zunächst als großer Sieg gefeiert. Militärisch waren sie jedoch ein Desaster. Der deutsche Generalstabschef Moltke bezeichnete das Einstellen der Rückzugsbewegung der durch den Kronprinzen befehligten Armee und die Offensive vom 20. August 1914 geradezu als *»Ungehorsam«*. Andere sprachen in diesem Zusammenhang von einer *»Extratour in Lothringen«* oder einer *»Kette der Irrtümer in Lothringen«*.

Der *»bayerische Alleingang in Lothringen«* hatte erhebliche Auswirkungen für den weiteren Verlauf des Krieges. Mit der bayerischen Gegenoffensive wurde der Drehtüreffekt des deutschen Schlieffenplans blockiert. *»Was taktisch ein Erfolg des deutschen Heeres war, erwies sich strategisch als ein verhängnisvoller Fehler, und mancher Analytiker meinte später, die Deutschen hätten die große Schlacht im Westen nicht an der Marne, sondern bereits in Lothringen verloren«*, so Münkler in seinem Buch. Die französische Armee konnte sich in Lothringen hinter ihren Festungsgürtel zurückziehen und große Teile der Armee zur Verstärkung an die Marne verlegen. Mit den jetzt wieder vereinten Armeen konnte der deutsche Vorstoß gestoppt und der deutsche Schlieffenplan vereitelt werden. Ab diesem Zeitpunkt nahm der Krieg einen anderen Verlauf als er von allen Seiten vorher geplant war.

Was hat dies alles mit der Festungsstadt Mainz zu tun? Ganz einfach und doch vergessen. Hätte der bayerische Kronprinz seine Befehle befolgt und die französischen Armeen an den Rhein gelockt, wäre der Erste Weltkrieg wahrscheinlich dort angekommen, wo ihn Kaiser

Wilhelm II. und die Militärs haben wollten: In Mainz und in Rheinhessen. Ein Krieg in den Weinbergen. Vorbereitet hierfür war alles. Mit der Selzstellung.

Die konkreten Vorbereitungen für den Krieg in Mainz und Rheinhessen hatten bereits um 1900 begonnen. Am 23. Januar 1900 entschied in Berlin Kaiser Wilhelm II., dass *»als Anfang einer Befestigung der Selzstellung Werke bei Harxheim und Ebersheim zu erbauen sind. Der kriegsmäßige Ausbau der übrigen Stellung ist durch Bereitstellung der Baustoffe vorzubereiten.«* Weitere Entscheidungen für den Ausbau der Selzstellung folgten im November des gleichen Jahres und im Januar 1907.

Die neue Verteidigungslinie sollte den damals modernsten Anforderungen im Festungsbau entsprechen. Sie sollte aus kleineren, betonierten Anlagen bestehen, die in *»aufgelöster Bauweise«* über das Gelände verstreut wären, um aus der gegebenen Landschaft einen möglichst großen taktischen Vorteil ziehen zu können. Frankreich hatte hierfür eine eigene Bezeichnung gefunden: *»Les groupes fortifiés de nouvelle génération«*. In England sprach man in diesem Zusammenhang von einem *»new system of fortifications known as ›Befestigungsgruppen‹ or ›Festen‹«*.

Die Selzstellung war eine sogenannte *»Depotfestung«* oder *»Gerippsstellung«*. Solche Festungen bestanden im Frieden aus relativ wenigen Werken. Der kriegsgemäße Ausbau durfte erst nach der Mobilmachung auf der Grundlage eines Armierungsentwurfs erfolgen. Damit passte sich der Festungsbau dem beweglich gewordenen Krieg an. Es reichte nicht mehr aus, große Festungen an strategisch wichtigen Plätzen zu bauen, um dadurch einen Angreifer von der Eroberung einer Region abzuhalten. Der Angreifer fuhr bei einem geplanten *»Krieg nach Fahrplan«* mit der Eisenbahn einfach an der Festung vorbei und suchte die Entscheidung an einem selbst gewählten Platz mit seinem Feldheer. Und genau an dieser Stelle mussten einem Verteidiger dann stark betonierte Festungswerke Schutz bieten.

Mit dieser Zielsetzung begann 1908 der Bau der Selzstellung entlang einer Linie von Heidenfahrt über Ingelheim, Wackernheim, Ober-Olm, Nieder-Olm, Ebersheim, Harxheim, Gau-Bischofsheim bis nach Laubenheim und Weisenau. Im Mittelpunkt stand dabei am Anfang die Herstellung einer leistungsfähigen Infrastruktur für den im Kriegsfall vorgesehenen endgültigen Ausbau. Bis zum Beginn des Ersten Weltkrieges bestand schließlich dieses *»Gerippe«* der neuen Selzstellung aus

- 23,6 Kilometern Militärstraßen (1908 bis 1909),
- 40 Kilometern Festungsbahn mit 60-cm-Spurbreite (1909 bis 1911),
- 6,2 Kilometern Festungsbahn mit 100-cm-Spurbreite (1912 bis 1913),
- einem großen Umladebahnhof in Wackernheim an dem Zusammentreffen von Gleisen mit 60-cm- und 100-cm-Spurbreite,
- unzähligen Kilometern Telegraphen- und Fernsprechkabel für die Kommunikation,
- militärischen Wasserleitungen entlang der Militärstraßen und zu den Festungswerken (1909 bis 1913) und
- fünf großen Lagerplätzen für Kies, Sand, Wellblechbögen oder Stacheldraht in Wackernheim, Ebersheim, Zornheim, im Kesseltal und im Ober-Olmer-Wald mit Bahnanschluss.

Angebunden an diese Infrastruktur waren bereits mehrere sogenannte *»Friedenswerke«*, nämlich

- das Hauptquartier der gesamten Stellung mit einer Befehlsstelle und einer Telegraphen-Betriebsstelle in Marienborn (1909),
- fünf Befehlsstellen für die Abschnitte und Unterabschnitte der Selzstellung mit integrierten Telegraphen-Betriebsstellen (1909),
- ein großes Werk auf dem Rabenkopf (Fort Rabenkopf) mit einer Befehlsstelle, einer Telegraphen-Betriebsstelle und einem Munitionsraum (1910),
- der große Infanteriestützpunkt *»Auf der Muhl«* (Fort Muhl) auf der Grenze von Ebersheim, Zornheim und Nieder-Olm (1909 bis 1911),
- der noch nicht fertiggestellte Infanteriestützpunkt *»Auf dem Dechenberg«* (Fort Dechenberg) in Zornheim (1909 bis 1913),
- zwei betonierte Wasserbehälter bei Schwabenheim und Ober-Olm (1908 und 1913),
- ein Pulvermagazin mit mehreren betonierten Räumen in der Nähe von Hechtsheim sowie

• zwei große Munitionsräume bei Wackernheim und Ebersheim (1910).
Als der Erste Weltkrieg am 1. August 1914 begann, war die Festung Mainz vorbereitet. Da der deutsche Generalstab damit rechnete und es sogar wollte, dass französische Truppen sofort nach Kriegsbeginn bis zum Rhein vordringen, konnte und musste in Mainz und Rheinhessen ab dem 2. August 1914 mit dem Ausbau der Selzstellung begonnen werden.

Es liegt auf der Hand, dass die Armierung der Festung nur mit einer entsprechenden Anzahl von Arbeitern zu bewältigen war. Ursprünglich waren hierfür 16.000 Mann vorgesehen. Tatsächlich wurden deutlich mehr Soldaten und Arbeiter eingesetzt, da die meisten Soldaten mit dem Bau von modernen betonierten Festungsbauwerken unerfahren waren und dies wegen des ungeheuren Zeitdrucks durch zusätzliche Arbeitskräfte ausgeglichen werden musste. Es ist davon auszugehen, dass für den kriegsgemäßen Ausbau der Festung Mainz insgesamt 30.000 Mann im Einsatz waren. Damit standen so viele Arbeiter wie in Ägypten beim Bau der Cheopspyramide zur Verfügung.

Innerhalb weniger Wochen war die Festung Mainz auf den Krieg vorbereitet. Den inneren Verteidigungsring bildeten als Stadtbefestigung die großen Mainzer Forts. Im äußeren Verteidigungsring befanden sich die Festungswerke der Selzstellung mit der durch Rheinhessen verlaufenden Hauptstellung sowie vier vorgeschobene Stellungen auf dem Westerberg, beim Windhäuser Hof, in Zornheim und in Mommenheim/Nierstein. Hinzu kam ab August 1915 noch eine Eisenbahnbrücke zwischen Bingen und Rüdesheim (Name ab 1918: Hindenburgbrücke), zu deren Schutz die Planungen für einen befestigten *»Brückenkopf Kempten«* eingeleitet worden waren.

Die Selzstellung war in die dreizehn Befestigungsgruppen Heidenfahrt, Rabenkopf, Wackernheim, Harxthäuser Hof, Schwabenheim, Essenheim, Ober-Olm, Pariser Straße, Nieder-Olm, Ebersheim, Gau-Bischofsheim, Harxheim und Bodenheim unterteilt. Zu diesen Befestigungsgruppen gehörten neben den Befehlsstellen jeweils mehrere Infanteriestützpunkte in der vordersten Linie und dahinter Stellungen für die Artillerie mit jeweils eigenen Räumen für die Soldaten und die Munition. Neben den bereits im Frieden gebauten Festungswerken waren in die Befestigungsgruppen insgesamt 59 Infanterieräume, 28 Artillerieräume, 19 Munitionsräume, 1 Wasserbehälter, 9 Artillerie-Beobachter, 1 MG Raum, 55 Wachträume und 148 Unterstände aus Beton integriert. Weiterhin gab es dort noch ungezählte MG- und Warträume aus Holz. Hinzu kamen nach Kriegsbeginn für die vier vorgeschobenen Stellungen eine Zahnradbahn in Ingelheim bis zum Schloss Westerhaus sowie eine Vielzahl von kleinen Bauwerken in Holzbauweise, die ungefähr 25 Infanterieräumen entsprachen. Aus Richtung Westen waren die Stellungen und sonstigen Bauwerke der Sicht von Angreifern durch Anpassung an die vorhandenen Geländeverhältnisse entzogen. Überall da, wo ein ausreichender Sichtschutz wegen ungünstiger Geländeeigenschaften nicht möglich war, waren die Betonbauten in den Boden versenkt worden.

Ausgelegt war die Selzstellung nach einem Bericht für das Bayerische Kriegsministerium aus dem Jahr 1913 für insgesamt 48.000

Kolorierte Fotografie des **Waffenstillstandes von Compiègne**, mit dem am 11. November 1918 die Kampfhandlungen im Ersten Weltkrieg beendet wurden. Am 9. Dezember zogen französische Truppen in Mainz ein und übernahmen die Festungswerke der Stadtbefestigung und der Selzstellung bis zu ihrer Sprengung.

Mann Kriegsbesatzung. Für die Artillerie der gesamten Festung Mainz standen insgesamt 260 Geschütze zur Verfügung. Entlang der Selzstellung wären im Kriegsfall als *»Erste Artillerie-Aufstellung«* insgesamt 4 Batterien für die schwere 12-cm-Kanone, 6 Batterien für die lange 15-cm-Kanone, 4 Batterien für die 15-cm- schwere Feldhaubitze, 2 Batterien für den 21-cm-Mörser und außerdem 4 Batterien für die 15-cm-schwere Feldhaubitze *»zur Verf. des Gouverneurs«*. Hinzu kamen 90 9-cm-Geschütze in Flankenbatterien und sonstigen Aufstellungen. Der widerstandsfähigste Punkt der Selzstellung war der bereits in Friedenszeiten gebaute, ungefähr 200 m breite und 300 m lange, Infanteriestützpunkt *»Auf der Muhl«* auf der Grenze von Ebersheim und Nieder-Olm. Das bereits unmittelbar nach dem Krieg so genannte *»Fort Muhl«* war unmittelbar hinter der vorgeschobenen Stellung auf dem Zornheimer Plateau als Bestandteil einer geplanten größeren Befestigungsgruppe erbaut worden und stand auf dem Gelände, wo sich heute der höchste Punkt der Stadt Mainz mit 234 m befindet.

Bis Mitte 1915 war *»in Mainz und im rheinhessischen Umland eine der wichtigsten Festungen im Westen des Deutschen Reiches entstanden«*, stellten Rudolf Büllesbach, Hiltrud Hollich und Elke Tautenhahn in ihrem 2013 erschienen Buch *»Bollwerk Mainz – Die Selzstellung in Rheinhessen«* fest. Wäre der Krieg bis nach Mainz gekommen, wäre die Selzstellung noch weiter ausgebaut worden. Konkret geplant waren beispielsweise auf der rechten Rheinseite die Befestigungsgruppen Elisabethenhöhe, Erbenheim, Hochheim und Bischofsheim oder Feldstellungen von Rhein zu Rhein zwischen Bingen und Guntersblum. Doch soweit kam es nicht mehr. Den Ausbau der Festung Mainz stoppte General von Claer im April 1916. Eine Front am Rhein war zu diesem Zeitpunkt unwahrscheinlich geworden. Die Schlacht um Verdun hatte gerade begonnen und die Großoffensive alliierter Truppen an der Somme stand unmittelbar bevor. Teile der Bewaffnung, aber auch viele Einbauten der Festungswerke mussten jetzt in Mainz abmontiert und an die Front gebracht werden. Die Festung Mainz wurde damit faktisch wieder zurückgebaut. *»Wir werfen hier die Schützengräben zu, die 1914 gemacht worden sind«* schrieb der Soldat einer Mainzer Festungskompanie am 3. Februar 1916 seiner Familie. Mit diesem Rückbau erhielten die Landwirte die Möglichkeit, die Felder wieder zu bewirtschaften und einen Beitrag für die dringend notwendige Versorgung der rheinhessischen Bevölkerung und der Soldaten an der Front zu leisten.

Im November 1918 war der Krieg beendet. Das war auch das Ende der fast zweitausendjährigen Geschichte von Mainz als Festungsstadt. In den folgenden Jahrzehnten wurden die Stadt und Rheinhessen so rigoros wie wohl keine andere bedeutende Festungsstadt in Europa von ihrem Festungserbe befreit.

## Die neue Verteidigungslinie

Im Ersten Weltkrieg reichte die Festung Mainz bis tief in das rheinhessische Umland. Die großen Forts bildeten den Rückhalt der Stadtbefestigung. In Rheinhessen war als neue Verteidigungslinie die Selzstellung entstanden. Diese bestand aus einer Vielzahl von betonierten Festungswerken und erstreckte sich im Halbkreis von Heidenfahrt, Ingelheim, Heidesheim, Wackernheim, Essenheim, Ober-Olm, Nieder-Olm, Ebersheim, Gau-Bischofsheim bis nach Weisenau. Zur militärischen Infrastruktur gehörten Straßen- und Bahnnetze sowie Wasser- und Fernsprechleitungen. Die Befehlsstelle des Gouverneurs befand sich in Marienborn.

**Abb. unten**
**Betonierte Befehlsstelle** für die gesamte Selzstellung in Mariaborn. Hierher wäre der Mainzer Gouverneur bei einem Angriff der Festung vom Osteiner Hof umgezogen. Die Befehlsstelle war bei Ausbruch des Ersten Weltkrieges mit den übrigen Festungsanlagen über Telefonleitungen verbunden. Hier liefen alle Leitungen zusammen. Neben der Befehlsstelle ist das ehemalige Chausseehaus zu sehen, das während der Belagerung von 1793 das preußische Hauptquartier war und Goethe als Aussichtspunkt für seine Kriegsberichterstattung diente.

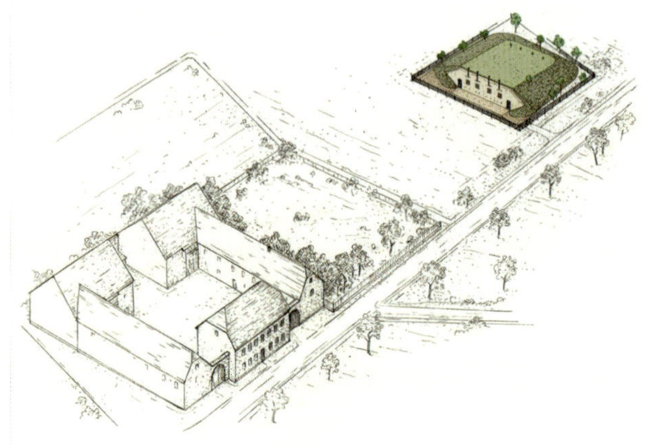

**Abb. links**
**Geheime Planungen** vom November 1909 für den Ausbau von sechs modernen Festungswerken auf der Höhe von Ebersheim, Zornheim und Nieder-Olm. Beim Beginn des Ersten Weltkrieges war lediglich der Infanteriestützpunkt *»Auf der Muhl«* fertiggestellt und mit dem Bau des Stützpunktes *»Auf dem Dechenberg«* begonnen worden. Die roten Linien zeigen das von den beiden Stützpunkten einzusehende Gelände.

Abb. oben
Karte mit den **Forts der Stadtbefestigung und der Selzstellung** um 1912. Zu erkennen sind die bereits fertiggestellten Friedenswerke und die ausgebaute Infrastruktur der Selzstellung.

## Ausbau der Selzstellung

Die Selzstellung war als sogenannte *»Depotfestung«* oder *»Gerippstellung«* angelegt, die erst im Kriegsfall ausgebaut werden sollte. Zu diesem Zweck entstanden ab 1908 nur wenige Friedenswerke und eine gut ausgebaute Infrastruktur für den schnellen Ausbau der Festung nach der Mobilmachung. Auf mehreren großen Lagerplätzen lagerten Wellbleche, Stacheldraht und sonstiges Baumaterial, das im Krieg über Militärstraßen und eine Festungsbahn an die jeweiligen Standorte der Festungswerke transportiert werden konnte. Als 1914 der Erste Weltkrieg begann, bauten mehr als 30.000 Soldaten von Festungskompanien die Selzstellung innerhalb weniger Wochen zu einer gewaltigen Festungsfront aus.

**Abb. oben**
**Soldaten einer Festungskompanie** kurz nach Beginn des Ersten Weltkrieges.

**Abb. oben**
**Betriebsabteilung der Festungsbahn** vor einer Hartmann Dn2t-Lokomotive.

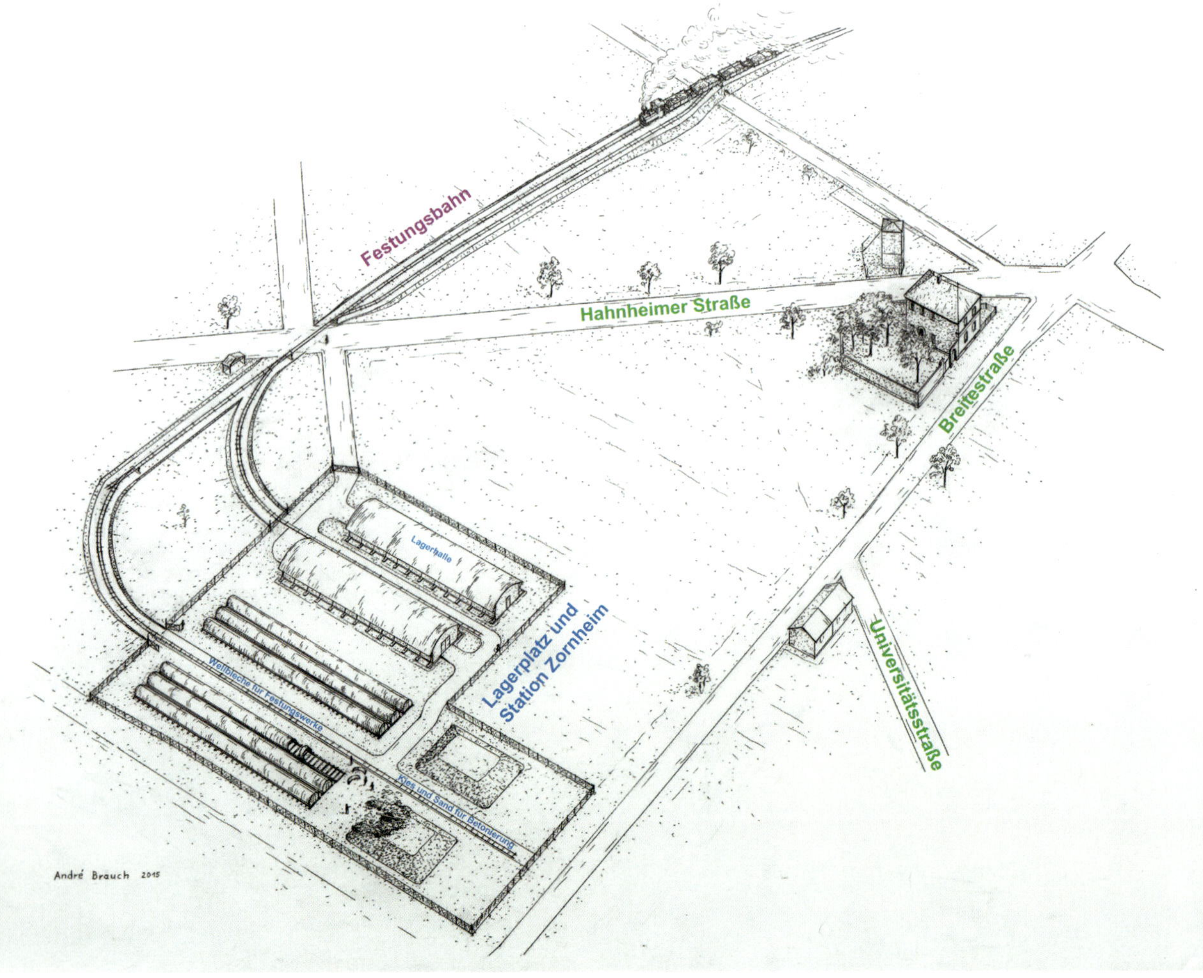


**Abb. links**
**Lagerplatz Zornheim** mit Baumaterial und Festungsbahn um 1914. An die Bahnstation erinnert heute in Zornheim eine Informationstafel mit einer Kopie des original erhaltenen Stationsschildes.

**Abb. oben**

**Bau eines Infanterieraumes nach Kriegsbeginn in Küstrin.** Wie dort, dienten auch in Mainz Wellbleche **(1)** als Deckenschalung für die betonierten Festungswerke. Im Vordergrund ist die Montage der einzelnen Wellblechtafeln **(2)** zu sehen. Im Hintergrund sieht man, wie ein Verbindungsgraben **(3)** angelegt wird. Anders als in Küstrin waren in Mainz die Wände nicht gemauert, sondern betoniert.

## Befestigungsgruppen der Selzstellung

Unter geschickter Ausnutzung des Geländes lösten dreizehn Befestigungsgruppen in Rheinhessen die Forts der Stadtbefestigung als vorderste Verteidigungslinie ab. Anders als bei den Forts waren die Stellungen und Unterkünfte der Befestigungsgruppen nicht in einem großen Werk zusammengefasst, sondern über das Gelände großräumig verteilt. Den Rückhalt bildeten in der vordersten Linie die Infanteriestellungen. Dahinter befanden sich die Befehlsstellen und die Artilleriestellungen. Für die Geschützbedienungen und die Munition gab es Artillerie- und Munitionsräume.

**Abb. oben**
**Reste des militärischen Wasserbehälters** *»Schwabenheimer Wäldchen«* in der Nähe von Wackernheim. Auf dem Foto von 2011 sind noch gut die Auswirkungen der Sprengung im Zusammenhang mit der Entfestigung zu erkennen.

**Abb. unten**
**Plan des Infanterieraums 3** mit Mannschaftsräumen, Offiziersraum, Fernsprechraum, Küche und Verbandsraum. Zur Ausstattung gehörten Wasserleitungen, Stromanschlüsse, Ofenheizung, Sprachrohr und Klingelleitung für Alarmmeldungen. Die blauen Kreuzlinien kennzeichnen die Bauteile, die mit Eisenbeton verstärkt waren.

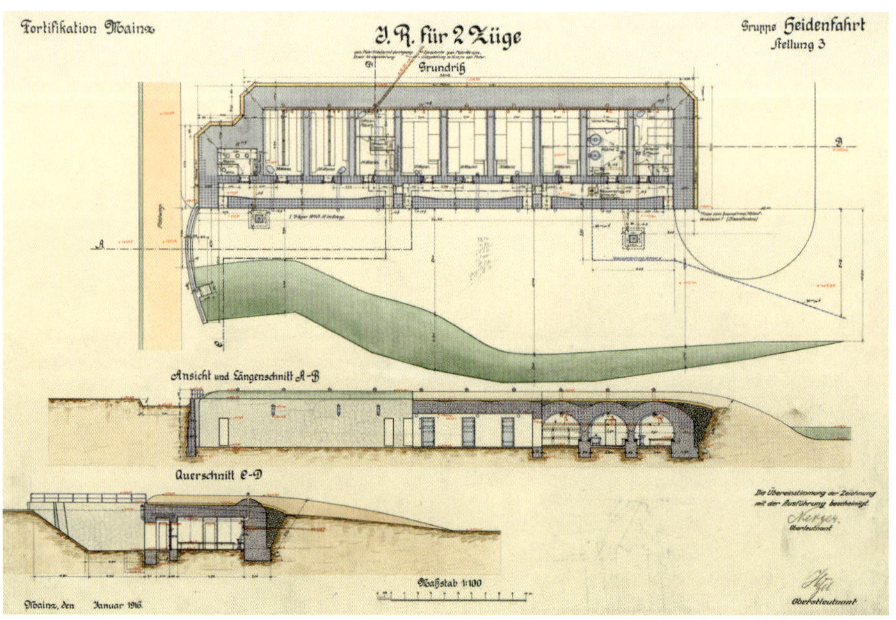


**Abb. oben**
**Infanterieraum** des Infanteriestützpunktes 3 der Befestigungsgruppe Heidenfahrt

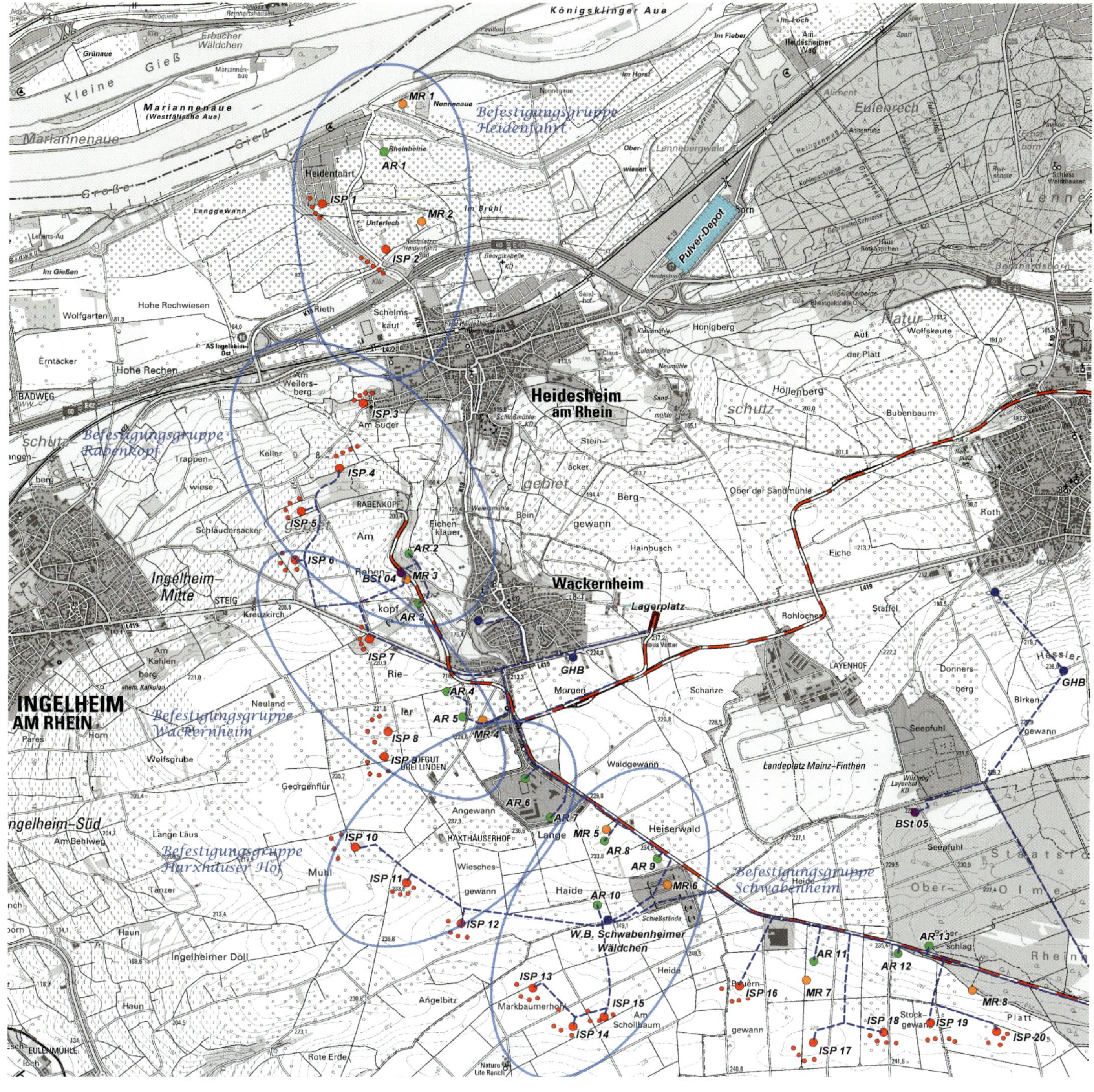


**Abb. oben**
**Befestigungsgruppen Heidenfahrt, Rabenkopf, Wackernheim, Harxthäuser Hof und Schwabenheim,** die jeweils aus Infanteriestellungen (ISP rot), Artillerieräumen (AR grün) und Munitionsräumen (MR orange) bestanden. Zur Infrastruktur gehörten eine militärische Wasserleitung (blaue Linien), eine Festungsbahn (rot-weiße-Linien) und ein betonierter Wasserbehälter (WB blau). Die Befehlsstelle (BSt lila) befand sich auf dem Layenhof.

## Infanteriestützpunkte in Rheinhessen

Die Infanteriestützpunkte waren die Eckpfeiler des Verteidigungssystems im äußeren Festungsgürtel. Sie waren für die Unterbringung von 250 Soldaten vorbereitet. Im Bereich der Selzstellung gab es insgesamt 59 dieser Stellungen. Auf dem Bild rechts ist der Infanteriestützpunkt 15 der Befestigungsgruppe Schwabenheim rekonstruiert. Der Aufbau dieser Stellung ist heute noch gut auf dem Luftbild zu erkennen. Im Mittelpunkt stand der betonierte Infanterieraum **(1)**, der an die militärische Wasserversorgung angeschlossen war **(2)**. Davor befand sich der Schützengraben **(3)**, in dem Unterstände **(4)** und ein Wachtraum **(5)** integriert waren. Der Infanterieraum und der Wachtraum waren mit Alarmeinrichtungen verbunden **(6)**. Zu den Schützengräben gelangten die Soldaten über Lauf- oder Verbindungsgräben **(7)**. Die vorderste Linie der Infanteriestützpunkte bildeten zehn Meter breite Drahthindernisse **(8)**.

**Abb. oben**
**Luftbild** vom Gelände des Infanteriestützpunktes 15 oberhalb von Stadecken-Elsheim.

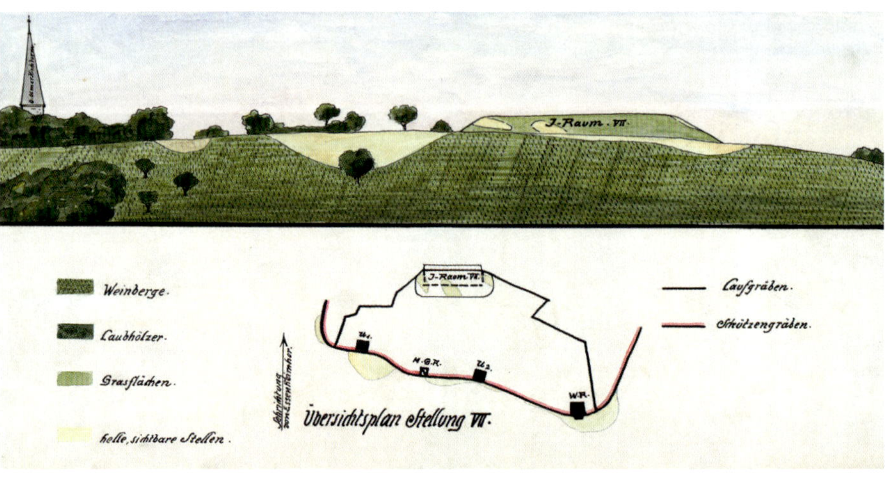


**Abb. oben**
**Infanteriestützpunkt in Ober-Olm** um 1914, von Essenheim aus gesehen. Die Skizze zeigt die Ansicht von der Feindseite und den Aufbau einer Stellung, hier zusätzlich mit einem MG-Raum.

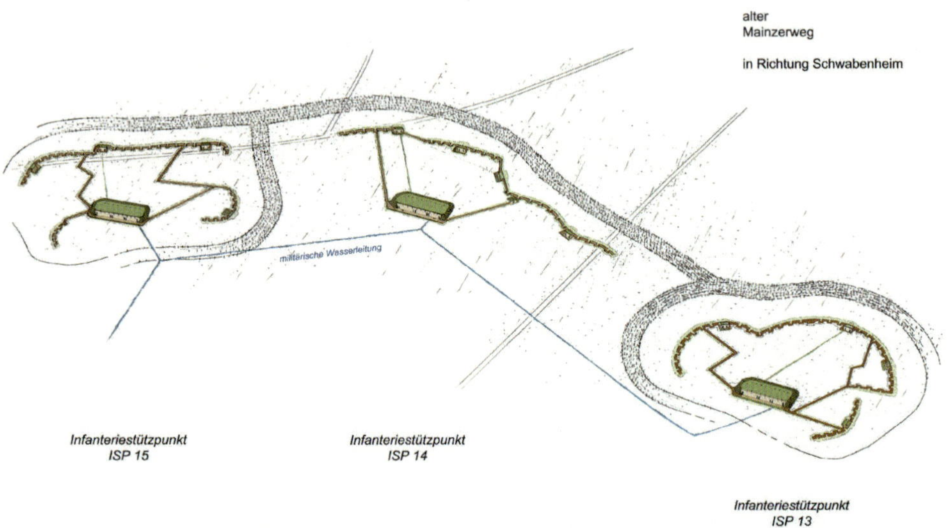


**Abb. links**
**Rekonstruktion der Infanteriestützpunkte 14, 15 und 16.**
Diese gehörten zur Befestigungsgruppe Schwabenheim.

**Abb. oben**
**Infanteriestützpunkt 15** der Befestigungsgruppe Schwabenheim.

**Abb. oben**
**Artillerieraum AR 18** der Befestigungsgruppe Ebersheim.

**Abb. rechts**
**Fußartillerie** mit einer 15-cm-Ringkanone in einer ausgebauten Stellung.

## Artilleriestellungen und Munitionsräume

Die Festung Mainz war mit einer starken Artillerie, der sogenannten Fußartillerie ausgestattet. Diese war neben der Feldartillerie eine eigenständige Waffengattung und wurde als *»schwere Artillerie des Feldheeres«* bezeichnet. Die Artillerie der Festung Mainz bestand aus 20 Batterien für Kanonen, Haubitzen und Mörser sowie 90 Geschütze in Flankenbatterien und sonstigen Aufstellungen. Für die mehr als 3.000 Artilleristen standen entlang der Selzstellung insgesamt 28 Artillerieräume zur Verfügung. Zur Lagerung der Munition dienten 22 Munitionsräume in der hinteren Linie.

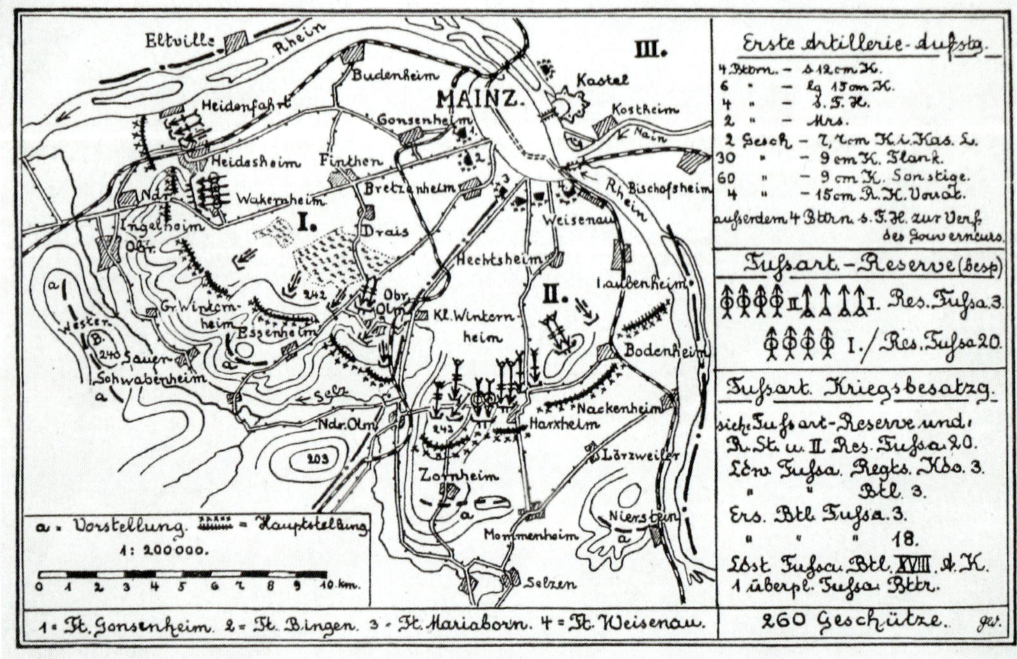


**Abb. oben**
**Erste Artillerieaufstellung** der Festung Mainz im Ersten Weltkrieg, rekonstruiert um 1930.

**Abb. oben**
Munitionsraum auf dem Rabenkopf **(1)** in Wackernheim mit einer Festungsbahn **(2)** im April 1915. Dort wurde die Munition für die 15-cm-schwere-Feldhaubitze gelagert. Außerdem waren in dem betonierten Werk eine Befehls- und eine Fernmeldestelle integriert. Umgeben war der Munitionsraum von einem Drahtzaun **(3)** mit Toren für die Durchfahrt der Festungsbahn.

## Infanteriestützpunkt »*Auf der Muhl*«

Der Infanteriestützpunkt »*Auf der Muhl*« (Fort Muhl) war der widerstandsfähigste Punkt der Selzstellung. Das ungefähr 200 m breite und 300 m lange betonierte Festungswerk bestand aus einer zweistöckigen Kaserne **(1)**, zwei Bereitschaftsräumen mit Wachttürmen zur Beobachtung **(2)** und zwei Wachträumen **(3)**, wobei für die 2,50 m dicken Decken teilweise Eisenbeton verwendet worden war. In die 400 m lange Feuerstellung für die Infanterie **(4)** waren kleine Erd-und Betontraversen, Maschinengewehrauflagen, Unterschlupfe und Beobachtungsstände aus Eisenblech eingebaut. Drei Reihen von Gittertoren versperrten den Zufahrtsweg zur Kaserne **(5)**. Um den Stützpunkt verlief ein 14.500 qm großes Drahtnetz **(6)** mit etwa 5000 verzinkten Pfählen und darin befindlichen Hindernisgittern **(7)**.

**Abb. oben**
Die Lage von **Fort Muhl** auf dem heute höchsten Punkt der Stadt Mainz, im Hintergrund Zornheim.

**Abb. unten**
Linker **Bereitschaftsraum** des Infanteriestützpunktes.

**Abb. links**
Rest des rechten Teils der frontseitigen Decke des linken **Bereitschaftsraums** (auf dem Luftbild: oranger Pfeil).
Die heute noch erhaltene schwarze Teerschicht diente zur Abdichtung der früher mit Erde überdeckten Betondecke.

**Abb. oben**
**Infanteriestützpunkt** *»Auf der Muhl«* im Frühjahr 1916.

## High-Tech zwischen Rüben und Reben

Schnitt durch den Infanteriestützpunkt *»Auf der Muhl«*:

**Kaserne oberes Stockwerk:**
Mannschaftsraum mit Hängematten **(1)**, Verbandsraum und Operationsraum **(2)**, Räume für Kommandanten und Offiziere, Fernsprech- und Telegraphenraum **(3)**, Vorratsraum und Küche **(4)**, Mannschaftsräume, Hängematten am Tag in Schränken verstaut **(5)**.

**Kaserne unteres Stockwerk:**
Brennstoffraum **(6)**, Maschinenraum mit eigenem Kraftwerk – 2 Maschinen mit je 15 PS – **(7)**, Wasserkeller, der 280 cbm fasste und für 90 Tage reichte **(8)**, Aborte, getrennt für Offiziere und Mannschaften **(9)**.

**Durchgang zum rechten Bereitschaftsraum:**
Vorratsräume **(10)**, Munitionsraum **(11)**.

**Rechter Bereitschaftsraum:**
Mannschaftsraum **(12)**, Maschinengewehrraum **(13)**, Wachtturm **(14)**.

**Flankierungsbau:**
Raum mit Gewehrscharten **(15)**.

**Weitere Räume, Ausstattung und Infrastruktur:**
Mehlraum, Wäschekammer, Werkstattraum, Bäckerei mit Backofen, Knetmaschine und Brotwagen, Wasserversorgung, elektrische Belüftung, Beleuchtung sämtlicher Räume, Alarmeinrichtungen, Luftdrucktüren.

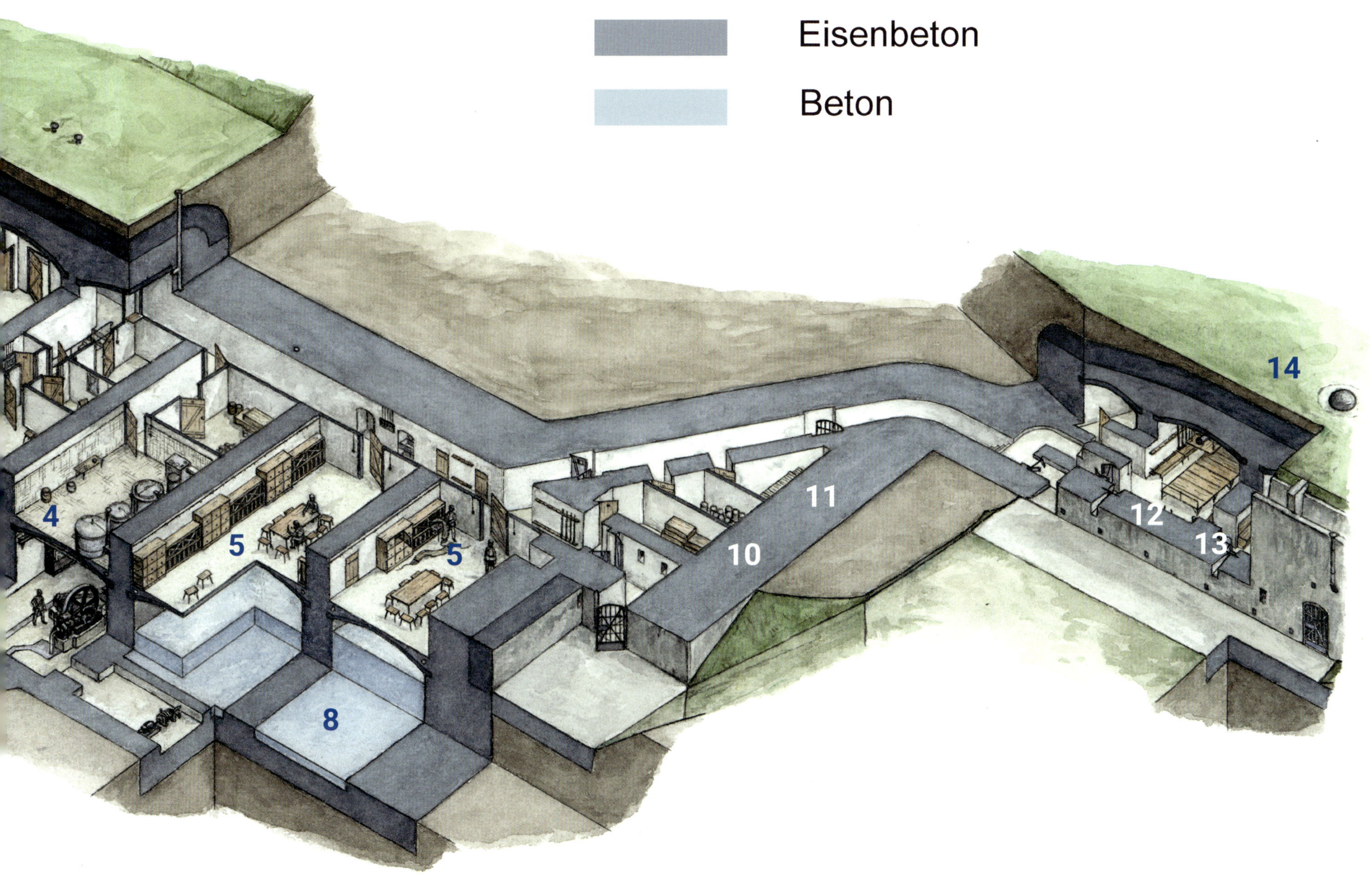
Eisenbeton
Beton
14
11
12
10
13
4
5
5
8

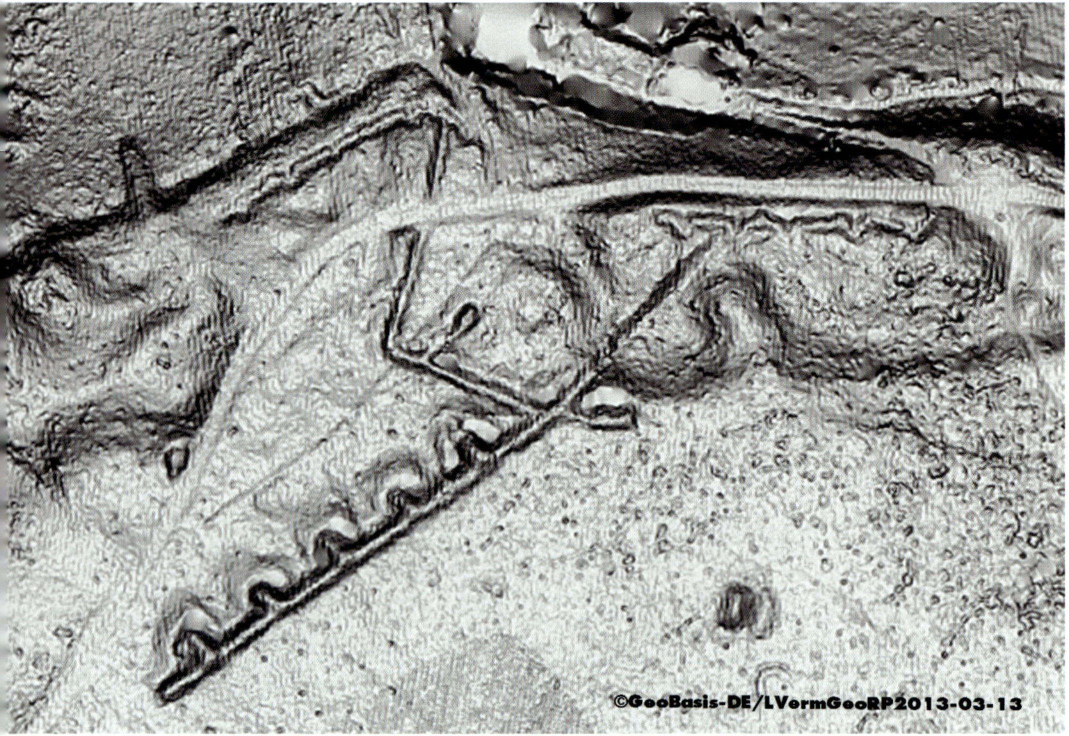


## Vorgeschobene Feldstellungen auf dem Westerberg

Auf dem Westerberg waren unterschiedlich große Feldstellungen auf einer Länge von ca. 4,5 km aufgereiht. Diese Infanteriestellungen waren für die Belegung von bis zu einer Kompanie ausgelegt und bestanden aus mehreren Räumen für jeweils 24 Soldaten. Die Räume waren mit Wellblechen ausgekleidet und mit einer 60 bis 80 cm dicken Erdschicht abgedeckt. Ein Verbandsraum und ein Abort zweigten von den beiden Verbindungsgräben ab, die zu dem Schützengraben mit Unterschlupfen führten. Ein ca. 10 m breites Drahthindernis war vor den Schützengräben angelegt. Reste der Infanteriestellung sind heute noch erhalten und können bei einer Wanderung entlang des Prädikatswanderweges *»Hiwweltour Bismarckturm«* besichtigt werden. Informationstafeln der Stadt Gau-Algesheim und der Carl-Brilmayer-Gesellschaft erinnern vor Ort an die damalige Zeit.

**Abb. oben**
**Lidarscan der Infanteriestellung** auf dem Westerberg. Auf dem digitalen Geländemodell sind die Lauf- und Schützengräben sowie die Lage der Räume noch gut zu erkennen.

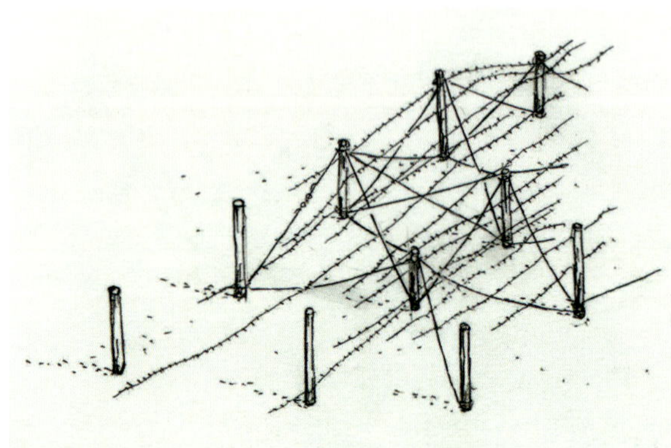

**Abb. oben**
**Drahtnetz mit Holzpfählen**, das vor den Schützengräben verlief.

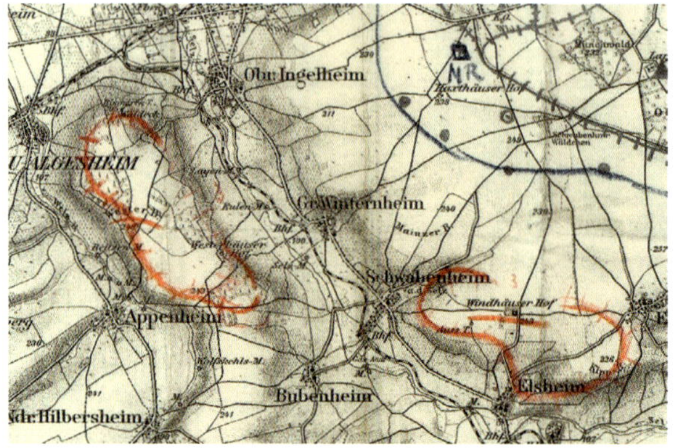


**Abb. oben**
**Karte von 1913**, die im Rahmen einer Inspektionsreise erstellt worden war. Der zu dieser Zeit noch geplante Verlauf der Feldstellungen auf dem Westerberg und vor dem Windhäuser Hof ist rot gekennzeichnet.

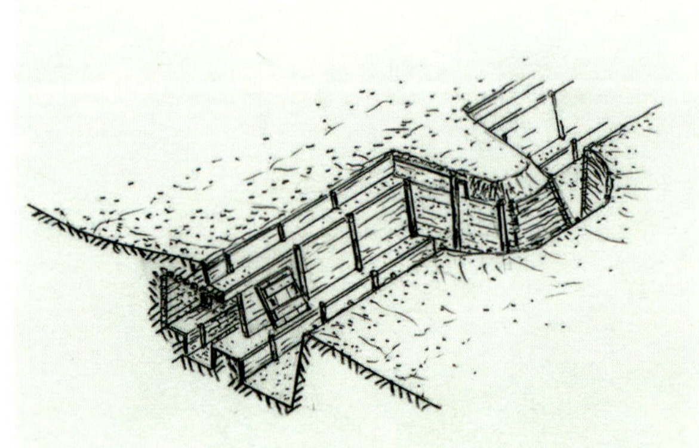

**Abb. oben**
**Teil eines Schützengrabens** mit Unterschlupf für 5 Soldaten.

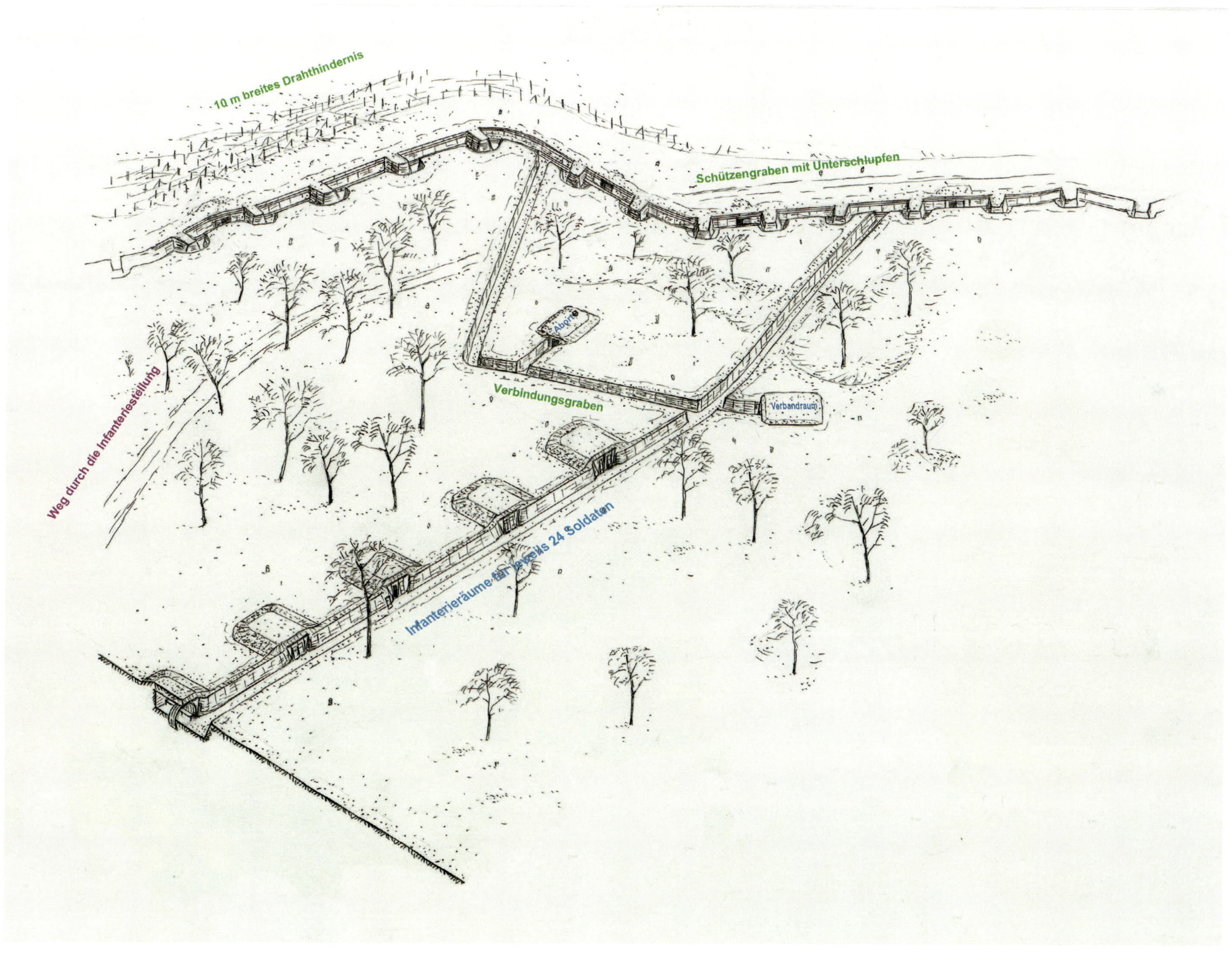


**Abb. oben**
Infanteriestellung auf dem **Westerberg** um 1915.

6

# DAS ENDE DER FESTUNG MAINZ
## (1919 bis heute)

**Bild auf der linken Seite:**
**Steine und Beton: Festungsreste bestimmten viele Jahre das Stadtbild.**
Fotografie der Reste von Fort Mariaborn, um 1930

# DIE SPRENGUNG UND SCHLEIFUNG DER FESTUNG (1919 bis heute)

Am 11. November 1918 unterzeichneten Vertreter des Deutschen Reiches und der Westmächte den Vertrag über den Waffenstillstand von Compiègne. Der Friedensvertrag von Versailles wurde am 28. Juni 1919 unterzeichnet. Der Erste Weltkrieg fand damit sein Ende. Nach Artikeln 42 und 180 des Vertrages wurde Deutschland verpflichtet, alle befestigten Werke, Festungen und Landbefestigungen, die auf deutschem Gebiet im Westen bis zu 50 Kilometer östlich des Rheins lagen, abzurüsten und zu schleifen.

Von dieser Regelung war Mainz mit der Stadtbefestigung und der vorgeschobenen Selzstellung betroffen. Es waren die beiden Festungslinien, die vor und im Ersten Weltkrieg ausgebaut worden waren. Die mehr als 400 Festungswerke der Selzstellung wurden zwischen dem 10. März und dem 16. April 1921 gesprengt. Die Zerstörung der Festungsbahn war im März 1922 abgeschlossen. Danach folgte die Schleifung der Stadtbefestigung, wobei insbesondere die betonierten Teile der großen Forts gesprengt wurden. Auf der linken Rheinseite waren die Arbeiten im August 1922 und auf dem rechten Rheinufer drei Jahre später abgeschlossen. Die Festung Mainz gab es jetzt nicht mehr.

Von den gesprengten Festungswerken blieben Tonnen von Betonblöcken, Mauerwerk und Bauwerkreste übrig. Diese prägten zusammen mit den nicht gesprengten Festungsresten aus den vorangegangenen Jahrhunderten noch bis weit nach dem Ende des Zweiten Weltkrieges das Stadt- und Landschaftsbild. Mit der Zeit führten aber in der Stadt immer mehr neue Straßen durch die alten Wallanlagen und auf den

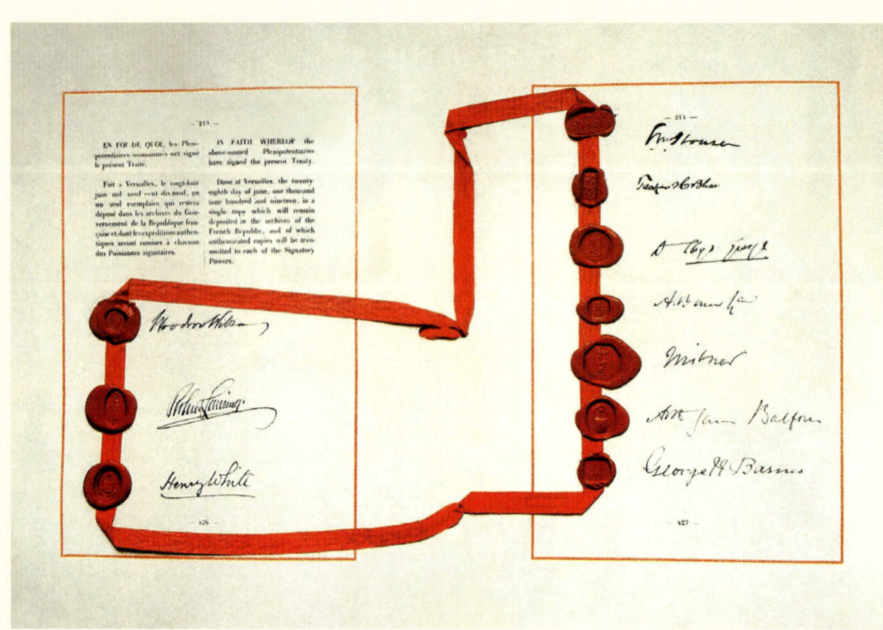

Letzte Textseite des **Versailler Vertrages** mit Siegel und Unterschriften u.a. von Lloyd George und Woodrow Wilson. Der Erste Weltkrieg war mit diesem Vertrag auch formell zu Ende. Zugleich bedeutete der Vertrag das Ende der Festung Mainz.

**Schloss Versailles** am 28. Juni 1919. Eine große Menschenmenge verfolgte die Unterzeichnung des Versailler Vertrages.

**Abb. rechts**
Die Reste der Festung Mainz

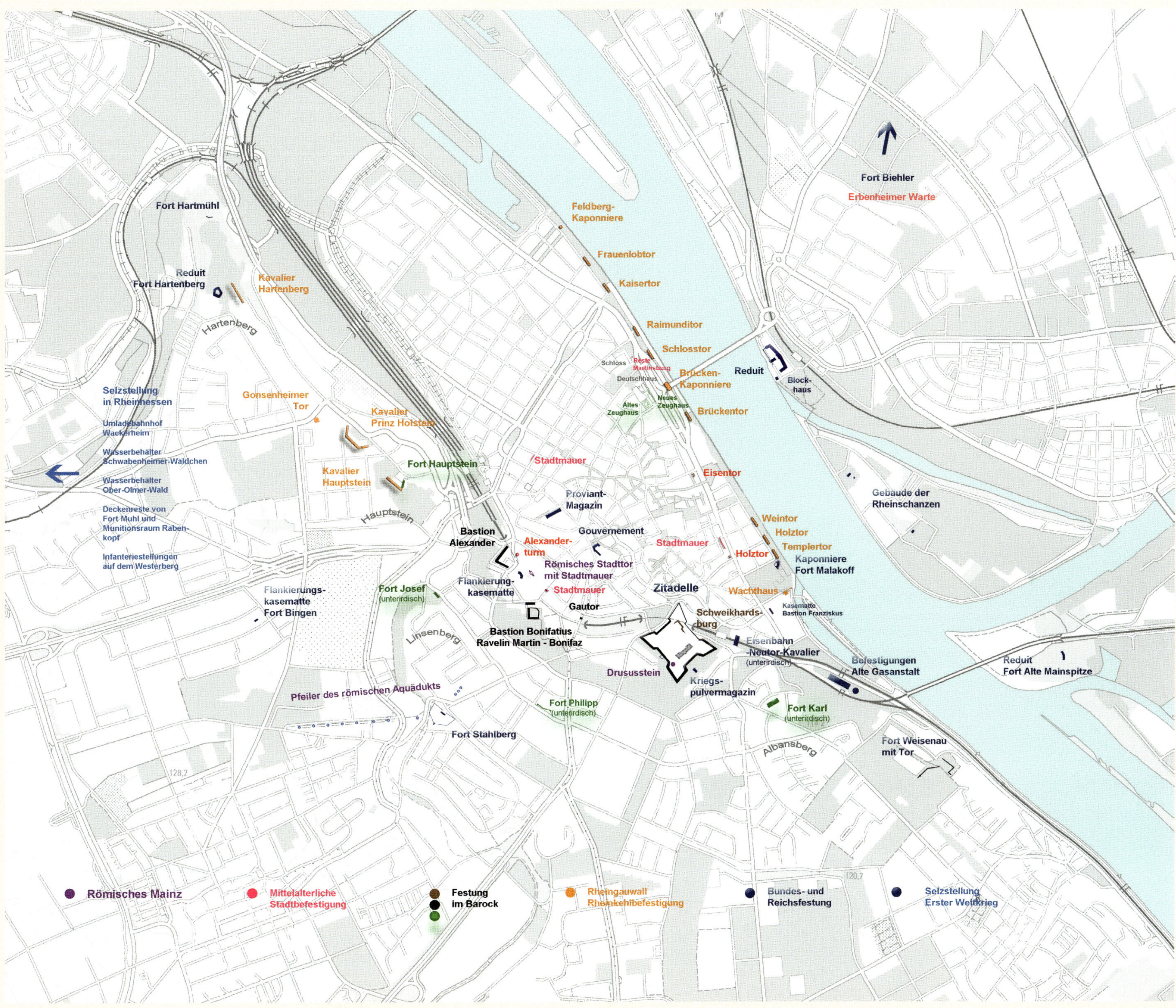
Fort Biehler
Erbenheimer Warte
Feldberg-Kaponniere
Frauenlobtor
Kaisertor
Raimunditor
Schlosstor
Fort Hartmühl
Reduit Fort Hartenberg
Kavalier Hartenberg
Hartenberg
Schloss
Reste Martinsburg
Deutschhaus
Brücken-Kaponniere
Reduit
Block-haus
Altes Zeughaus
Neues Zeughaus
Brückentor
Selzstellung in Rheinhessen
Umladebahnhof Wackerheim
Wasserbehälter Schwabenheimer-Wäldchen
Wasserbehälter Ober-Olmer-Wald
Deckenreste von Fort Muhl und Munitionsraum Rabenkopf
Infanteriestellungen auf dem Westerberg
Gonsenheimer Tor
Kavalier Prinz Holstein
Fort Hauptstein
Kavalier Hauptstein
Hauptstein
Stadtmauer
Eisentor
Proviant-Magazin
Gebäude der Rheinschanzen
Gouvernement
Bastion Alexander
Alexander-turm
Stadtmauer
Weintor
Holztor
Templertor
Holztor
Kaponniere Fort Malakoff
Römisches Stadttor mit Stadtmauer
Flankierung-kasematte
Stadtmauer
Zitadelle
Wachthaus
Kasematte Bastion Franziskus
Flankierungs-kasematte Fort Bingen
Fort Josef (unterirdisch)
Gautor
Schweikhards-burg
Linsenberg
Bastion Bonifatius Ravelin Martin - Bonifaz
Eisenbahn -Neutor-Kavalier (unterirdisch)
Befestigungen Alte Gasanstalt
Reduit Fort Alte Mainspitze
Drusustein
Kriegs-pulvermagazin
Pfeiler des römischen Aquädukts
Fort Philipp (unterirdisch)
Fort Karl (unterirdisch)
Fort Stahlberg
Albansberg
Fort Weisenau mit Tor
128,2
120,7
Römisches Mainz
Mittelalterliche Stadtbefestigung
Festung im Barock
Rheingauwall Rheinkehlbefestigung
Bundes- und Reichsfestung
Selzstellung Erster Weltkrieg

Flächen der großen Forts und der gewaltigen Bastionen entstanden beliebte Grün- oder Erholungsflächen. Hierzu zählen beispielsweise der Hartenbergpark, der Volkspark in Weisenau oder die Wallgrünanlagen. Im Zweiten Weltkrieg dienten Reste der Festung als Luftschutzanlagen für die Bevölkerung (z.B. Zitadelle unnd Fort Josef). In den ländlichen Regionen von Rheinhessen wurden die Festungsreste häufig nach Flurbereinigungsverfahren von den neuen Eigentümern mühevoll beseitigt oder einfach aufgeschüttet. Heute sind die Betonreste der Selzstellung nicht mehr zu sehen, da sie durch neue Baugebiete überbaut oder als Biotope mit Bäumen und Sträuchern überwachsen sind. Fast überall entlang der früheren Festungslinie sind solche Landschaftsbestandteile noch durch ihren Bewuchs gut zu erkennen.

Zwischen 1960 bis 1975 erfolgte schließlich die letzte Phase der Zerstörung von ehemals markanter Mainzer Festungsbausubstanz. Es war die Zeit, in der man die Festungsgeschichte vergessen wollte. In die Nähe des Militärischen gerückt, war sie für Politik und Wissenschaft suspekt und im Grunde als ein prägender Baustein der Stadt- und Regionalgeschichte nicht akzeptiert. Auch in der Bevölkerung gab es kein Interesse an der Erhaltung von Festungsbausubstanz. »*Was man nach dem Zweiten Weltkrieg mit Festungsbauten verband, waren Elendsquartiere, die es im Zuge eines progressiven Aufbaus auch aus sozialen und hygienischen Gründen zu beseitigen galt*«, schrieb Hans-Rudolf Neumann in seiner 1987 erschienenen Dissertation zur Bundesfestung Mainz. So fiel beispielsweise das historische Mombacher Festungstor während dieser Zeit der Abrissbirne zum Opfer.

**Postkarte** mit dem Volkspark und dem Hinweis auf die bis 1920 erfolgte Nutzung des Geländes als Fort Weisenau. An vielen Stellen entstanden auf den Flächen der ehemaligen Festungswerke Grün- und Parkanlagen oder Sportplätze, die häufig in den letzten Jahren zur Bebauung freigegeben wurden.

Viel zu sehen ist nicht mehr von der ehemals so bedeutenden Festung Mainz. Wohl keine andere Stadt ist so rigoros von dem Festungserbe befreit worden wie Mainz. Und was erhalten blieb, stellt immer nur einen ganz kleinen Teil der oberirdischen Befestigung oder der militärischen Infrastruktur aus der jeweiligen Zeit dar. Zu nennen sind insbesondere

1. aus der römischen Zeit: Reste eines Stadttors und angrenzender Stadtmauer (Kästrich), Infrastruktur des Legionslagers: Römersteine des Aquädukts (Untere Zahlbacher Straße); Kriegsschiffe der römischen Rheinflotte (Museum für Antike Schifffahrt);
2. aus der Zeit des Mittelalters: Reste der Stadtmauer (Hintere Bleiche, Rheinstraße, Kästrich), Alexanderturm (Kästrich), Holz- und Eisentor (Rheinstraße), Kleiner Mauerrest der Martinsburg Rheinallee), Adolphus-Bollwerk der Schweikhardsburg (Zitadelle), Heilig-Geist-Spital (Rentengasse 2),
3. aus der schwedischen Zeit: Mauerreste der Gustavsburg (Burgpark);
4. aus der barocken und kurfürstlichen Zeit: Teile der Bastion Alexander (Augustusstraße), der Zitadelle mit Kommandantenbau und zwei Toren, der Bastion Bonifatius und des Ravelins Martin-Bonifaz (Bastion Martin), Rest des Gautors (Ecke Kästrich/Gaustraße), Kasematte und Mauern von Fort Josef (Am Linsenberg/Ecke Langenbeckstraße), Kasematte von Fort Hauptstein (Johann-Maria-Kertell-Platz);
5. aus der Zeit des Deutschen Bundes und des Deutschen Reichs:

• Forts: Reste der Forts Stahlberg (Landwehrweg), Hartmühl und Hartenberg (Wallstraße), Weisenau (Unterer Michelsbergweg) und

Biehler (Petersberg), Flankierungskasematte von Fort Bingen (Johann-Joachim-Becher-Weg, Rewi-Gebäude), Reduit von Fort Alte Mainspitze (Gustavsburg, Außerhalb des Ortes), Reduit von Fort Hauptstein (Johann-Maria-Kertell-Platz), Rheinschanzen;

• Flankierungskasematte zwischen den Bastionen Bonifatius und Alexander (Augustusstraße, integriert in Hotelbau);

• Kasematte Bastion Franziskus (Rheinstraße), errichtet im Zusammenhang mit dem Ausbau des Eisenbahnnetzes für Bahnzwecke;

• Zitadelle: Mehrere Traversen und Geschützstellungen, eine Ladestation, betoniertes Kriegspulvermagazin, Flankierungskasematte im Graben, Cidadellkaserne;

• Rheingauwall: Kavaliere Hartenberg, Prinz Holstein (Wallstraße) und Hauptstein (Johann-Maria-Kertell-Platz); Gonsenheimer Tor (Am Fort Gonsenheim, gegenüber SWR), Mauerreste der Grabenmauer am Anschluss der Bastion Alexander (Wallgrünanlage Römerwall);

• Rheinkehlbefestigung: Kaponniere Fort Malakoff, Wachthaus des Dagobertstors (Dagobertstraße), Templer-, Wein-, Holz- und Brückentor (entlang der Rheinfront der Neustadt), Schlosstor (Rheinstraße), Teile des Raimunditors (Rheinallee), Teile des Kaisertors (Kaiserstraße), Teile des Frauenlobtors (Taunusstraße/ Ecke Frauenlobstraße), Kaponniere V (Feldbergplatz), verteidigungsfähige Gasanstalt mit Eckkaponniere und krenelierter Mauer (Weisenauer Straße);

• Festungsbau der Hessischen Ludwigsbahn: Kasematte Bastion Franziskus (Dagobertstraße);

• Mainz-Kastel: Reduit-Kaserne (Rheinufer 14), Blockhaus (Bastion Schönborn), Gebäude der Rheinschanzen (Maaraue);

• aus der Zeit vor und während des Ersten Weltkriegs: Umladebahnhof Wackernheim, zwei betonierte Wasserbehälter (Schwabenheimer Wäldchen und Ober-Olmer Wald), Deckenreste des Infanteriestützpunktes *»Auf der Muhl«* (Mainz-Ebersheim, Zornheimer Straße), Entwässerungsschacht des Infanteriestützpunktes *»Auf dem Dechenberg«* (Weinberge in Zornheim) und des Munitionsraums *»Auf dem Rabenkopf«* (Wackernheim, Rabenkopfstraße), Infanteriestellungen mit Schützengräben auf dem Westerberg (Gau-Algesheim), kleine Betonreste entlang der gesamten Selzstellung in Weinbergen und Gehölzen.

Darüber hinaus sind viele Kilometer Minen und Kommunikationsgänge unter den alten Forts, der Zitadelle und den Bastionen erhalten geblieben. Am Rhein prägen das Alte und das Neue Zeughaus aus der Kurfürstenzeit (heute: Staatskanzlei) zusammen mit dem Deutschhaus und dem Schloss die Rheinfront. In der Stadt gibt es noch eine Vielzahl von Garnisonsgebäuden, die häufig renoviert und neuen Nutzungen zugeführt wurden. Hierzu gehören beispielsweise der Osteiner Hof als ehemaliges Gouvernement, das Proviantmagazin oder die Johanniterkommende Zum Heiligen Grab (heute: Bischöfliches Ordinariat, früher: Festungsbauverwaltung); weiterhin die Alexanderkaserne, die Alte und Neue Golden-Ross-Kaserne oder in Kastel die Mudra-Kaserne.

Auf die mit der Geschichte der Festungsstadt verbundenen Chancen für Freizeit und Tourismus sind in den letzten Jahren auch die Stadtpolitik und die Mainzer Verwaltung aufmerksam geworden. Besonders deutlich wird dies an der Zitadelle, deren Verfall gestoppt und die in ein überregionales Touristikkonzept eingebunden wurde. Auch die vielen Besucherinnen und Besucher, die an den Führungen des Vereins *»Mainzer Unterwelten«* in den Minenstollen von Fort Josef oder Fort Philipp teilnehmen, belegen nachdrücklich das Interesse an der Mainzer Festungsgeschichte.

Der Blick auf die Festung zeigt wie ein Spiegel die Geschichte der Deutschen und macht die wechselvolle Mainzer Geschichte wieder lebendig. Damit ist die Festung ein Schlüssel zum Verständnis der heutigen Stadt.

**Abb. oben**
Grabenwände von **Fort Hechtsheim**, 1920

**Abb. oben**
Infanterieraum des **Infanteriestützpunktes 31** bei Zornheim nach der Sprengung, 1921

**Abb. oben**
**Fort Mariaborn** während der Sprengung, 1922

## Die Sprengung der Festung nach dem Ersten Weltkrieg

Nach dem Ersten Weltkrieg verpflichtete der Versailler Vertrag das Deutsche Reich, alle Festungen im Westen bis zu 50 Kilometer östlich des Rheins abzurüsten und zu schleifen. Die fast zweitausendjährige Geschichte der Festung Mainz ging damit zu Ende. Zwischen 1921 und 1925 wurden auf Grundlage von Schleifungsplänen der Alliierten zunächst die modernen Festungswerke der Selzstellung und anschließend die großen Forts der Stadtbefestigung gesprengt. Übrig blieben große Flächen mit Steinen und Beton, die noch über Jahrzehnte das Stadt- und Landschaftsbild prägten.

**Abb. oben**
Reduit von **Fort Hartmühle**, um 1931

## Die Festung heute

Viel erhalten ist nicht mehr von der ehemals so mächtigen Festung. Wohl keine andere bedeutende Festungsstadt ist so rigoros von ihrem Festungserbe befreit worden wie Mainz. Geblieben sind viele Straßen mit einem Bezug auf die Festung, aber nur wenige sichtbare Erinnerungen an die Festungsbauten. Heute werden die noch erhaltenen Reste vereinzelt als eine Chance für Freizeit und Tourismus erkannt und teilweise in überregionale Touristikkonzepte eingebunden. Die vielen Besucherinnen und Besucher der Zitadelle oder der unterirdischen Gänge von Fort Josef belegen, dass auch in Mainz das kulturelle Erbe aus zweitausend Jahren Festungsgeschichte wieder neu entdeckt werden will.

**Abb. von links oben nach rechts unten**

Erinnerung an die **römische Befestigung**:
Die römischen Kriegsschiffe.

Erinnerung an die **mittelalterliche Stadtmauer**:
Der Holzturm am Rhein.

Erinnerung an die **barocke Festung**:
Die Zitadelle.

Erinnerung an **die Bundesfestung**:
Der Osteiner Hof, das damalige Gouvernement.

Erinnerung an **die großen Forts**:
Fort Weisenau im Volkspark.

Erinnerung an **die Selzstellung**:
Der Bahnhof in Wackernheim.

**Abb. oben**
**Straßenschilder** erinnern an die Geschichte der Festung Mainz.

# AUSGEWÄHLTE QUELLEN UND LITERATURÜBERSICHT

*Die Übersicht ist auf die jüngeren Werke beschränkt und kann die Leserinnen und Leser weiter in die Thematik einführen und auf ältere Literatur hinweisen.*


### Mainz und seine Geschichte

Dietz-Lenssen, Matthias: Rheinhessen – Spielball der Geschichte – Die Entwicklung einer einzigartigen Wein- und Kulturlandschaft, Bodenheim 2014

Dietz-Lenssen, Matthias: Im Zeichen des Rades: Kurmainz – der Staat des Erzkanzlers, Bodenheim 2016

Dietz-Lenssen Matthias/Fischer, Hartmut/Höllein, Elke: Historisches Mainz – Bildband zur Stadtgeschichte im Spiegel von Bauten, Denkmälern und Plätzen, Bodenheim 2016

Dumont, Franz/Scherf, Ferdinand/Schütz, Friedrich (Hrsg.): Mainz. Die Geschichte der Stadt., Mainz 1998

Dumont, Franz/Scherf, Ferdinand: Mainz – Menschen, Bauten, Ereignisse. Eine Stadtgeschichte, Mainz 2010

Gillessen, Günther (Hrsg.): Wenn Steine reden könnten – Mainzer Gebäude und ihre Geschichten, Mainz 1991

Lautzas, Peter: Das historische Mainz – Stadtspaziergänge. b|d edition, Schwalbach 2012

Landesamt für Denkmalpflege Rheinland-Pfalz (Hrsg.): Denkmaltopographie Bundesrepublik Deutschland. Kulturdenkmäler in Rheinland-Pfalz, Band 2.1., Stadt Mainz – Stadterweiterungen des 19. und frühen 20. Jahrhunderts, 1997; Band 2.2., Stadt Mainz – Altstadt, Düsseldorf 1997

Leitermann, Heinz: Zweitausend Jahre Mainz, Bilder aus der Mainzer Geschichte, Mainz 1962

Mahlerwein, Gunter: Rheinhessen 1816-2016. Die Landschaft – Die Menschen, Mainz 2015

Schneider, Joachim/Schnettger, Matthias (Hrsg.), Verborgen – Verloren – Wiederentdeckt. Erinnerungsorte in Mainz von der Antike bis zum 20. Jahrhundert, Darmstadt / Mainz 2012

### Mainz und die Geschichte der Festung

Diepenbach, Wilhelm: Die Stadtbefestigung von Mainz. Stadtmauern, Tore, Türme. Wälle und Bastionen, in: Wothe, Heinrich: Mainz. Ein Heimatbuch. Mainz 1928, S. 21 ff.

Dumont, Stefan: Der »Schlüssel zum Reich« – Mainz als Festungsstadt, in: Dumont, Franz/Scherf, Ferdinand (Hrsg.): Mainz – Menschen, Bauten, Ereignisse. Eine Stadtgeschichte, Mainz 2010, S. 231 ff.

Falck, Ludwig: Die Festung Mainz. Das Bollwerk Deutschlands – *»Le boulevard de la France«*, Eltville 1991

Lacoste, Werner: Kastel als Teil der Festung Mainz, in: Brohl, Elmar (Hrsg.): Militärische Bedrohung und bauliche Reaktion, Marburg 2000

Neumann, Hans-Rudolf: Mainz, in: Historische Festungen im Südwesten der Bundesrepublik Deutschland, Stuttgart 1995

Schaab, Carl Anton: Die Geschichte der Bundes-Festung Mainz, historisch und militärisch bearbeitet, Mainz 1835

Schmitt, Rudolf: Die Festungsstadt Mainz, in: Fortifikation. Bd. 11 (1997), S. 58 ff.

Schmitz, Stefan (Hrsg.), Die Zitadelle auf dem Jakobsberg – Ein Kulturdenkmal im Aufbruch, Bodenheim 2016

Stadtarchiv Mainz: Digitalen Häuserbuch von Mainz, 1450, 1620 und 1866/71; http://www.mainz.de/microsite/digitales-haeuserbuch/index.php

Weber, Klaus T.: Festung Mainz – Schlüsselfestung am Rhein, in: Weber, Klaus T. / Reichert-Schick / Kaiser-Lahme, Festungen in Rheinland-Pfalz und im Saarland, Regensburg 2018, S. 151 ff.

Weber, Klaus T.: Selzstellung bei Mainz – Ein vorbereitetes Festungskampffeld des Ersten Weltkriegs, in: Weber, Klaus T. / Reichert-Schick / Kaiser-Lahme, Festungen in Rheinland-Pfalz und im Saarland, Regensburg 2018, S. 165 ff.

### Mainz und die Befestigungen in der Römerzeit

Burger, Daniel: Topographie und Umwehrung des römischen Legionslagers von Mogontiacum/Mainz, Diss. Freiburg 2017

Geißler, Daniel: Das spätantike Stadttor auf dem Kästrich in Mainz, Magisterarbeit 2017 (Publikation durch Landesarchäologie Mainz in Vorbereitung für 2019)

Heising, Alexander: Die römische Stadtmauer am Eisgrubweg in Mainz. In: Mainzer Archäologische Zeitschrift 5/6 (1998/99), S. 173 ff.

Heising, Alexander: Die römische Stadtmauer von Mogontiacum – Mainz. Archäologische, historische und numismatische Aspekte zum 3. und 4. Jahrhundert n. Chr. Bonn 2008

Rupprecht, Gerd: Vom castrum zum Bollwerk Deutschlands: einige ausgewählte Betrachtungen zum Waffenplatz Mainz, besonders zur Zitadelle, aus dem Blickwinkel der Militärarchäologie, in: Dumont, Franz/Scherf, Ferdinand (Hrsg.): Mainz – Menschen, Bauten, Ereignisse. Eine Stadtgeschichte. Mainz 2010, S. 245 ff.

Witteyer, Marion: Mogontiacum – Militärbasis und Verwaltungszentrum. Der archäologische Befund, in: Dumont, Franz / Scherf, Ferdinand / Scherf, Ferdinand (Hrsg.): Mainz. Die Geschichte der Stadt., Mainz 1998, S. 1021

### Mainz und die Stadtmauer im Mittelalter

Brück, Anton Philipp / Falck, Ludwig: Geschichte der Stadt Mainz (Hrsg.), Band II (Falk), Mainz im frühen und hohen Mittelalter (Mitte 5. Jahrhundert bis 1244), Band III (Falk), Mainz in seiner Blütezeit als Freie Stadt (1244 bis 1328), Düsseldorf 1973; Band V (Brück), Mainz vom Verlust der Stadtfreiheit bis zum Ende des Dreißigjährigen Krieges (1462-1648), Band V (Falk), Mainz um 1620, historischer Faltplan mit alphabetischem Index, Düsseldorf 1972

Falck, Ludwig: Mainz vom frühen Mittelalter bis zum Anfang des 17. Jahrhunderts [Stadtplan], in: Geschichtlicher Atlas von Hessen, Marburg 1978, Karte 34 C.

Sprenger, Kai-Michael, Die Mainzer Stiftsfehde 1459-1463, in: Dumont, Franz / Scherf, Ferdinand / Scherf, Ferdinand (Hrsg.): Mainz. Die Geschichte der Stadt., Mainz 1998, S 205 ff.

**Mainz und die barocke Festung**

Buschbaum, Cornelia: Mainz auf dem Weg zur kurfürstlichen Residenzstadt im Spiegel der Mainzer 2002, in: Bausteine zur Mainzer Stadtgeschichte (Geschichtliche Landeskunde Band 55) S. 95 ff.

Kahlenberg, Friedrich P.: Kurmainzische Verteidigungseinrichtungen und Baugeschichte der Festung Mainz im 17. und 18. Jahrhundert, in: Stadt Mainz (Hrsg.), Beiträge zur Geschichte der Stadt Mainz, Band 19, Mainz 1963

Müller, Hermann-Dieter: Der schwedische Staat in Mainz 1631-1636. Einnahme, Verwaltung, Absichten, Restitution, Mainz 1979 (Beiträge zur Geschichte der Stadt Mainz 24)

**Mainz und die Festung in der Franzosenzeit**

Heinz, Elmar: Doppelrad und Doppeladler – Die Festung Mainz zwischen Kaiser, Reich und Kurstaat im 1. Koalitionskrieg (1792-1797), Blaufelden 2004

Klein, Peter: Die rechtsrheinischen Befestigungen von Mainz von der Französischen Revolution bis zum Ende der napoleonischen Kriege, in: Die Festungen des Deutschen Bundes 1815-1866, Regensburg 2013, S. 153 ff.

Kurzke, Hermann/Kemmann, Oliver: Untergang einer Reichshauptstadt, Johann Wolfgang von Goethe – Belagerung von Mainz, Frankfurt am Mainz 2006

Lautzas, Peter: Die Festung Mainz im Zeitalter des Ancien Regime, der Französischen Revolution und des Empire (1736-1814), ein Beitrag zur Militärstruktur des Mittelrhein-Gebietes, Wiesbaden 1973

Lautzas, Peter: Die belagerte Festung 1793. Schon vor über 190 Jahren war Mainz durch Bastionen nicht mehr zu schützen, in: Mainz. Vierteljahreshefte für Kultur, Politik, Wirtschaft, Geschichte. Heft 3 (1984), S. 98 ff.

Lautzas, Peter: Die Belagerung von Mainz im Jahre 1793, in: Landtag Rheinland-Pfalz (Hrsg.): Die Mainzer Republik. Der Rheinisch-Deutsche Nationalkonvent. Mainz 1993. S. 206 ff.

Lübcke, Christian, Kurmainzer Militär im Ersten und zweiten Koalitionskrieg, Eltville am Rhein 2016

**Mainz und die Festung des Deutschen Bundes**

Köhler, Manfred: Ein Bollwerk gegen die Republik. Die Festung Mainz und die demokratische Bewegung in der ersten Hälfte des 19. Jahrhunderts (1815-1857) In: Mainzer Geschichtsblätter, Heft 7 (1992), S. 38 ff.

Neumann, Hans-Rudolf: Die Bundesfestung Mainz 1814-1866 – Entwicklung und Wandlungen (Diss. TU Berlin); Berlin, Mainz, Gensingen, 1987

Hans-Rudolf Neumann: Die Flankenkasematten des ehemaligen Forts Bingen in Mainz, in: Mainzer Zeitschrift, Band. 86 (1991), S. 219 ff.

Martin, Constanze: »Mainzer Frage« 1814-1816, https://www.regionalgeschichte.net/bibliothek/texte/aufsaetze/martin-mainzer-frage.html

Schütz, Friedrich: Provinzhauptstadt und Festung des Deutschen Bundes (1814/16-1866), in: Dumont, Franz/Scherf, Ferdinand/Scherf, Ferdinand (Hrsg.): Mainz. Die Geschichte der Stadt., Mainz 1998

**Mainz und die Festung im Deutschen Reich**

Büllesbach, Rudolf/Hollich, Hiltrud/Tautenhahn, Elke: Bollwerk Mainz – Die Selzstellung in Rheinhessen, München 2013

Faßbinder, Thomas/Haupt, Peter: Stellungen des Ersten Weltkriegs auf dem Westerberg, in: Heimatjahrbuch Landkreis Mainz-Bingen, 2014

Fischer, Günter: Die Festung Mainz 1866-1921. Ein Beitrag zu ihrer Baugeschichte im Rahmen des deutschen Festungsbaus, Düsseldorf 1970

Haupt, Peter: Die Mainzer Armierungsstellungen des Ersten Weltkriegs im archäologischen Luftbild, in: Mainzer Archäologische Zeitung 5/6, Mainz 1998/1999, Seite 337 ff.

Haupt, Peter: Vor 100 Jahren: Bau von Militäranlagen zwischen Heidenfahrt und Bodenheim. Heimatjahrbuch Landkreis Mainz-Bingen, 2008, S. 158 ff.

Kläger, Michael: Die Mainzer Stadt- und Festungserweiterung: Kommunale Politik in der zweiten Hälfte des 19. Jahrhunderts, Mainz 1988

Klein, Peter/Lacoste Werner: Fort Biehler: Ein Festungswerk zwischen Mainz, Kastel und Wiesbaden, 2005

Klein, Peter: Die Festung Mainz 1871-1888. Die Auswirkungen des Krieges von 1870-71 auf den Status der Festung Mainz, in: fortifikation 28 (2014), S. 23 ff

Lemke, Jürgen: Katalog der rheinhessischen Militärstempel 1914-1918, Undenheim 2004

**Mainz und das Ende der Festung**

Interalliierte Militär-Kontrollkommission (IMKK), Schlussbericht, Genf 1927

Nollet, Claude M., Une experience de désarmement; cinq ans de contróle militaire en Allemagne, Paris 1932

**Mainz und die Reste der Festung heute**

Cezanne, Stefan: Von Wall und Graben umgeben. Neuzeitliche Fortifikationen im Stadtbild, in: Gillessen, Günther (Hrsg.): Wenn Steine reden können, Mainzer Gebäude und ihre Geschichten, Mainz 1991, S. 129 ff.

Clausmeyer-Ewers, Bettina: Die Wallgrünflächen in Mainz. In: Ministerium für Umwelt und Forsten Rheinland-Pfalz (Hrsg.): Park- und Gartenanlagen in Rheinland-Pfalz, Mainz 2000.

Krawietz, Peter: Erhalt auf Dauer – Sinnvolle Nutzung historischer Zitadellen. Das Beispiel Mainz, in: Landeshauptstadt Magdeburg (Hrsg.): Erhalt und Nutzung historischer Großfestungen, Mainz 2005

Stadt Mainz, Festungsroute: Entlang an Mauern und Türmen der Festung Mainz, Mainz 2013

Stapelmann, Julia: Die Festung Mainz: eine Bestandsaufnahme des militärischen Erbes seit dem 17. Jahrhundert und Möglichkeiten einer kulturellen Nutzung für Freizeit und Tourismus, Diplomarbeit, Trier 2003

Stapelmann, Julia: Die Festungsanlagen der Stadt Mainz: Chancen und Perspektiven für die Entwicklung von Freizeit und Tourismus, in: Landeshauptstadt Magdeburg (Hrsg.): Erhalt und Nutzung historischer Großfestungen, Mainz 2005, S. 373 ff.

**Mainz und die Garnison**

Balzer, Wolfgang: Mainz – Eine Stadt und ihr Militär. Mainz als preußische Garnisonsstadt im 19. und frühen 20. Jahrhundert, 11 Bände, Mainz 2000-2004

Börckel, Alfred: Geschichte von Mainz als Festung und Garnison von der Römerzeit bis zur Gegenwart, Mainz 1913.

Dumont, Stefan: Soldaten und Mainzerinnen in der Festung Mainz 1816-1866, Magisterarbeit Universität Mainz, 2010

# ABBILDUNGSVERZEICHNIS

*Die Autoren danken ganz besonders allen genannten Personen und Institutionen für die freundliche Bereitstellung und Druckerlaubnis. Dort, wo trotz sorgfältiger Recherche kein Nachweis gefunden wurde, bittet der Verlag um Benachrichtigung. Die Ziffern beziehen sich auf die Seiten. Bei mehreren Bildern auf einer Seite sind die Positionen abgekürzt vermerkt: o = oben, m = mittig, u = unten, l = links, r = rechts. Bilder, die hier nicht aufgeführt sind, stammen aus den Sammlungen der Autoren und dem Archiv des Verlages.*



**Gemälde, Zeichnungen, Karten und Fotografien der Autoren**

# AUTOREN

**André Brauch**, geboren 1965, lebt in Jena. Seit 30 Jahren intensiv tätig in der Festungsforschung und Festungsmalerei. In dieser Zeit entstanden über 80 Gemälde, eine große Anzahl an Aquarellen, Zeichnungen und Bauplänen von bedeutenden deutschen und europäischen Festungsanlagen.

**Dr. Rudolf Büllesbach**, geboren 1955, Jurist, lebt in Mainz. Zahlreiche Veröffentlichungen, Vorträge und Ausstellungen zur Regionalgeschichte von Mainz und Rheinhessen; im morisel Verlag bereits erschienen: Bollwerk Mainz (2013).

Weitere Informationen zu diesem Buch gibt es im Internet bei www.festungsstadt-mainz.de. Die Autoren freuen sich über Rückmeldungen, Hinweise oder Anregungen unter kontakt@festungsstadt-mainz.de.

# DANKSAGUNG

Die Autoren bedanken sich für die Unterstützung bei der Recherche und der Vorbereitung des Buchs ganz besonders bei: Wolfgang Balzer; Renate Becker (GIS-Service GmbH); Georg Bertz; Daniel Burger (Goethe-Universität Frankfurt – Institut für Archäologische Wissenschaften); Daniel Geissler (GDKE); Initiative Zitadelle Mainz e.V.; Peter Klein, Jürgen Klüpfel (Novotel Mainz); Karl Heinz Lambert; Dr. Peter Lautzas, Klaus Lehne, Alfons Rath (Bildagentur Rath – Luftbildservice), Ralf Schmidt; Manfred Simonis, Susanne Speth (Stadtarchiv Mainz); Christian Franchi, Andreas Scherer, Rainer Sauer (Mainzer Unterwelten e.V.); Stadthistorisches Museum Mainz, Stiftung Kloster Eberbach, Markus Weppler, Richard Mohr; Katrin Wiese und Marco Winner

# IMPRESSUM

André Brauch und Rudolf Büllesbach
Festungsstadt Mainz
Von den Römern bis heute
ISBN: 978-3-943915-33-4


www.morisel.de | mail@morisel.de

Die Deutsche Nationalbibliothek verzeichnet diese Publikation in der Deutschen Nationalbibliografie; detaillierte bibliografische Daten sind im Internet über http://dnb.de abrufbar.

Gestaltung und Satz: Christin Albert
Druck: Interpress, Budapest
Printed in Hungary



Abbildung Umschlag-Vorderseite: Die Römersteine in Mainz.
Foto: Alfred Büllesbach / visum-images.com

Abbildungen Umschlag Rückseite: Rudolf Büllesbach, André Brauch, Bildagentur Rath/Luftbildservice, Ralf Schmidt, Garnisonsmuseum Mainz, Kai-Michael Sprenger

Abbildung Seiten 2 und 3: Stadt- und Festungsplan von Johann Peter Schunk, 1784, in Kopie von Leonard Kraft, 1895, Abbildung: Bild- und Plansammlung des Stadtarchives Mainz

# GESCHICHTE BEI *morisel*

Rudolf Büllesbach, Hiltrud Hollich, Elke Tautenhahn:
**Bollwerk Mainz**
**Die Selzstellung in Rheinhessen**

DVD arte-edition
**Gutenberg: Genie und Geschäftsmann**
**Die Erfindung des Buchdrucks**
Dokumentation 90 Minuten

Horst-Pierre Bothien
**Bonn-sur-le-Rhin**
**Die Besatzungszeit 1918-1926**

Norbert Büllesbach
**Aus dem Rheinland in den Krieg**
**Mit einem rheinischen Infanterie-Regiment auf den Schlachtfeldern des Ersten Weltkriegs**

Jörg Bielefeld und Alfred Büllesbach
**Bismarcktürme**
**Architektur – Geschichte – Landschaftserlebnis**

Emanuel Hübner
**Olympia in Berlin**
**Amateurfotografen sehen die Olympischen Spiele 1936**

Alfred Büllesbach und Horst-Dieter Görg
**Fotografie bei HANOMAG**
**Menschen & Maschinen in Hannover-Linden**

Friedemann Beyer
**Die Ufa**
**Ein Film-Universum**